U0168150

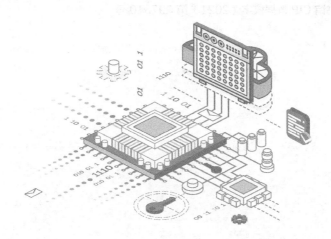

集成电路测试指南

加速科技 组编

邬刚 王瑞金 包军林 编著

李潇海 张金芳 审校

机械工业出版社
China Machine Press

图书在版编目（CIP）数据

集成电路测试指南 / 加速科技组编；邬刚，王瑞金，包军林编著 . – – 北京：机械工业出版社，2021.6（2025.2 重印）
ISBN 978-7-111-68392-6

I. ①集… Ⅱ. ①加… ②邬… ③王… ④包… Ⅲ. ①集成电路 – 电路测试 – 指南 Ⅳ. ① TN407-62

中国版本图书馆 CIP 数据核字（2021）第 097310 号

集成电路测试指南

出版发行：机械工业出版社（北京市西城区百万庄大街 22 号　邮政编码：100037）			
责任编辑：赵亮宇		责任校对：殷　虹	
印　　刷：北京捷迅佳彩印刷有限公司		版　　次：2025 年 2 月第 1 版第 9 次印刷	
开　　本：186mm×240mm　1/16		印　　张：17	
书　　号：ISBN 978-7-111-68392-6		定　　价：99.00 元	

客服电话：（010）88361066　68326294

序　一

　　集成电路作为现代高新技术产业的基石、支柱和原动力,在近半个世纪的历史进程中,持续推动着计算机、通信和消费电子产品的创新发展,这在很大程度上改变了这个世界的面貌。在集成电路产业的发展链条中,集成电路设计是源头,集成电路制造是基础,集成电路测试则是保障。

　　遵循摩尔定律,集成电路特征工艺尺寸的按比例缩小已经持续了近50年,由此带来的不只是制造工艺的精细化和设计方法的高效化,也使集成电路测试技术面临巨大的挑战。其一,芯片内部集成规模的增加超过了芯片引脚数量的增加,使得集成电路的可控制性和可观测性难以保证;其二,每个芯片的引脚数量及空间密度的增加,对测试设备的精密程度和电磁兼容性提出了更高的要求;其三,数字芯片的运算速度和模拟芯片的工作频率持续攀升,而测试设备的速度和频率必须高于被测芯片;其四,集成电路测试不仅要满足功能和性能指标的检查要求,还要满足对可靠性、可制造性和健壮性等的检测要求。为了应对上述挑战,集成电路测试技术也必须持续创新发展。

　　目前国内原创的集成电路测试技术方面的专著不多,这本书在一定程度上填补了这方面的空白。该书将基本原理和实践经验、测试方法和测试设备紧密地结合起来,涵盖数字芯片、混合信号芯片、模拟芯片以及电源管理芯片等主要芯片类型的集成电路测试。我相信,此书的出版对于我国自主可控的集成电路产业,特别是集成电路测试行业的发展以及培养集成电路专门人才会起到积极而重要的作用。

庄奕琪

西安电子科技大学教授、博士生导师

国家集成电路人才培养基地主任

序　二

　　集成电路产业是电子信息产业的核心，是支撑国家经济社会发展的战略性、基础性、先导性产业，也是新基建的基石，是我国重点发展的产业。目前我们已经有了相对完备的产业链基础，但设计和晶圆制造相对于国际先进水平来说，仍然具有一定差距。反观封测行业，不论是产业规模还是技术水平，都已经取得了很大进步。在全球封测行业排名前十的企业中，我们已经占据了三个席位，这就是一个很好的证明。继续推进先进封装和测试技术的开发及产业化，应当是封测行业发展的重点。

　　50多年过去了，摩尔定律会不会一直延续下去不得而知，但集成电路线宽从7nm减小到3nm已然实现，未来甚至会更小。而另一种说法叫"超越摩尔"，充分利用成熟的半导体工艺技术，在单个芯片上实现更多功能与技术的集成已成为IC技术最重要的关注点，系统芯片（SoC）的出现意味着IC已经从当初的电路和规模集成发展到信息时代的知识集成。在封装方面，物理结构和器件设计也有新的突破，3D封装以及利用晶圆工艺的多芯片封装让我们有可能把系统集成在一个封装里（SIP）。不同类型的器件，比如模拟、射频、传感器、大功率、生物芯片都可以通过系统级封装整合到一起。在以后很长的一段时间里，SoC和SIP会一起协同发展。SIP技术将会给测试带来更大的挑战，比如不同类型的芯片结合，是否可以高效、高故障覆盖率地完成测试，这些都会推动测试技术的发展。

　　技术的进步离不开人才的培养，扎实的基础培养尤为重要。目前高校的课程设计对于集成电路产业的人才培养来说，基本上还是偏重设计和工艺基础，对于封装测试来说，则显得薄弱了。这样的状况与缺少合适的教材有很大关系。本书的出版，对于缓解这一情况必将起到积极的作用。测试机是测试工程师的武器，离开了测试机的工程师，就像离开了剑的剑客。而本书最大的特点就是"知行合一"，不仅为读者讲述了基本原理，还以国产高性能的测试设备为例为读者讲述了具体产品的测试实现方法。这样的一本书，必定会为集成电路测试行业实战型人才的培养提供参考，对读者掌握集成电路测试大有裨益。

徐冬梅

中国半导体行业协会封装分会秘书长

国家集成电路封测产业链技术创新战略联盟专家咨询委员会委员

序　三

2010～2019年，我国集成电路市场规模的年平均复合增速达到20%左右，整体来看，未来我国集成电路市场也将呈现快速发展的良好态势。初步保守预计，未来五年我国集成电路行业市场规模保持12%的年平均复合增速，到2026年，市场规模有望达到2万亿元左右。

我们团队长期致力于芯片制造、封装与测试研究，并进一步拓展到芯片外延及带实时监测功能的薄膜装备研制。芯片是信息产业的基石，普遍应用于高温传感、激光技术、电力电子、计算机、消费类电子、网络通信、汽车电子等领域。中国缺"芯"，半导体装备及芯片是我国贸易赤字的"大户"，是工业技术的痛点。自主开发装备，并不断提高装备的智能性，对控制芯片薄膜缺陷，提高产品成品率及可靠性非常重要。

对于控制芯片的缺陷，一方面要从源头抓起，另一方面要加快检测技术发展。尽管晶圆加工前道设备占据权重最大（约为85%），但测试的比重不容忽视。国内测试领域面临很大的挑战：其一，国内测试设备应用领域偏重于模拟或中低端应用，与真正高端的应用还存在一定的距离；其二，从测试对设备的需求来看，国产设备在稳定性层面还需要不断着力提升；其三，随着SoC芯片的SIP集成度越来越高，芯片将越发高端，这意味着测试将愈加复杂，而且芯片的全方位测试涉及功能、性能、可靠性等，对测试的依赖度也越高，这对测试设备和技术人员的要求也更为苛刻。

自2019年美国实体名单事件以来，国内IC界愈加深刻地认识到核心技术自主可控的重要性，无论是集成电路设计、制造还是封测，都开始着重培育与扶持本土企业。随着国际局势的变化，全球半导体产业链将有可能迎来重构，而封测乃是国内半导体最为成熟的一环，国产化将是未来趋势。

成立于2015年的杭州加速科技，由一群来自西安电子科技大学、华为等高校和世界500强企业的年轻技术骨干创办。公司核心技术团队在通信、高性能计算、半导体设计制造、高端仪器等领域有着丰富经验。经过几年的攻关，在实时数字信号处理、高精度模拟信号处理、高速通信技术、基于FPGA的高性能算法实现、产品结构设计等方面都有所突破，从根本上解决了困扰国内传统测试设备企业的技术难题，开发出拥有自主知识产权的250Mbps以上的数字/混合信号半导体测试机并已量产，而且已经突破1Gbps数字半导体测试机技术。

众所周知，芯片领域对于人才的需求异常巨大。从芯片设计、研发、制造、封装和测试到芯片销售、应用和操作，都需要不同人才参与其中，这样才能推动整个产业链有序运行，实现芯片行业的稳步发展。我国芯片发展面临严峻的人才问题。相关数据显示，我国芯片行业人才缺口不断加剧，截至 2020 年，已经达到 30 万左右。不解决人才问题，行业将不可能得到长足稳定的发展。加速科技在这方面进行了有效探索并取得了一些成绩，希望能为产业人才培养做出贡献。本书是加速科技团队对多年来工程经验的一个总结，书中涉及测试原理、测试方法和工程实践等内容，尤其是贯穿其中的对于测试行业的感悟，是对传统偏理论化教学的有益补充，为从业者提供了实践指南，填补了相关领域的空白。希望有更多的 IC 企业关注 IC 产业人才的培养，为中国 IC 产业的发展打下坚实的基础。

刘胜

武汉大学动力与机械学院院长、工业科学研究院执行院长

阿基米德半导体首席科学家

前　言

　　无论是前摩尔时代芯片集成度的提高，还是后摩尔时代系统级封装成为趋势，集成电路测试在整个产业链中的作用愈发重要。设计方案需要得到完整而快速的验证，之后人们才能推出符合功能需求的产品；量产需要高效，要经过高故障覆盖率的测试，符合质量要求的芯片才能最终到达终端用户手上。可以说，集成电路测试是芯片交付应用前的最后一道关口，是芯片质量的保证，其重要性是不言而喻的。

　　近年来，我国对于信息产业的"粮食"——集成电路芯片的需求日益增长，集成电路的年进口额超 3000 亿美元。在这种需求的推动下，芯片的国产替代需求增长旺盛。整个半导体产业迅猛发展，对专业人才的需求也日益迫切，尤其是芯片测试行业，有经验的工程人员更显得匮乏。反观高校学科的设置，半导体材料、制造工艺、集成电路设计等专业基本门类齐全，但鲜有听说过集成电路测试专业。就算有，很可能也只是集成电路专业的一门选修课。即使是集成电路测试从业人员，受过系统培训的人也只是少数，很多人都是捧着测试设备厂商提供的手册摸索前行。国内目前关于集成电路测试的教材，其内容多偏重于理论，如故障覆盖率模型的计算，或是偏重于可测试性设计，缺少了对测试工程技术人员在方法与实践相结合方面的指导。鉴于此，国产 SoC 测试设备提供商——加速科技的应用工程、产品团队的小伙伴希望藉由自身的经验，辅以高性能 SoC 测试设备，提供一本可让读者进行实际操作的集成电路测试参考书。

　　本书分为 5 篇（共 10 章）来介绍偏重于芯片验证及量产相关的集成电路测试的概念与知识。

　　第一篇由第 1 章和第 2 章组成，从测试流程和测试相关设备开始，力图使读者对于集成电路测试有一个整体的概念。第 1 章主要讲述集成电路测试的分类、流程、测试项目以及集成电路测试程序开发等知识。第 2 章过渡到助力我们完成测试的"武器"——自动化的集成电路测试系统的组成架构，综合讲述了模拟、数字、混合信号测试系统的构成与区别，并在最后介绍了书中测试产品时用到的测试平台 ST2500 系列产品，以及专门为半导体测试工程师实际演练而准备的五合一产品实训平台。

　　第二篇由第 3~5 章组成，主要讲解集成电路的自动测试原理。第 3 章聚焦于直流测试参数，内容以数字电路的直流参数测试原理为主，部分参数的测试方法也适用于模拟集成电路的参数测量，如直流偏置、增益、输出稳压等参数的测试。第 4 章涵盖了数字集成电路测试所必需的各种基础知识和设定方法，主要包括测试向量、时序、引脚电平。除此之外，还向读者呈现了使用功能方式测试开短路的方法。第 5 章以数模 / 模数转换集成电路为基础，试图为读者普及混合信号集成电路测试的相关概念与方法，包括信号的时域、频域表示方法，采样定理等概念。混合信号集成电路测试对于测试工程师来说是一个"进阶"，通常也是一个难点。

从第三篇开始进入工程实践部分，本篇由集成运算放大器（第 6 章）和电源管理芯片（第 7 章）的测试原理及实现方法等内容构成。通过本篇的学习，读者可以掌握一般模拟芯片的测试方法。

第四篇为数字集成电路的具体实践。我们选取了市场上应用需求量大的存储芯片（第 8 章）和微控制器芯片（第 9 章），为读者讲述其测试项目和相关测试资源的使用方法。

最后，我们通过第五篇，即第 10 章试图使读者了解混合信号测试的实现方式，为后续的进阶打下一个坚实的基础。

本书主要的受众是想要或即将成为集成电路测试工程师的读者，我们假设读者已经学习过相应的基础课程，主要包括电路分析、模拟电子技术、数字电子技术、信号与系统、数字信号处理以及计算机程序设计语言。通过学习本书，读者将对半导体集成电路测试有一个总体的认识，并可以掌握能直接应用到工作中的实战技术，并借此以"术"入"道"。对于已经从事集成电路测试的工程技术人员、集成电路产品工程师、设计工程师，本书也具有一定的参考意义。

我们衷心地感谢参与本书编写工作的加速科技的应用工程团队和产品团队成员以及西安电子科技大学包军林、刘伟老师辛勤笔耕，并感谢给予我们支持和帮助的众多朋友和同事。在 Eric、Ling 的指导策划下，我们有了把过去学习到的知识和经验整理成册的动力。加速科技的研发团队给我们提供了坚实的技术支持，帮助我们开发了测试工程师实训平台，使我们有了实训的基础。项目管理部在实训平台的开发过程中把握了进度，采购部保证了实训平台的按时交付，市场部的小伙伴为本书的大量图表做了美化工作。

最后感谢所有理解和支持我们写作的家人。

由于经验所限，本书难免有错误或不尽如人意之处，欢迎各位读者批评指正，联系方式为 customer@speedcury.com，我们将认真对待每一位读者的意见。

加速科技团队

目　　录

第五篇 混合集成电路 测试与实践

第一篇

集成电路测试及测试系统简介

第 1 章　集成电路测试简介
第 2 章　集成电路测试系统

第1章
集成电路测试简介

一款集成电路（Integrated Circuit，IC）芯片从设计开始到成品出货供上板使用，整个流程可分为电路设计、晶圆制造、晶圆测试、IC 封装和封装后测试这五个主要环节以及最后的出货环节，如图 1.1 所示。除此之外，测试还包括设计制造后的特性化分析测试，剔除早期失效产品的老化测试等。

随着技术及工艺的发展，集成电路的密度及复杂程度也呈指数级增长，同时，因应快速上市的需求，在设计阶段要对电路进行充分的验证和测试。晶圆制造采用更微观的印制蚀刻技术，工艺上难以避免瑕疵及工艺偏差，这会导致电路参数变化，轻则影响性能，重则导致整个系统崩溃。而封装过程中的晶圆切割、引线键合、塑封等工序也都无法保证100% 的良品率。这就要求在将芯片送到系统厂商处组装上板之前，必须经过测试，以避免瑕疵芯片的流出，提升出货质量。测试的价值在于保证系统使用芯片时，性能是稳定可靠的。

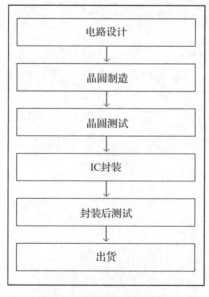

图 1.1　集成电路生产流程

1.1　集成电路测试的分类

IC 测试的目的主要有两个方面：一是确认被测芯片是否符合产品手册上所定义的规范；二是通过测试测量，确定芯片可以正常工作的边界条件，即对芯片进行特性化分析。下面主要介绍集成电路测试的分类以及其中芯片探针（Chip Probing，CP）测试和最终成品测试（Final Test，FT）的测试流程及设备。

1.1.1　集成电路测试分类

1. 特性化分析

特性化分析（Characterization）通常在芯片设计阶段进行，是为了确定产品规格，明确产品正常工作的条件而进行的测试。这种测试可以使用仪器 / 仪表进行，也可以借助自动测试设备（Automatic Test Equipment，ATE）来实现。比如借助 ATE 设备的扫描测试可以实现对不同参数变化的扫描，以确定产品工作的边界条件。

2. 量产测试

随着 IC 集成复杂度的提高，出现设计和生产制造缺陷的可能性也大大增加，为了避免因单颗 IC 芯片不良而导致的缺陷，我们需要对批量生产出的每一颗 IC 芯片进行测试，即量产测试，其目的是保证发给客户的每一颗 IC 芯片都符合产品规范。

基本的量产测试有两种，分别为芯片探针测试和最终成品测试。二者的测试原理一样，都是通过自动测试设备连接 IC 中集成的测试点，运行自动测试软件进行测试；区别是使用的测试设备和连接方式不同。

芯片探针测试（下文简称"CP 测试"）针对的是未切割的晶圆，因此也称为晶圆测试，需要用探针接触晶圆上的测试焊盘，一次可以测试晶圆上的单个或多个晶粒（Die）；成品测试（下文简称"FT 测试"）则针对已经封装好的 IC 成品，用弹簧针（Pogo Pin）连接 IC 外引脚测试。图 1.2 中展示了晶圆、晶粒和封装后的 IC。自动化测试设备针对这两种测试使用不同的机械手，CP 测试使用的机械手称为探针台（Prober），FT 测试使用的机械手称为分选机（Handler）。

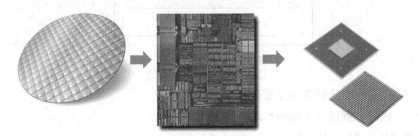

图 1.2　晶圆、晶粒和封装后的 IC

3. 老化测试

老化测试（Burn-in Test）是为了预测产品的使用寿命，剔除早期失效的产品。基于

ATE 的老化测试通常是把产品放在温箱里，通过恒温或温度循环的方式对产品进行测试。

1.1.2　CP 测试流程及设备

　　通常 CP 测试流程如图 1.3 所示，晶圆进入晶圆库时会经过来料检验（Incoming Quality Assurance，IQA），没有外观异常（包括划痕、裂纹、油污等）后会进行 CP 测试。CP 测试会根据产品的不同测试温度要求和测试项要求分成 CP1、CP2，个别还会有 CP3。例如含有嵌入式存储器的微控制器（Micro Controller Unit，MCU）芯片，既需要针对存储器进行读写及存储功能测试，又需要针对微控制器进行逻辑功能测试。其 CP 测试流程一般是 CP1 测试基本存储读写功能，并在存储芯片内写入一定的内容；然后晶圆经过高温烘烤后进行 CP2 测试，以检验之前写入的数据是否可以保持；最后对 MCU 部分进行逻辑功能的 CP3 测试。

　　对于使用墨点标记失效芯片的 CP 量产流程，测试完成后会对晶圆进行烘烤以固化墨点，然后做 CP 检查（主要检查外观，墨点和测试数据是否一致等），检查没有问题会进行包装、质检（Quality Assurance，QA），然后安排出货。

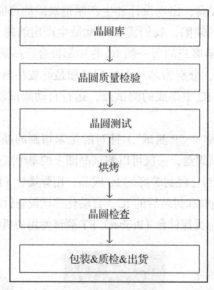

图 1.3　CP 测试流程

　　如图 1.4 所示，CP 测试系统主要由以下部分组成：

- ❏ ATE，或简称测试机（Tester），包括：
  - 测试机头（Test Head）
  - 测试机头支架
  - 工作站（Workstation）
- ❏ 针测接口板（Probe Interface Board，PIB）

- 针塔（Pogo Tower）
- 探针卡（Probe Card）
- 晶圆卡盘（Chuck）
- 探针台（Prober）

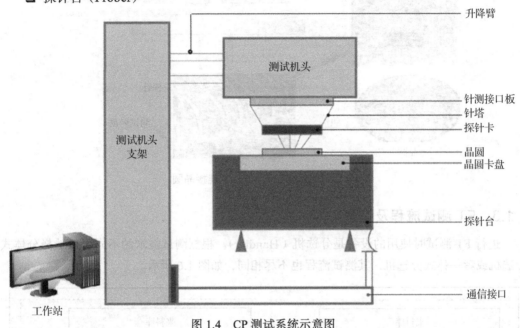

图 1.4　CP 测试系统示意图

测试程序（Test Program）通常保存在服务器上，通过网络下载测试程序到工作站本地硬盘，然后通过工作站上的操作界面（Operation Interface，OI）控制程序加载、开始、停止测试，记录和存储测试结果，还可以实时显示测试进度和状态。测试完成后，保存测试数据（Datalog）、结果统计（Summary）和晶圆测试结果图（Wafermap）。最终的 Datalog、Summary 和 Wafermap 通过网络传回服务器。

探针台包括晶圆上料区、垂直（Z 轴）位置调整装置、平面（X/Y 轴）位置传动装置等。探针台通过连接 ATE 的通信接口接收 ATE 发来的开始指令，调整探针正确接触晶圆内某一颗晶粒（Die）的测试焊盘，然后发送反馈信号给 ATE 并开始测试。ATE 测试完成后把测试结果记录到 Datalog 文件，并向探针台反馈测试分类（Bin）结果，探针台生成探针台格式的 Wafermap。

针测接口板与针塔、探针卡一起使用，构成回路，使电信号在 ATE 和晶圆之间传输。晶圆卡盘是用于固定晶圆的装置。

其中，探针卡是连接 ATE 与晶圆上被测电路的重要接口。探针卡上使用的探针（Probe）的材质大部分为钨铜或铍铜，也有钯等其他材质。探针材质需要具备强度高、导电性强及不易被氧化等特性。

图 1.5 展示了 CP 测试中探针卡上的探针是如何与晶圆上的测试焊盘进行连接的。

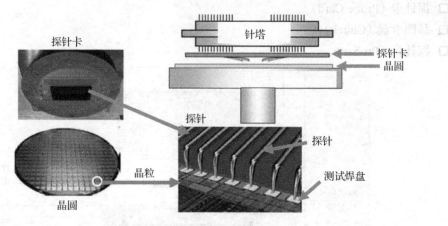

图 1.5　测试机通过探针卡连接晶圆

1.1.3　FT 测试流程及设备

进行 FT 测试时使用的设备是分选机（Handler）。根据测试需求的不同可以选择分体式分选机或者一体式分选机，其测试流程也不尽相同，如图 1.6 所示。

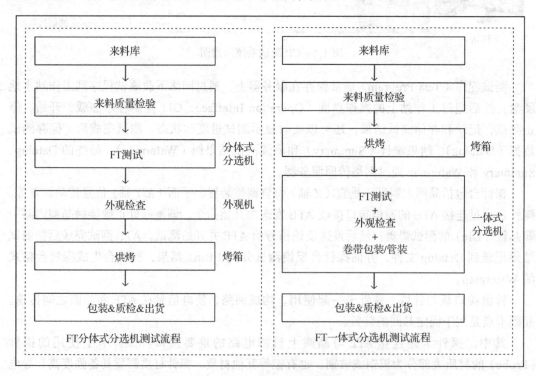

图 1.6　FT 测试流程图

分选机通常根据 IC 尺寸选择。大尺寸的选用分体式分选机，尺寸较小的（通常小于 3 mm×3 mm）选用一体式分选机。

分体式分选机采用料盘（Tray）入料，用真空吸嘴移动料，在测试尺寸较小的 IC 时摆放位置难以调整，并且容易产生外观异常。

一体式分选机采用震动碗（Bowl Feed）进料，小尺寸 IC 移动过程中摩擦小，不会造成过多磨损，而大尺寸 IC 经过轨道时摩擦大，易导致外观不良。

如图 1.7 所示，FT 测试系统主要包括：

❑ ATE
❑ 分选机
❑ 测试配件，包括：
- 负载板（Load Board）
- 芯片插座（Socket）
- 模具（Kit）

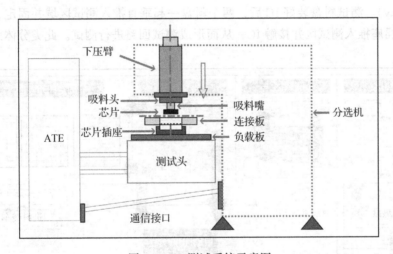

图 1.7　FT 测试系统示意图

不同产品的尺寸及引脚数不同，需要制作不同的模具配合分选机使用。分体式分选机需要的模具包括金属连接板（Docking Plate）、吸料头（Nest）等，进行高温测试时还需要预热盘（Soak Plate），常温测试时进料直接从未测料盘吸入并加以传送，然后进入测试区。如前文所述，分体式分选机采用真空吸嘴吹气放料，常用于测试尺寸较大的 IC，较小的 IC 易被吹飞。

这里简要介绍分选机与测试机的安装，以及 FT 测试流程：

1）首先进行架机（Setup）。在测试机上安装负载板、插座和连接板，用螺钉将连接板紧固在分选机测试区，并将测试模具中的其他配件装在分选机上，调试好吸放料的感应位置，再接上通信接口。

2）架机完成后，通过测试机工作站的操作界面加载测试程序。

3）在分选机侧按开始按钮，分选机把待测芯片运送到测试区，准备好后反馈"开始测试"（Start Of Test，SOT）给测试机。

4）测试机收到 SOT 信号后开始测试，测试完成发送"测试结束"（End Of Test，EOT）信号和 Bin 结果给分选机。

5）分选机接收 Bin 信号，把测试完成的芯片放置到预先设定好的分 Bin 料盘。

6）移动未测料到测试区，反馈 SOT 信号给测试机，开始下一轮测试。

7）重复测试步骤直至所有物料测试完成，操作界面会提示测试结束，生成测试数据。

测试数据包括 Datalog、Summary、标准测试数据格式文件（STDF）等。保存在本地的测试数据可通过 ATE 工作站上传服务器，供用户下载查阅。

图 1.8 所示分体式分选机因测试区域的限制，目前最多支持 16 个测试工位（Site）。在对存储类芯片进行测试时，因其测试时间长，需要更多测试工位并行测试以降低测试成本。这时通常会选用如图 1.9 所示的料盘式分体分选机，此类分选机会将来料转入测试料盘（Test Tray）。测试料盘装好 IC 后，两个料盘一起垂直推入测试区域并固定，然后将测试负载板和插座推入测试区并接触 IC，从而形成测试回路进行测试。此类分体式分选机需

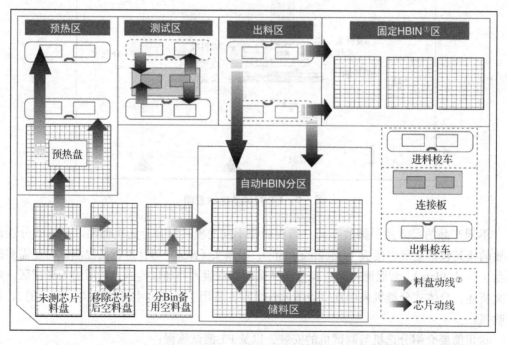

图 1.8　分体式分选机

① HBIN，即 Hardware Bin，硬件测试分类。
② 动线，工厂中常指移动路线。

要的模具包括高精度测试机连接治具（High Fidelity Tester Access Fixture，HiFix，包含负载板和插座）和测试料盘中用于固定 IC 位置的承载座。这类分选机可以同时测试几百颗芯片。

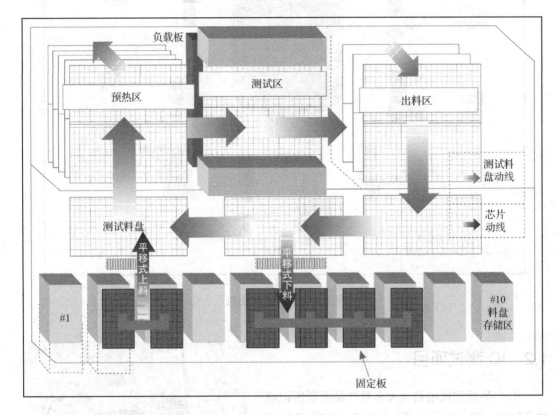

图 1.9　料盘式分体分选机

　　一体式分选机如图 1.10 所示，可支持多个工作站，支持 IC 测试完成后的卷带（Tape & Reel）或者料管（Tube）包装方式。除 ATE 和一体式分选机，测试中还需要用到的配件包括负载板、芯片插座、安装底座（Mounting Base），以及进料轨道（Feeding Track）。此类型的机械手通常还有一些扩展功能选项，比如增加一个激光器在 IC 上雕刻丝印，或者增加摄像头检验并记录包装入卷带或料管的芯片的丝印、二维码等。

　　图 1.11 所示是分选机中的一种，称为重力式分选机，通过重力作用上料、下料，常用于测试双列直插式等两边有引脚的 IC。

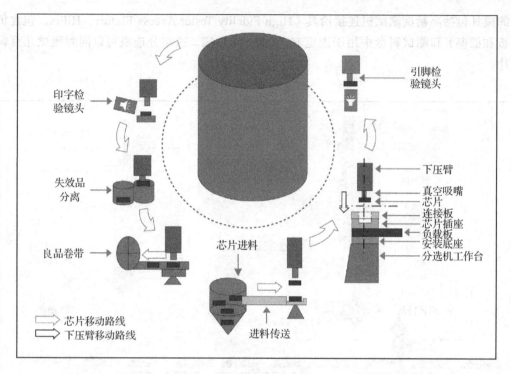

图 1.10 一体式分选机

1.2 IC 测试项目

IC 产品的测试项目与大多数产品手册所记载的参数相一致，通常可以分为直流（DC）参数测试、交流（AC）参数测试、功能测试、混合信号参数测试。

1. 直流参数测试

通常可以在产品手册（Datasheet）中看到关于产品直流参数的相关部分，如表 1.1 所示。这些参数的测试又可以进一步分为开短路测试、输入输出电流测试、输入输出电压测试、功耗测试、输入输出失调测试和增益测试。

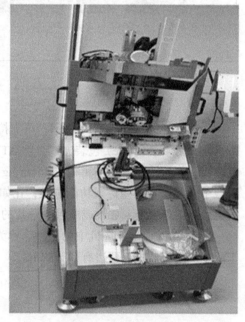

图 1.11 重力式分选机

表 1.1　产品手册直流参数示意

参数	测试条件	SN5400			SN7400			单位
		MIN	TYP	MAX	MIN	TYP	MAX	
V_{IK}	V_{CC}=MIN，I_I=−12mA			−1.5			−1.5	V
V_{OH}	V_{CC}=MIN，V_{IL}=0.8V　I_{OH}=−0.4mA	2.4	3.4		2.4	3.4		V
V_{OL}	V_{CC}=MIN，V_{IH}=2V　I_{OL}=16mA		0.2	0.4		0.2	0.4	V
I_I	V_{CC}=MAX，V_I=5.5V			1			1	mA
I_{IH}	V_{CC}=MAX，V_I=2.4V			40			40	μA
I_{IL}	V_{CC}=MAX，V_I=0.4V			−1.6			−1.6	mA
I_{OS}	V_{CC}=MAX	−20		−55	−20		−55	mA
I_{CCH}	V_{CC}=MAX，V_I=0V		4	8		4	8	mA
I_{CCL}	V_{CC}=MAX，V_I=4.5V		12	22		12	22	mA

2. 交流参数测试

与产品输入输出相关的时间参数的测试，例如产品手册所记录的交流相关参数、频率的测试，以及时间抖动的测试等。

3. 功能测试

功能测试简单来讲就是验证 IC 产品是否可以按照真值表的逻辑进行正常的功能运作。真值表表述的逻辑功能以特定的图形（Pattern）给被测器件施加输入，再以得到的输出与预先设定的期望值进行比较，从而判断功能是否正常。

4. 混合信号参数测试

混合信号参数测试即与数模（DA）/模数（AD）转换相关的静态参数测试以及动态参数测试。

1.3　产品手册与测试计划

一颗 IC 芯片具体要测试哪些项目？测试项目的执行顺序如何确定？我们需要一份测试计划去定义这些内容。而测试计划的制定又离不开 IC 的产品手册。

1.3.1　产品手册

产品手册是芯片制造商正式发布的关于产品的规范，也称为产品规范（Product Specification）。通常产品手册里包含的关于产品工作的电流、电压以及时序细节可以用作测试开发的基础。

产品手册一般会包含以下几部分：

- ❑ 特性总结
- ❑ 引脚描述和封装信息
- ❑ 功能描述
- ❑ 直流参数
- ❑ 交流参数
- ❑ 典型应用

其中，特性总结一般可以让用户确定产品的应用场景，测试工程师通常可以忽略这部分内容，转而关注产品手册中的功能描述及典型应用部分（更详尽地描述了产品特性）。引脚描述和封装信息部分比较重要，这部分内容关系到资源分配和器件接口板的设计。功能描述部分记录了芯片的逻辑部分，在测试过程中以向量的方式运行。简单的电路可以根据真值表提取向量，复杂的电路需要设计工程师提供仿真文件，然后转换成测试机可以识别的向量文件。仿真文件包括波形生成语言（Waveform Generation Language，WGL）、标准测试接口语言（Standard Test Interface Language，STIL）、变值存储（Value Changed Dump，VCD）、扩展 VCD（Extended VCD，EVCD）等格式。DC 与 AC 的参数可以作为测试过程中电压、电流判定门限及时序的设定标准。

1.3.2 测试计划

测试计划（Test Plan）也称为测试规范（Test Specification），是一份记录了按步骤执行的包含测试项目详细需求的文档。在测试计划中，会详细地描述测试条件、激励及响应、外围电路、功能向量等信息。测试计划通常需要由产品及测试工程师一起合作来设计完成，是 IC 设计工程师、产品工程师、测试工程师的共同关注点。

测试计划通常来源于测试工程师对产品手册的解读。很多时候，测试工程师是产品手册的第一个读者，也是产品的用户，而测试机和器件接口板则是产品的第一个具体应用。测试工程师需要花费时间和精力，依据所选用测试平台的条件及限制，选取折中（Trade-off）的方案去完成测试计划的编制，有的时候，它更像是一门艺术。

随着 IC 集成度越来越高，往往在设计阶段就需要增加可测试性设计（Design For Test，DFT），这需要设计工程师参与测试计划的制定，也可以让测试工程师更早地参与产品可测试性设计，促进设计与测试工作的交流。

图 1.12 中给出了一份测试规范样例，可供读者参考。

×××××× 产品测试规范		
测试编号（Test Number）	描述（Description）	测试分类编号（Bin）
	基础功能测试 V_{IL}=0.8V，V_{IL}=2.0V V_{OL}=0.45V，V_{OH}=2.4V 测试频率 1MHz 测试图形文件：Func1.pat	
30	电源电压典型值 V_{ccnom}	10 失效（Fail）
40	电源电压最小值 V_{ccmin}	
50	电源电压最大值 V_{ccmax}	
测试描述：此项测试由端口 4～7 写入 1010 后，在电源电压分别为典型值、最小值、最大值的条件下从端口 4～7 读取 0101		

图 1.12　测试规范样例

1.4　测试程序

测试程序（Test Program）是可以被 ATE 识别和执行的指令集合。ATE 之所以可以按照测试计划完成对被测器件（Device Under Test，DUT）的测试，依靠的是在测试过程中按照测试程序控制测试系统硬件，施加激励，测量响应，并与预期设定的门限（Limit）进行比较，最终对每个测试项给出"通过"（Pass）或"失效"（Fail）的结果。测试程序会按照器件在测试中表现出的性能进行相应的分类，这个过程叫作"Binning"，或者"分 Bin"。另外，测试程序还会负责与外围测试设备（如分选机、探针台等）进行交互，并搜集和提供汇总的测试结果或数据给测试或生产工程师，用于良率（Yield）分析和控制。

1.4.1　测试程序的分类

测试按照不同的应用有不同的分类，相应的测试程序也有相应的分类，如特性化分析程序、量产程序等。测试程序根据不同的应用场景，会有不同的侧重点。

特性化分析程序会尽可能地对各种参数做详尽的测试，包括各种参数的变化组合，以便确定产品工作的边界条件。特性化分析程序通常在芯片设计完成之后就开始开发，用来对产品进行全面的分析，收集的数据用于产品手册的修正或设计及工艺的改进。

量产程序的主要目的是区分产品的好坏，所以需要在满足测试覆盖率的前提下尽可能地快速执行，以达到增加产出、降低成本的目的。

1.4.2　量产测试程序的流程

测试项目按照什么样的顺序执行，对于量产测试程序是很重要的。以下是几个建议：

1）开短路测试应该放在首位。

2）失效比较多的项目应该尽早执行。

3）针对不同的应用环境，定义不同速度等级的产品或多个 Pass 等级，这是提升良率的方法之一（例如 Xilinx FPGA 的 –1、–2、–3 速度等级，对应了器件可以支持的最高运行频率）。

4）测试数据应该被定期检查，以便对测试流程进行优化。

图 1.13 中给出了测试项目运行顺序与分 Bin 示意图。

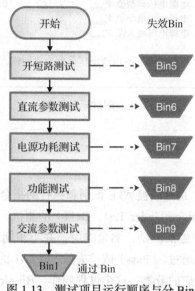

图 1.13　测试项目运行顺序与分 Bin

1.4.3　分类筛选

测试的分 Bin，实际上是根据测试结果对被测产品进行分类筛选的一种方式。例如前文所说的根据测试结果对 IC 支持的最高运行频率进行分类筛选，得到不同速度等级的产品。

Bin 分为硬件 Bin（Hardware Bin）和软件 Bin（Software Bin）两种。

硬件 Bin 对应产品的实际物理操作，把不同 Bin 的产品放在不同的料管或料盘中。硬件 Bin 的数量受限于与 ATE 连接的分选机或探针台参数。软件 Bin 的数量通常只是受到 ATE 系统软件的限制，可以定义的数量较多，能够更详细地分辨产品的失效状况。

第 2 章
集成电路测试系统

为满足大规模集成电路量产的需求，一般需要测试系统的 ATE 具有通用性，即可以完成某一大类大部分集成电路的功能及参数测试，这些大类包括：数字电路、模拟电路、混合信号。每种类型还可以细分成更多种类，如数字电路又包含存储器，模拟电路里又包含射频元件，等等。

测试机制造厂商根据这些产品测试需求推出不同型号的测试机，每家制造商采用的具体实现方式都会不同，但在整体结构上可以用通用的方式来描述。本章介绍了通用 IC 测试系统的组成和工作原理。

2.1 模拟 IC 测试系统

模拟信号主要是与离散的数字信号相对的连续的信号。模拟信号分布于自然界的各个角落，例如，气温的变化。而数字信号则是人为抽象出来的在幅度取值上不连续的无穷个离散数字，如图 2.1 所示。

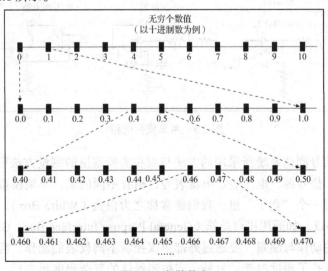

图 2.1 离散数字

电学上的模拟信号主要是时间意义上连续信号，如图 2.2 所示。

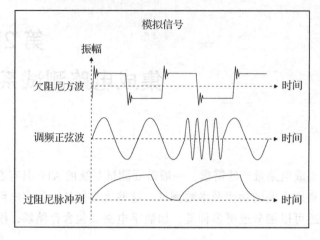

图 2.2 连续信号

常见的模拟电路如图 2.3 所示，有开关、比较器、反相放大器、滤波器等。

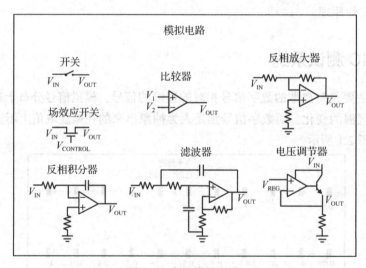

图 2.3 常见模拟电路

早期的模拟信号测试系统所采用的方法与现在实验室里的测量方法很类似，需要为被测电路提供电源、信号源、电压表、电流表等，稍有不同的是，早期模拟测试机制造商会把这些元件堆叠进一个"盒子"里，我们通常称之为白盒（White Box）。然后用一台计算机通过某种通信协议，如通用接口总线（General Purpose Interface Bus，GPIB）、RS232 等，来控制各个仪表的动作与测量。要通过外部协议控制不同仪表的动作，需要不断地与仪表进行通信，从而延长了测试时间。另外，当被测器件的复杂程度提高后，需要的仪表数量也会大大增多。但是直到今天，针对某些特殊的应用需求，这种测试方式作为 ATE 的补充，仍然存在着。

随着小型计算机的发展，中央处理器（Central Processing Unit，CPU）可以直接控制信号发生或测量电路，而不必再用到外部通信协议。这种变化使得测试机制造商更容易开发通用的软件来控制不同单元的协作以完成电路测试，使得测试机更容易标准化。这类模拟测试系统的结构如图 2.4 所示，主要包括测试系统控制及电源、用户及系统接口、资源及芯片接口、开关矩阵和激励及测量资源等几大模块。

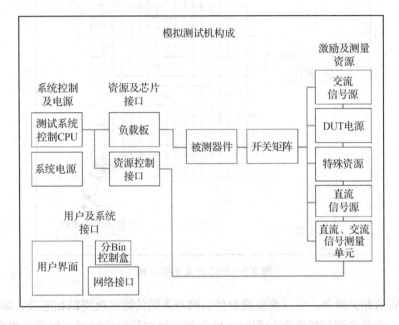

图 2.4　模拟测试机系统图

其中，激励及测量资源中的交流测量单元可用来测量 AC 信号的频率、时延、幅值、相位等。

模拟器件测试需要精确地生成与测量电信号，经常会要求生成和测量微伏（μV）级的电压和纳安（nA）级的电流。相比于数字电路，模拟电路对很小的信号波动都很敏感，DC测试参数的要求也和数字电路不一样，需要更精确的测试单元。模拟器件需要测试的一些参数或特性包括增益、直流偏置、线性度、共模特性、供电、动态响应、频率响应、建立时间、过冲、谐波失真、信噪比、响应时间、串扰、邻近通道干扰、精度和噪声。

相较于数字信号，模拟信号电压电流通常跨度很大，为了满足不同的测试需求，模拟测试机厂商也会提供不同的信号供给单元和测量单元，如低压模拟测试模块、高压模拟测试模块、大电流模块、皮安（pA）级小电流模块等。通常模拟测试中提供的资源（如参考电压、驱动电流等）精度或测量电压、电流的精度会高于数字测试机。另外，模拟测试机厂商也会提供一些低速低通道数的数字模块，以满足某些模拟芯片测试中对于数字控制信号的需求。

在数字测试系统中，测试机会为被测电路的每一个引脚（Per-Pin）分配测试资源（信号源或者测量单元）。模拟测试系统一般没有这样的资源，而是采取了矩阵开关（Cross-Point Matrix）的方式来实现被测器件与不同测试机资源的连接，其功能架构如图 2.5 所示。

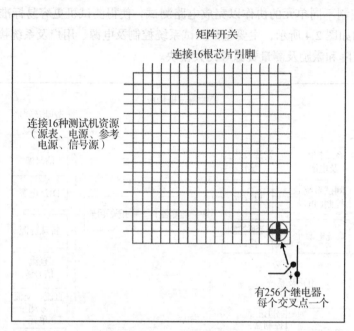

图 2.5   矩阵开关功能架构

通过不同的开关组合，可以使被测器件引脚与不同的测试机资源相连接，即时分复用。当然这种方式在节省测试机资源的同时，也会相应地拉长测试时间。但在工程世界里，没有"完美"，要考虑的是合理的折中。

2.2   数字 IC 测试系统

由数字电路控制的电子信号称为数字信号，表现为逻辑电平 "0" 和 "1"，它们被分别定义成一种特殊的电压分量，如图 2.6 所示。所有有效的数字电路数据都用它们来表示，每一个 "0" 或者 "1" 表示数据的一个比特（bit），任何数值都可以由按照一定顺序排列的 "0" "1" 组成的二进制数据来表示，数值越大，需要的比特位越多。每 8bit 构成一个字节（Byte），数字电路中的数据经常以字节为单位进行处理。

2.2.1   数字测试系统的组成

数字电路器件通过驱动电压测量电流或者通过驱动电流测量电压，或者使用功能测试器件在特定输入状态下，测量器件的输出电压是否满足测试规范，或者器件的输出是否符合逻辑，抑或使用功能测试操作器件内部的寄存器读写数据，这些测试使用的 ATE 称为数字测试系统，图 2.7 显示了数字测试系统中包含的基本模块。

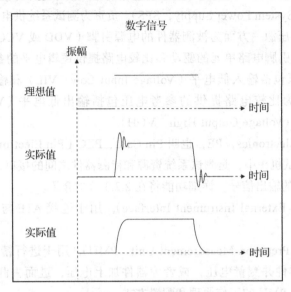

图 2.6　数字方波信号

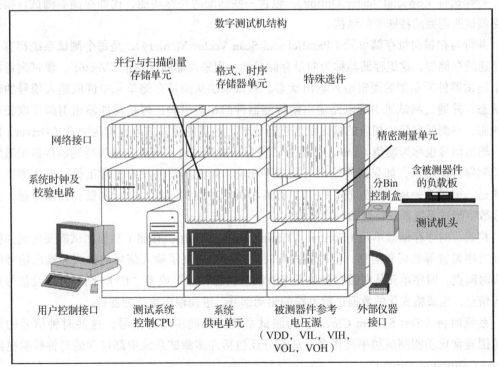

图 2.7　数字测试机系统图

　　测量系统控制 CPU 是系统的控制中心，它主要由控制测试系统的计算机组成。测试系统提供网络接口（Network Interface）用以传输测试数据；用户控制接口中，计算机的硬盘和内存（Memory）用来存储本地数据，显示器和键盘提供了测试操作员和系统接口。

　　系统供电单元（System Power Supply，SPS），负责为测试系统供电。

　　被测器件参考电压源一方面为被测器件的电源引脚（VDD 或 VCC）提供电压和电流，另一方面为系统内部引脚电路单元的驱动和比较电路提供逻辑电平的参考电压，其为驱动电路提供的参考电压包括输入低电平（Voltage Input Low，VIL）和输入高电平（Voltage Input High，VIH），为比较电路提供的参考电压包括输出低电平（Voltage Output Low，VOL）和输出高电平（Voltage Output High，VOH）。

　　引脚电路（Pin Electronics，PE，也叫 Pin Card、PEC（Pin Electronics Card），或者 I/O Card）通常放置在测试机头中，是测试系统资源和待测器件之间的接口，它给待测器件提供输入信号并接收器件的输出信号，详细功能将在 2.2.3 节中介绍。

　　外部仪器接口（External Instrument Interface），用于连接 ATE 与分选机，进行测试通信。

　　精密测量单元（Precision Measurement Unit，PMU），用于进行精确的 DC 参数测量，它能驱动电流进入器件并测量电压，或者为器件加上电压，进而去测量产生的电流。在 2.2.2 节中会详细介绍 PMU 的工作原理和配置方式。

　　特殊选件（Special Tester Option），包含一些选配的特殊功能，比如存储器测试、模拟电路测试所需要的特殊硬件结构。

　　并行与扫描向量存储单元（Parallel and Scan Vector Memory），是每个测试系统都有一组高速的存储器，这组存储器称为向量存储单元，用来存储测试向量（Vector），测试向量描述了测试器件所期望的逻辑输入输出状态。测试系统从向量存储单元中读取输入信号的输入状态，并通过测试机引脚电路输出给待测器件的相应引脚；再从器件输出引脚读取相应的状态，与测试向量中相应的输出状态进行比较。这里的输入信号也称为驱动（Driver）信号，输出信号也称为期望（Expect）信号。进行功能测试时，测试向量为待测器件提供激励并监测器件的输出，如果器件输出与期望不相符，则说明器件没有正常工作，该项测试没有通过，记录为一项功能失效（Fail）。有两种类型的测试向量：并行向量和扫描向量，大多数数字测试系统都支持这两种向量模式。

　　格式、时序存储器单元（Format、Timing Storage Unit），存储了功能测试需要用到的格式和时序设置等数据和信息，信号格式和时间沿标识定义了输入信号的格式和输出信号的采样时间点。时序单元从向量存储单元接收激励状态（"0" 或者 "1"），结合时序及信号格式等信息，生成格式化的数据送给电路的驱动部分，进而输出给待测器件。

　　系统时钟（Test System Clock），为测试系统提供同步时钟信号，这些时钟信号的频率范围通常比功能测试频率高得多；这部分还包括许多测试系统中都包含的时钟校验电路（Clock Calibration Circuit）。

2.2.2　PMU 的原理与参数设置

如图 2.8 所示，PMU 包含驱动线路和感知线路（Force and Sense Line）。为了提升 PMU 的驱动电压精度，常使用 4 条线路的结构：两条驱动线路传输电流，两条感知线路监测 DUT 引脚的电压。由于电流经过线路时会产生压降，因此施加到 DUT 引脚端的电压会小于程序中设定的值，设置两根独立的感知线路去检测 DUT 引脚（Pin）端的电压，反馈给电压源，电压源再将其与理想值进行比较，并进行相应的补偿和修正，以消除电流流经线路时产生的偏差。驱动线路和感知线路的连接点称作"开尔文连接点"。

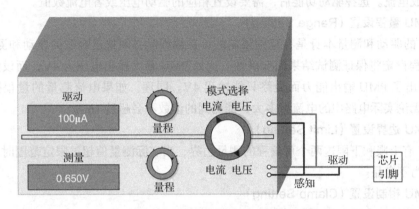

图 2.8　精密测量单元示意图

随着半导体工艺的发展，测试系统的测试机头从开始的只能安装引脚电路发展到可将其他功能模块全部集成到内部，在测试机头之外只保留用于操作的计算机。性能稍逊的或者老一点的测试系统只包含有限的参考电压源（Reference Voltage Source，RVS），同一时间测试程序只能提供少量的输入和输出电平，因而需要测试的多个引脚间共享测试资源。

当测试机的多个 Test Pin 共用某一种资源（如 RVS）时，此资源称为共享资源（Shared Resource）。一些测试系统拥有"Per Pin"的 RVS 结构，即每一个测试通道独立地设置输入和输出信号的电平。

同样的情况也适用于 PMU。一些低端的测试机只有一个 PMU，通过共享方式被多个测试通道依次使用；中端测试机有一组 PMU，一个 PMU 通道被若干个数字通道共享，这样可以让若干个通道同时使用 PMU 施加或测量直流参数；高端测试系统的 PMU 往往是 Per Pin 结构的 PMU，每个引脚可以独立提供并测量电压和电流，我们称之为 PPMU。但 PPMU 通常不具备 4 线开尔文连接方式，为了弥补这一不足，目前大多数 ATE 还提供了几组板级 PMU（Board PMU，BPMU），保留了开尔文的 4 线连接方式，供用户在高精度驱动或测量时使用。

1. PMU 模式设置

PMU 兼具驱动和测量两种功能。可以配置的模式包括：

- 加压测流（Force Voltage Measure Current）模式（FVMI）
- 加流测压（Force Current Measure Voltage）模式（FIMV）
- 无施加（Force Null）模式（FN）

在使用 PMU 进行编程时，需要进行模式设置，可以选择电压驱动或者电流驱动，当选择电流驱动时，测量模式自动被设置成电压；反之，如果选择了电压驱动，则测量模式自动被设置成电流。选择驱动功能后，需要设置相应的驱动电压或者电流数值。

2. PMU 量程设置（Range Setting）

PMU 的驱动和测量本身是有范围限制的，在编程时必须选定合适的驱动和测量范围，合适的量程设定将保证测试结果的准确性。比如 PMU 最大输出电压为 4V，而设定输出为 5V，因超出了 PMU 输出能力而最终只能输出 4V。同理，如果电流测量的量程被设定为 1mA，则无论实际电路中的电流有多大，能测到的读数不会超过 1mA。

3. PMU 边界设置（Limit Setting）

PMU 有上限和下限这两个可编程的测量边界，当实际测量值超过限定范围时，均会被系统判定为不良品。

4. PMU 钳制设置（Clamp Setting）

PMU 可被程序设置钳制电压或电流，钳制装置是在测试期间控制 PMU 输出电压与电流的上限以保护测试操作人员、测试系统及被测器件的电路（见图 2.9）。当 PMU 输出电压时，必须设置最大输出电流钳制。驱动电压时，PMU 会给予足够的电流以维持相应的电压，相当于一个稳压源。对 DUT 的某个引脚，ATE 的驱动单元会不断增加电流以驱动它达到程序中设定的电压值。如果此引脚上出现短路，而没有设置电流钳制，则通过该引脚的电流会一直增大，直到相关的电路，如探针、探针卡、相邻 DUT，甚至测试仪的通道全部烧毁。

图 2.9 显示了 PMU 驱动 5.0V 电压施加到 250Ω 负载电阻 R_L 的情况。在测试中，该 DUT 是阻性负载。由欧姆定律

$$I = \frac{U}{R} \tag{2.1}$$

可知，在额定工作电压下，通过负载的电流应为 20mA。器件可接受的最大电流（记录在器件规格书中）会大于工作电流，如 I_{max}=22mA。此时电流上限边界可设置为 22mA，钳制电流可设置为 25mA。假如某一有缺陷的器件的阻抗性负载只有 10Ω，在没有设置电流钳制的情况下，通过的电流将达到 500mA，这么大的电流已经足以对测试系统、硬件接口和器件本身造成损害。而钳制电流设置在 25mA，则电流会被钳制电路限定在安全的范围内，不会超过 25mA，从而避免损坏。

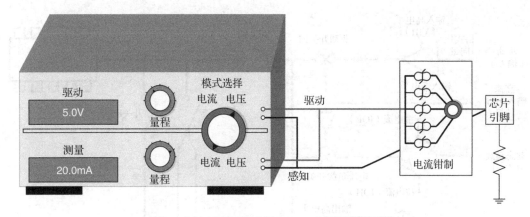

施加5V电压，电流判断上限为20mA；电流钳制设置为25mA
R_L=250Ω，I_{OUT}=20mA
R_L≤200Ω，I_{OUT}=25mA（钳制电流）

图 2.9　电流钳制测试示意图

电流钳制边界（Clamp）必须大于测试边界（Limit）上限，这样有缺陷的器件才能被程序正确识别（判断为 Fail），否则程序中只会提示"边界电流过大"，而不会出现 Fail。

当 PMU 输出电流时，测试器件则相应地需要进行电压钳制。电压钳制和电流钳制在原则上大同小异，如图 2.10 所示，这里不再赘述。

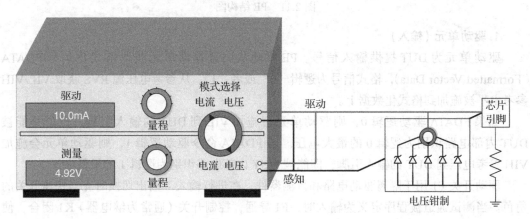

施加10.0mA电流
R_L=250Ω，V_{OUT}=5.0V
R_L开路，V_{OUT}=钳制电压

图 2.10　电压钳制

2.2.3　引脚电路的组成和原理

引脚电路（PE）的结构图如图 2.11 所示。

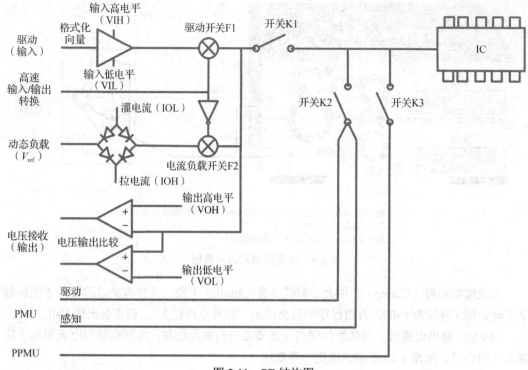

图 2.11 PE 结构图

1. 驱动单元（输入）

驱动单元为 DUT 提供输入信号。PE 驱动从向量存储单元获取格式化信号 FDATA（Formatted Vector Data），格式信号为逻辑"0"或者"1"，从参考电压源 RVS 获取 VIL/VIH 参考电平被施加到格式化数据上。

如果 FDATA 驱动逻辑 0，则驱动单元会施加 VIL 到 DUT 的输入引脚，也就是能被 DUT 内部电路识别为逻辑 0 的最大电压。若 FDATA 命令驱动逻辑 1，则驱动单元会施加 VIH 参考电压到 DUT 的输入引脚，即能被 DUT 内部电路识别为逻辑 1 的最低电压。

驱动开关 F1 用于隔离驱动电路和待测器件，在进行输入 – 输出切换时充当快速开关的角色。当测试通道被程序定义为输入时，F1 导通，控制开关（通常为继电器）K1 闭合，使信号由驱动单元输送至 DUT；当测试通道被程序定义成输出或者不关心状态（Don't Care）时，F1 截止，这样可以保证驱动单元和待测器件同时向一个测试通道输送电压信号的输入输出（Input/Output，I/O）冲突状态不会出现。

2. 动态负载单元

动态负载（Active Load，也叫电流负载）在功能测试时连接到待测器件的输出端充当负载的角色，由测试程序控制，提供从测试系统到待测器件的正向电流或从待测器件到测试系统的负向电流，即拉电流（Current Output High，表示为 IOH）和灌电流（Current Output Low，表示为 IOL）：

- IOH 指当待测器件输出逻辑 1 时其输出引脚必须提供的电流。
- IOL 则相反，指当待测器件输出逻辑 0 时其输出引脚必须接纳的电流。

参考电压（Voltage Reference，表示为 V_{ref}）决定是 IOH 起作用还是 IOL 起作用；当待测器件的输出电压高于 V_{ref} 时，ATE 从被测器件引脚拉取电流 IOH；当待测器件的输出电压低于 V_{ref} 时，ATE 向被测器件引脚灌入电流 IOL。

电流负载开关 F2 作为高速开关负责切换输入、输出测试电路。当程序定义测试通道为输出时，F2 导通，允许 PE 电路向待测引脚输出 IOL 或抽取 IOH。当定义测试通道为输入时，F2 截止，将负载电路和待测器件隔离。

动态负载可用于测试引脚输出电平（见 3.6.4 节），也可用于三态测试（见 3.2.2 节）和开短路测试（见 4.4 节）。

3. 电压接收单元（输出）

电压接收单元用于功能测试时比较待测器件的输出电压和 RVS 提供的参考电压：逻辑 1（VOH）和逻辑 0（VOL）。当器件的输出电压小于等于 VOL，则认为它是逻辑 0，当器件的输出电压大于等于 VOH，则认为它是逻辑 1；当输出电压大于 VOL 而小于 VOH 时，则认为它是三态电平或无效输出。

4. PMU

PMU 通常用于 DUT 直流测试。当 PMU 需要连接到器件引脚时，K1 先断开，然后 K2 闭合。这样可以达到 PMU 与 PE 的驱动、动态负载隔离，从而避免 DUT 输出被干扰。

5. PPMU

一些系统提供 PPMU（Per-Pin PMU）的电路结构，以支持对 DUT 每个引脚同步地进行电压或电流测试。与 PMU 一样，PPMU 可以驱动电压测量电流或驱动电流测量电压，但是可能不具备标准测试系统的 PMU 的其他功能，如 PPMU 通常不具备开尔文连接的结构，不具备高压大电流的量程等。

2.3　混合 IC 测试系统

混合信号集成电路，即把模拟电路和数字电路集成到同一颗电路芯片里。随着集成电路技术和半导体工艺的发展，以及电子市场对产品小型化、高性能和低成本的追求，必然要求把复杂的数字电路和模拟电路集成在一颗芯片里。随之要求 ATE 设备也必须能同时满足数字电路和模拟电路测试的需求。最典型的混合信号集成电路包括模数转换器（Analog to Digital Converter，ADC 或 A/D）和数模转换器（Digital to Analog Converter，DAC 或 D/A）。这类混合器件测试使用的 ATE 称为混合信号测试系统。应用数字信号处理（Digital Signal Process，DSP）的混合信号测试机称为现代混合信号测试系统。

DSP 技术使得现代混合信号测试系统比传统的混合信号测试技术有更多的优点：

- 可以高度并行地进行参数测试，减少测试时间，降低测试成本。

- □ 可以把各个频率的信号分量区分开来，也就是可以把噪声和谐波分量从测试频率中分离出来，提高了产品的可测试性。
- □ 可以使用不同的函数处理数据，满足混合信号测试中的不同需求。

我们的周围有许多信号，比如声波、光束、温度、压力等信号在自然界都是模拟信号。现今基于信号处理的电子系统都必须先把这些模拟信号转换为能与数字存储、数字传输和数学处理兼容的离散数字信号。接下来可以把这些离散数字信号存储在计算机阵列之中，用数字信号处理函数进行必要的数学处理。

纯数学理论上，如果满足某些条件，连续信号在采样之后可以通过重建完全恢复为原始信号，而没有任何本质上的损失。不幸的是，现实世界中总不能如此完美，实际的连续信号和离散信号之间的转换总会有信号的损失。

采样用于把信号从连续信号（模拟信号）转换到离散信号（数字信号），重建用于实现相反的过程。ATE依靠采样和重建给待测芯片施加激励信号并测量它们的响应。测试中包含了数学上和物理上的采样和重建。

混合IC测试使用的混合测试系统架构如图2.12所示，包括数字子系统、模拟子系统、时钟和时序同步控制、系统控制及电源、用户及系统界面五个部分和系统接口。

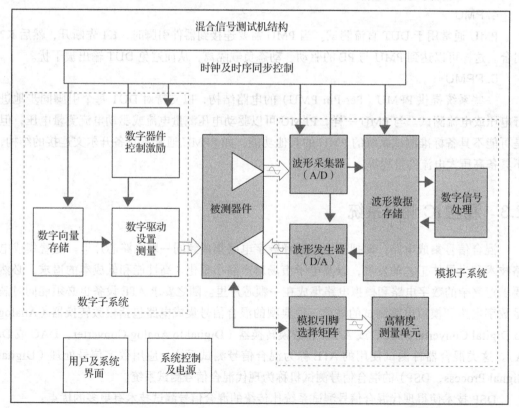

图 2.12　混合信号测试机系统图

2.3.1　模拟子系统与数字子系统

传统的模拟部分测量通过给被测器件施加一个单频点的连续波形，如正弦波，然后用均方根（Root Mean Square，RMS）仪表测量被测器件的输出。这种测量方式虽然简便，但也存在固有的缺点。首先，多频点的测量无疑会增加测试时间，而相比较而言，基于 DSP 的测试技术可以一次把所有需要测试的频点波形合成后施加给被测器件，提升了测试效率。其次，RMS 测量无法区别信号与噪声，而基于 DSP 的测试技术，不同频率的信号很容易被分开，使得更多的器件特性可被分析测量。

基于 DSP 的测试系统中，通常需要两种设备作为模拟信号源和测量工具：

❑ 任意波形发生器（Arbitrary Waveform Generator，AWG）

❑ 波形采集器（Waveform Digitizer，DGT）

模拟子系统包括 DGT、波形数据存储器、DSP、AWG，以及可矩阵连到模拟引脚的高精度 AC 测量单元。

进行混合信号 IC 测试时需要用 AWG 提供对应模拟引脚的模拟波形，使用 Waveform Digitizer（DGT）对输出引脚信号进行波形数据采集，使用 DSP 对采集的波形数据进行处理。

1. AWG

AWG 的结构如图 2.13 所示，通常包含波形存储器，经 D/A 转换器把波形数据转换成阶梯电压输出，然后经过低通滤波器把阶梯电压处理成一个平滑的连续波信号，以作为模拟器件测试时需要的输入。通常 AWG 还会包含差分输出和偏置电路，以满足不同的信号要求。

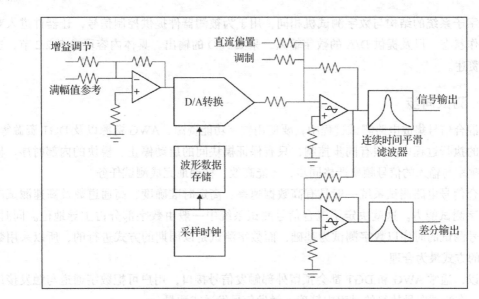

图 2.13　AWG 结构

AWG可产生低于低通滤波器截止频率的任意波形，当然根据奈奎斯特定理产生频率的最高谐波分量不能超过AWG采样频率的1/2。

2. DGT

DGT的结构如图2.14所示，其处理信号的过程与AWG相反，是将获得的模拟信号经缩放和平移处理，再经过连续时间抗混叠滤波器做滤波处理，将采到的模拟信号经A/D转换器转换成数字信号并存储。获得数据后再经DSP进行波形数据分析处理。

DGT通常在信号采集端含有增益可调电路来处理不同的信号，以便经过处理的信号满足DGT的信号输入要求。DGT一般还包含跟踪保持电路，这使其可以根据"欠"采样定理完成高频信号的采集。

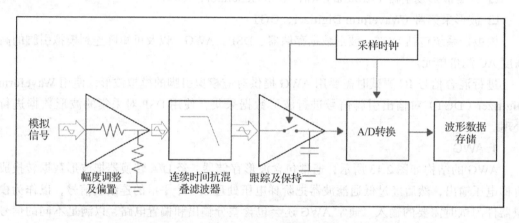

图 2.14   DGT结构

数字子系统的结构与数字测试机相同，用于为被测器件提供控制信号，让器件进入对应的工作状态，以及提供D/A的数字输入，采集A/D的输出。具体内容可参考2.2节，这里不再赘述。

2.3.2   测试同步

在混合信号集成电路测试过程中，要使用数字功能资源、AWG资源以及DGT资源等。在测试的执行过程中必须有同步控制，只有保证模块间的启动停止、模块的内部时序、模块采样频率与输入的信号频率严格同步，才能高效、精确地完成测试任务。

混合信号电路测试系统一般具有高数据速率、高定时准确度、高通道数及高速测试向量的数字测试能力。这就决定了混合信号测试系统中一般由数字部分占主导地位。同时，混合信号测试的时序以数字测试为基础，而数字测试是以周期的方式进行的，所以采用数字同步的方式最为合理。

所以，通常AWG和DGT都会预留外部触发信号接口，用户可把数字通道与触发接口相连接，在测试向量执行的过程中精确地触发信号发送或测量。

2.4　ST2500 高性能数模混合测试系统

测试机作为集成电路测试环节的核心设备，其成本和测试效率直接影响了 IC 的生产成本。随着半导体芯片在中国生产制造规模扩大和系统级封装（System in Package，SIP）的大量推广，单颗芯片集成了越来越多的功能，高性能可扩展的数字混合信号测试机就显得非常重要了。加速科技经过多年研发，采用业界最先进的多学科交叉技术，推出高性能可扩展的数字混合信号测试系统解决方案。

ST2500 高性能数模混合测试系统如图 2.15 所示，由杭州加速科技有限公司研发，借鉴高速通信技术，采用最先进的系统架构，集成度高，功能强大，扩展性强。单机支持 5 个功能槽位，根据不同应用场景可以配置不同数量的板卡，系统最大可以支持 4 机级联，共 20 个功能槽位。功能板卡采用先进的 FPGA 实现，单板高度集成数字与混合信号功能，包含 32 个 125MHz 的数字通道，4 路 DPS，4 路 100MHz 的 TMU，1 路采样频率为 2MSPS 的 AWG，1 路采样频率为 1MSPS 的 DGT，1 路高精度 RVS，完全通过硬件实现向量下发和系统调度，支持无阻塞全并行测试，测试效率极高，可以广泛应用于微控制单元（Microcontroller Unit，MCU）、闪存（FLASH）、电可擦可编程只读存储器（Electrically Erasable Programmable Read Only Memory，EEPROM）、小型复杂可编程逻辑器件（Complex Programmable Logic Device，CPLD）、现场可编程逻辑门阵列（Field Programmable Gate Array，FPGA）、指纹芯片、低压差线性稳压器（Low Dropout Regulator，LDO）、射频功率放大器（Power Amplifier，PA）、射频（Radio Frequency，RF）开关、滤波器等半导体器件测试和模块系统级测试。

图 2.15　ST2500 系列 160 通道数模混合测试系统

ST2500 提供用户友好的集成开发环境、丰富的开发和调试工具以便客户进行测试程序开发。针对测试工厂批量测试，ST2500 提供专用的工厂界面，集成丰富的数据记录和分析工具，并可提供客制化工厂系统连接方案，方便批量测试和管理。

ST2500 高性能数字混合信号测试系统特点：

❑ 针对 MCU/FLASH/Logic 等数字 / 混合芯片进行优化，降低测试成本。

❑ 使用 125MHz 线缆连接，支持高效并行测试。

❑ 40Gbps 通信系统，实现高速测试通信。

❑ 采用 FPGA 实现硬件调度，支持无阻塞并行测试。

❑ 先进通信架构，模块化设计，通过模块组合实现不同通道资源扩展。

❑ 可根据客户需求灵活配置测试系统。

❑ 针对数字、混合信号、射频、传感器搭配不同资源板卡。

ST2500 关键特性：

❑ 125MHz 测试频率，250Mbps 数据传输速率。

❑ 单板集成数字、模拟、混合信号测试功能。

❑ 支持最高 640 个测试工位并行测试。

❑ 单板支持 32 路数字 I/O，单台测试机支持 32~160 路数字 I/O，4 台测试机级联，最大支持 640 路数字 I/O。

❑ 每通道 192M 条向量存储深度，扫描（SCAN）模式单扫描链（SCAN Chain）高达 6GB，高端通信架构，向量加载及测试过程中的动态修改以广播方式下发，提高并行测试效率。

❑ 突破传统格式（Format）限制，每通道可定义 128 组时序组（Timing Set），每 Timing Set 可定义最多 8 组波形表（Wave Table），6 个沿（Edge）可调，输入输出可自由转换。

❑ 每通道含独立 PPMU 模块，±40mA 动态负载单元。

❑ 单板支持 4 路 DPS（−3.25V～+8.4V 电平设定，驱动电流为 500mA），电源支持并联模式（Gang Mode），单台测试机头最高支持 20 路 DPS，4 台测试机级联支持 80 路 DPS。

❑ 单板支持 4 路 100MHz TMU，1 路 2MSPS 16bit AWG，1 路 1MSPS 16bit DGT 及 1 路高精度 RVS。

❑ 系统支持 125MHz 线缆连接模式，节省系统成本。

❑ 通信系统标准，超负荷硬件自测系统，保证系统超长时间稳定运行。

❑ 智能软硬件维护系统，提供故障代码，精确定位软硬件故障位置。

❑ 提供基于 Eclipse 的集成开发环境（Integrated Development Environment，IDE），支持基于 C/C++ 的开发，提供各种开发工具和调试工具。

❑ 针对工厂量产提供专门的图形用户界面（Graphical User Interface，GUI）数据实现显示监控，提供丰富的数据记录分析工具。

2.4.1 ST2500 硬件资源

ST2500 测试机系统架构如图 2.16 所示，业务板安装在主控板的插槽上，业务板资源与负载板（Load Board，LB）通过 DUT 接口线缆（Cable）连接，构成测试系统到 LB 信号输入与输出通道。

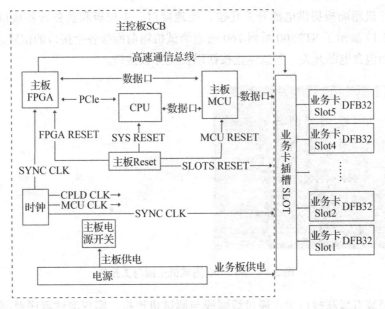

a）主控板系统图

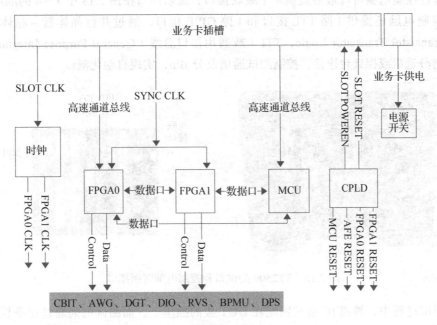

b）业务板系统图

图 2.16　ST2500 系统架构图

1. ST2500 系统整体硬件

ST2500 系列测试系统由测试机与控制电脑组成。测试机机箱中装有主控板、业务板、电源和风扇。机箱面板提供电源开关孔位、接地接口、主控板和业务板各接口，以及风扇通风孔。图 2.17 展示了 ST2500 系列 160 通道测试机箱前面板各个接口的位置。

机箱正面包含电源开关、紧急停止按钮以及业务板接口。

图 2.17　ST2500 测试机正面与工控机

控制电脑装有级联接口卡，通过级联线与测试机连接，实现测试程序对测试机硬件的控制，每台控制电脑可以最多提供 4 个级联接口，级联接口按图 2.18 中 1～4 的顺序排列。此外，控制电脑还提供 1 路 TTL 接口和 1 路 GPIB 接口，通过并行晶体管 – 晶体管逻辑接口（Transistor Transistor Logic，TTL）或通用接口总线（General-Purpose Interface Bus，GPIB）与分选机或探针台连接，控制测试通信及分 Bin，实现自动化测试。

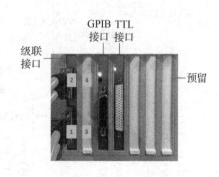

图 2.18　ST2500 测试机和控制电脑背面接口

在测试过程中，被测 IC 会被固定在 DUT 板的插座上，而测试机则通过业务板上的接口和线缆连接 DUT 板，如图 2.19 所示。

2. 系统主控板

每块系统主控板（System Control Board，SCB）提供 5 个业务板槽位和 1 个电源槽位。主控板上有多个功能模块，根据功能可分为以下几部分：

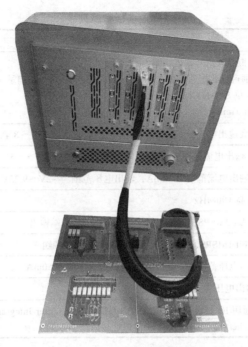

图 2.19　ST2500 通过线缆连接 DUT 板

❑ 系统控制管理由 CPLD 和 MCU 实现。CPLD 检测用户按键操作以及上下电控制；MCU 监控系统电压、温度以及业务板的基本信息，同时还负责控制状态灯和风扇。

❑ 系统数据高速处理转发功能由 FPGA 实现，同时，业务板之间的快速触发协同也由 FPGA 控制。

主控板的外设接口包括：

❑ 校准接口，用于系统校准。

❑ 升级接口 1 路，用于升级内部板卡。

❑ 级联接口 1 路，用于双机和四机级联。

❑ 电源槽位 1 路，用于测试板上电和通过控制板给业务板上电。

3. 业务板

业务板集成多个模拟前端（Analog Front End，AFE）模块，包含 CBIT、AWG、DGT、数字输入输出（Digital I/O）、RVS、BPMU、DPS、通用输入输出（General Purpose Input Output，GPIO）、TMU 用以满足不同测试需求，通过插座 J1 和 J2 连接到 LB 插座，LB 布线接到 DUT，为各模块信号与 DUT 引脚建立信号通道。

表 2.1 描述了 DFB32 业务板的资源配置。

表 2.1 业务板资源列表

业务板型号	业务表资源
DFB32	集成数字、模拟混合信号测试功能： ❑ 32 路数字通道：数据速率为 250Mbps，每通道有 192M 条向量（Vector）存储深度 ❑ SCAN 模式单 SCAN Chain 高达 6GB ❑ 支持 128 组 Timing Set，4 Edge 可调，输入输出自由转换
	4 路 DPS：最大输出电流 ±500mA，输出电压范围为 –3.25V～8.4V，支持 Gang 模式
	32 路 PPMU：输出电流范围 ±40mA，输出电压范围为 –2V～6.5V
	4 路 BPMU：输出电流范围 ±80mA，输出电压范围为 –2V～9.25V
	4 路 TMU：最高 100MHz
	1 路 AWG：16bit 2MSPS，波形存储深度为 64MB，单端输出
	1 路 DGT：16bit 1MSPS，波形存储深度为 64MB，单端输入
	1 路 RVS：输出电压范围为 0V～10V，输出最大电流为 50mA
	8 路 CBIT：输出电压为 5V，驱动电流最大为 100mA
	4 路 GPIO：通用 IO 接口，可以配置为内部整合电路（Inter-Integrated Circuit，I²C）、串行外设接口（Serial Peripheral Interface，SPI）等低速接口

4. 通道规格

下面依次介绍业务板各通道的通道规格（Channel Specification）。

（1）数字通道（Digital Input/Output Channel，DIO_CH）

数字通道参数如表 2.2 所示。

表 2.2 数字通道规格

项　　目		规　　格
驱动		
测试主频		125MHz
数据速率		250 Mbps
输入电压范围	输入高电平（VIH）	–1.4V～6.5V
	输入低电平（VIL）	–1.5V～6.4V
输入电压分辨率		1mV
输入电压误差		±(0.2%×设定值 +10mV)
输出阻抗		45Ω～55Ω
比较		
比较电压范围	输出高电平（VOH）	–1.4V～+6.5V
	输出低电平（VOL）	–1.5V～+6.4V
比较电压分辨率		1mV

（续）

项　目	规　格
比较电压误差	±(0.2%× 设定值 +20mV)
最小可检出脉冲宽度	2ns
低钳制电压范围（VCL）	−2.0V～+4.0V
高钳制电压范围（VCH）	0V～+6.5V
动态负载	
参考电压范围	−1.5V～+6.5 V
	−1.0V～+5.5 V
参考电压分辨率	1mV
参考电压误差	±(0.2%× 设定值 +30mV)
负载电流设定范围	±25mA
电流设定分辨率	10μA
电流设定误差	±(0.5%× 设定值 +100μA)

　　DIO 每个通道带有 PMU，称为 PPMU（Per Pin Precision Measurement Unit），DIO PPMU 支持 FVMI、FIMV、FN 三种模式（详见 2.2.2 节），其测量模式及对应参数如表 2.3 所示。

表 2.3　PPMU 通道规格

项　目		规　格
电压驱动测量	驱动电压范围	−2V～6.5V
	驱动电压分辨率	1mV
	驱动电压误差	±(0.1%× 设定值 +5mV)
	测量电压范围	−2V～6.5V
	测量电压分辨率	1mV
	测量电压误差	±(0.1%× 测量值 +5mV)
电流驱动测量	电流驱动范围	−2μA～2μA
		−10μA～10μA
		−100μA～100μA
		−1mA～1mA
		−40mA～40mA
	电流驱动分辨率	±40mA，量程：10μA
		±1mA，量程：200nA
		±100μA，量程：20nA
		±10μA，量程：2nA
		±2μA，量程：0.4nA

（续）

项　目		规　格
电流驱动测量	电流驱动误差	±2μA，量程：±(0.1%×设定值 +5nA)
		±10μA，量程：±(0.1%×设定值 +10nA)
		±100μA，量程：±(0.1%×设定值 +100nA)
		±1mA，量程：±(0.1%×设定值 +1μA)
		±40mA，量程：±(0.1%×设定值 +20μA)
	电流测量范围	−40mA～+40mA
		−1mA～+1mA
		−100μA～+100μA
		−10μA～+10μA
		−2μA～+2μA
	电流测量分辨率	±40mA，量程：10μA
		±1mA，量程：200nA
		±100μA，量程：20nA
		±10μA，量程：2nA
		±2μA，量程：0.4nA
	电流测量误差	±40mA，量程：±(0.1%×测量值 +20μA)
		±1mA，量程：±(0.1%×测量值 +1μA)
		±100μA，量程：±(0.1%×测量值 +100nA)
		±10μA，量程：±(0.1%×测量值 +10nA)
		±2μA，量程：±(0.1%×测量值 +5nA)
钳制电压	低钳制电压范围	−2V～4.0V
	低钳制电压分辨率	1mV
	低钳制电压误差	−400mV～0V
	高钳制电压范围	0V～+6.5V
	高钳制电压分辨率	1mV
	高钳制电压误差	0V～+400mV

（2）高压通道（High Voltage Channel，HV_CH）

高压通道共有 4 个，提供高电压输出。HV_CH0/8/16/24 共用 DIO_CH 0/8/16/24 通道，其通道参数如表 2.4 所示。

表 2.4 HV_CH 通道规格

项 目		规 格
每板通道数量		4
高电压输出范围		0V～13.5V
低电压输出范围		0V～5.9V
灌电流		60mA～100mA
拉电流		–100mA～–160mA
输出阻抗		10Ω（MAX）
运行最大频率		1MHz
驱动电压分辨率		1mV
驱动电压误差		±(0.5%×设定值 +20mV)
普通电压模式	电压范围	–0.1V～+6.5V
	电压误差	±(0.5%×设定值 +30mV)
	运行最大频率	20MHz
	电压分辨率	1mV

（3）波形采集器（Waveform Digitizer，DGT）

DFB32 业务板采用单通道 DGT，DGT_IN 与 BPMU0 共享同一通道，当通道用作 DGT 时，其通道参数如表 2.5 所示。

表 2.5 DGT 通道规格

项 目		规 格
采样频率		1MSPS
分辨率（位）		16
采集存储容量		64MB
输入模式		单端
电压输入范围		0V～2V
		0V～4V
		0V～8V
电压输入误差	0V～2V	±(0.1%×测量值 +0.6mV)
	0V～4V	±(0.1%×测量值 +1.0mV)
	0V～8V	±(0.1%×测量值 +1.6mV)

（4）波形发生器（Analog Waveform Generator，AWG）

AWG 支持输出正弦波（SIN）、斜波（RAMP）、三角波（TRIANGULAR）和方波（PULSE）。AWG 通道参数如表 2.6 所示。

表 2.6 AWG 通道规格

项　目	规　格
采样频率	2MSPS
波形存储容量	64MB
分辨率（位）	16
输出模式	单端
触发模式	Pattern
电压输出范围	0V～2V
	0V～4V
	0V～8V
电压输出误差	±(0.1%×设定值 +1.5mV)
最大输出电流	25mA
滤波	300kHz

（5）继电器控制位（CBIT）

CBIT 用于控制继电器（Relay）的切换。参数规格如表 2.7 所示。

表 2.7 CBIT 规格

项　目	规　格
控制电压范围	4.8V～5.2V
驱动电流	100mA

（6）器件供电单元（DPS）

DPS 用于为待测器件电源引脚提供电压和电流，DPS 通道参数如表 2.8 所示。

表 2.8 DPS 通道规格

项　目	规　格
电压驱动范围	−3.25V～+8.4V
电压驱动分辨率	1mV
电压驱动误差	±(0.1%×设定值 +5mV)
电压测量范围	−3.25V～8.4V
电压测量分辨率	1mV
电压测量误差	±(0.1%×测量值 +5mV)

（续）

项　　　目	规　　　格
电流测量范围	−500mA～+500mA
	−25mA～+25mA
	−2.5mA～+2.5mA
	−250μA～+250μA
	−25μA～+25μA
	−5μA～+5μA
电流测量误差	±500mA，量程：±(0.1%×测量值 +0.5mA)
	±25mA，量程：±(0.1%×测量值 +10μA)
	±2.5mA，量程：±(0.1%×测量值 +1μA)
	±250μA，量程：±(0.1%×测量值 +100nA)
	±25μA，量程：±(0.1%×测量值 +50nA)
	±5μA，量程：±(0.1%×测量值 +10nA)
电流测量分辨率	±500mA，量程：50μA
	±25mA，量程：2.5μA
	±2.5mA，量程：250nA
	±250μA，量程：25nA
	±25μA，量程：2.5nA
	±5μA，量程：0.5nA

（7）参考电压源（RVS）

RVS 提供了精度更高的电压驱动和测量能力，可作为被测芯片的参考电压输入，其通道参数如表 2.9 所示。

表 2.9　RVS 通道规格

项　　　目	规　　　格
电压驱动范围	0V～5V
	0V～10V
电压驱动分辨率	100μV(0V～5V)
	200μV(0V～10V)
电压测量误差	0V～5V，误差范围：±(0.1%×测量值 +3mV)
	0V～10V，误差范围：±(0.1%×测量值 +4mV)
电压测量范围	0V～5V
	0V～10V

（续）

项 目	规 格
电压测量分辨率	100μV(0V～5V)
	200μV(0V～10V)
电压测量误差	0V～5V，误差范围：±(0.1%×测量值 +3mV)
	0V～10V，误差范围：±(0.1%×测量值 +4mV)
电流测量范围	0mA～50mA
电流测量分辨率	10μA
电流测量误差	±(0.1%×测量值 +50μA)

（8）时间测量单元（TMU）

每块业务板包含 4 个 TMU 通道，默认接口为数字通道 DIO0/1/16/17，可通过软件配置通过任意数字通道连接。TMU 用于测量频率、占空比、上升沿时间、下降沿时间、延时、最大电压、最小电压，以及事件采集。其参数规格如表 2.10 所示。

表 2.10 TMU 通道规格

项 目	规 格
频率测量范围	100Hz～100MHz
频率测量误差	（15ppm±5ppm）/ 年
时间测量分辨率	1ns
时间测量误差	4ns
触发模式	Pattern

（9）板级精密测量单元（BPMU）

BPMU 包含 4 个通道，其参数如表 2.11 所示。

表 2.11 BPMU 通道规格

项 目	规 格
电压驱动范围	−2V～+9.25V
电压驱动分辨率	1mV
电压驱动误差	±(0.1%×设定值 +5mV)
电压测量范围	−2V～+9.25V
电压测量分辨率	1mV
电压测量误差	±(0.1%×测量值 +5mV)
电流驱动范围	−5μA～5μA
	−20μA～20μA

（续）

项　目	规　格
电流驱动范围	−200μA～200μA
	−2mA～2mA
	−60mA～80mA
电流驱动分辨率	−60mA～80mA，量程：10μA
	±2mA，量程：100nA
	±200μA，量程：10nA
	±20μA：量程：1nA
	±5μA，量程：0.25nA
电流驱动误差	−60mA～80mA，量程：±(0.1%×设定值 +80μA)
	±2mA，量程：±(0.1%×设定值 +1μA)
	±200μA，量程：±(0.1%×设定值 +100nA)
	±20μA，量程：±(0.1%×设定值 +20nA)
	±5μA，量程：±(0.1%×设定值 +5nA)
电流测量范围	−60mA～+80mA
	−2mA～+2mA
	−200μA～+200μA
	−20μA～+20μA
	−5μA～+5μA
电流测量分辨率	−60mA～80mA，量程：10μA
	±2mA，量程：100nA
	±200μA，量程：10nA
	±20μA：量程：1nA
	±5μA，量程：0.25nA
电流测量误差	−60mA～+80mA，量程：±(0.1%×测量值 +80μA)
	±2mA，量程：±(0.1%×测量值 +1μA)
	±200μA，量程：±(0.1%×测量值 +100nA)
	±20μA，量程：±(0.1%×测量值 +20nA)
	±5μA，量程：±(0.1%×测量值 +5nA)

5. 测试机电源

机箱内部装电源大小为 250mm×100mm×72mm（长、宽、高），测试系统使用 220V（AC）供电。电源带有保护功能以提高设备的稳定性。电源有短路、过压、过流、超温保护，避免突发情况对设备造成巨大损害，同时避免意外发生。电源相关规格如表 2.12 所示。

表 2.12　额定功率及工作环境

参　　数		性能指标
额定电压		220V（AC）
电源频率		50Hz
额定功率		1500W
电源保护		短路保护/过压保护/过流保护/超温保护
允许最大电流		10A
温度	工作环境	0℃～+40℃
	存放环境	−10℃～+60℃
湿度	工作环境	40% RH①～60%RH（无冷凝）
	存放环境	20% RH～90%RH（无冷凝）

① RH（Relative Humidity），即相对湿度。

6. DUT 线缆

DUT 线缆采用 125MHz Cable，每块业务板配置 1 根 Cable，实物如图 2.20 所示。

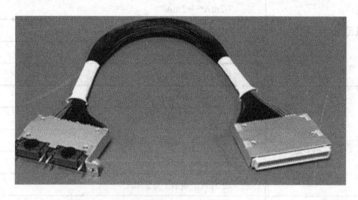

图 2.20　DUT 线缆

7. 级联线缆

级联线缆（见图 2.21）用于连接控制电脑和测试机，不同测试机需要的线缆数量如下：

❑ ST2516：1 根线缆。

❑ ST2532：2 根线缆。

❑ ST2564：4 根线缆。

图 2.21　级联线缆

2.4.2 环境要求

测试系统工作或存放时对温度、湿度等条件有一定的要求，具体要求如表 2.13 所示。

表 2.13 测试系统工作及存储环境要求

模 式		环境要求
工作模式	温度	+20℃～+30℃
	误差校正温度范围	23℃（±5℃）且与校准温度的偏差小于 1℃
	湿度	40%RH～60%6RH（无冷凝）
	海拔高度	0m～2000m（0～6561 英尺①）
	振动	抗振强度最大值为 0.21G，振动频率为 5Hz～500Hz
非工作模式	温度	−10℃～+60℃
	湿度	20% RH～90% RH（无冷凝）
	海拔高度	0～4572m（0～15 000 英尺）
	振动	抗振强度最大值为 0.5G，振动频率为 5Hz～500Hz

① 1 英尺≈0.305 米。

ST2500 系列测试机系统机箱面板的接口类型是一致的，只是支持的业务板数量和机箱大小不同。编写本书时，ST2500 系列已推出 ST2516、ST2532、ST2564 三款机型，配置业务板 DFB32，最多支持的资源接口如图 2.22 所示。针对 RF 等测试的业务板进入开发调试阶段，可采用升级后的 RF 类芯片测试机型。

接口类型	类型	业务板接口									
		类型	数字 I/O (PPMU)	DPS	BPMU	AWG	DGT	RVS	CBIT	GPIO	TMU
单板及接口路数	主控板单板	业务板 DFB32	32	4	4	1	1	1	8	4	4
ST2500 系列机型	数量	最大支持数量	数字 I/O (PPMU)	DPS	BPMU	AWG	DGT	RVS	CBIT	GPIO	TMU
ST2516	1	5	160	20	20	5	5	5	40	20	20
ST2532	2	10	320	40	40	10	10	10	80	40	40
ST2564	4	20	640	80	80	20	20	20	160	80	80

图 2.22 ST2500 系列机型配置

2.5　ST-IDE 软件系统

2.5.1　ST-IDE 软件界面

ST2500 测试设备使用的软件为 ST-IDE。ST-IDE 的运行环境为 Windows 操作系统，测试程序的开发使用 C++ 语言。为了便于软件开发者针对不同器件应用测试做二次开发，ST2500 了提供完善的集成开发环境，开发环境基于 Eclipse，便于学习，同时集成 C++ 调试环境来处理调试过程中的异常。

启动软件后进入登录界面，登录界面分为以下几个部分：

❑ 账户密码输入框。

❑ 登录 UI 选项，包括用户管理界面、开发主界面、工厂界面、自检窗口。

❑ 历史加载工程（Job）文件记录显示区。

软件登录界面如图 2.23 所示。

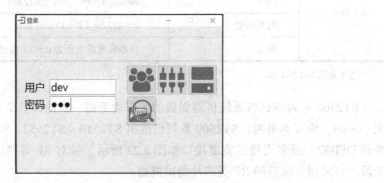

图 2.23　软件登录界面

软件支持多用户和权限设置，不同权限的用户可以进入不同的软件界面：

❑ 输入管理员的账户和密码，点击"用户管理"进入用户管理界面。

❑ 输入开发人员的账户和密码，点击"开发主界面"可以进入程序开发界面，开发和调试程序。

❑ 输入操作人员的账户和密码，点击"工厂界面"可以进入工厂量产测试界面，操作人员可以用该界面来进行生产作业，比如设置测试机通信、加载程序、手动测试、自动测试、开结批、监控良率、打印数据单等。

提示　ST-IDE 开发用户的默认用户名为"dev"，默认密码为"dev"。

---

1. 用户管理

如图 2.24 所示为用户管理界面，其中开发人员账户登录开发主界面，普通员工账户登录工厂界面，管理员账户登录用户管理界面，只有管理员才有权限在用户管理界面中新

增 / 删除用户，也可修改用户权限。

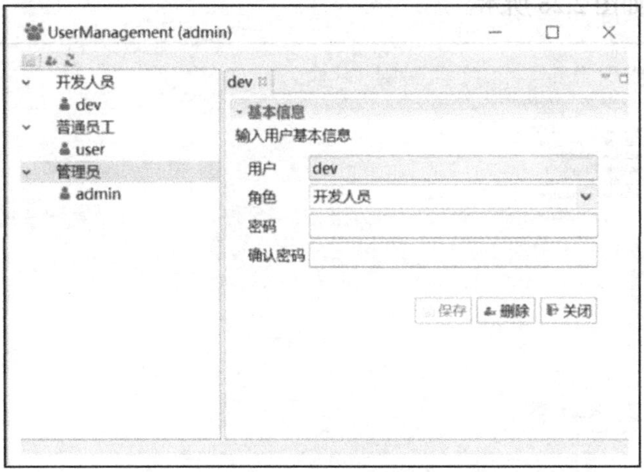

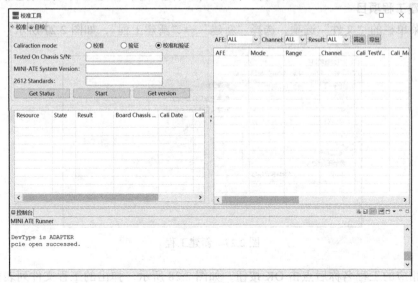

图 2.24　用户管理界面

2. 自动检测

在登录界面中，点击"自检"进入测试机自检界面，如图 2.25 所示。进入自检界面后，首先会检测当前业务板卡在位状态，若板卡不在位，则显示板卡不在位，勾选在位板卡后点击 Start 按钮检测该板卡的 AFE 功能，对板卡上 AFE 模块进行自检（自检包括 CBIT、DPS、PPMU、RVS、DIO、AWG），自检结果是针对所有进行自检的板卡的。只有当所有板卡的自检结果都通过时，自检结果才会为显示为通过。若自检通过，则对应板卡自检结果显示为绿色标记，未通过显示为红色标记，同时，自检结果日志显示在下方日志栏。

图 2.25　自检与校准界面

3. 开发人员界面

开发人员界面如图 2.26 所示。

图 2.26   开发界面

下面通过程序开发介绍如何使用界面中的这些菜单栏和工具栏。

2.5.2   基于 ST-IDE 的测试程序开发流程

1. 新建工程项目

点击菜单栏的"文件"选项，选择"新建"→"新建工程"，如图 2.27 所示。

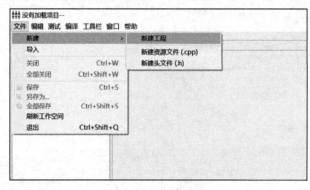

图 2.27   新建工程

输入相应的工程名称后点击 OK 按钮，如图 2.28 所示，弹出的工程文件列表如图 2.29 所示。

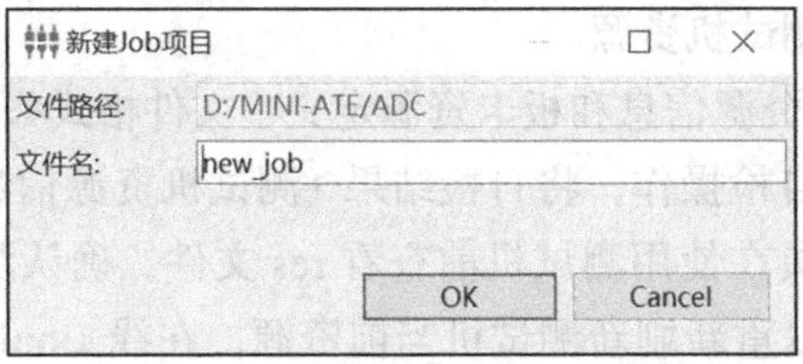

图 2.28　输入工程名称

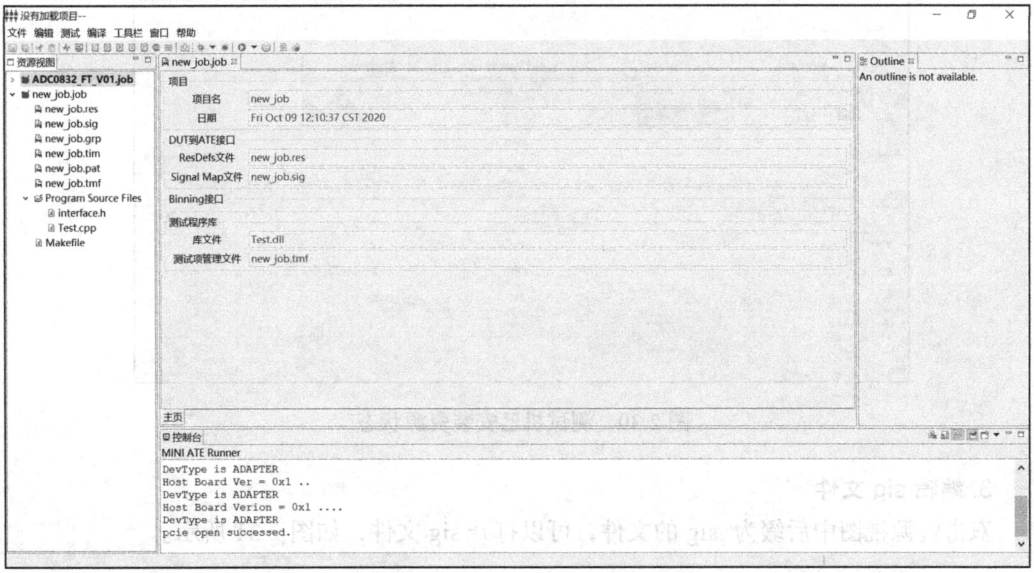

图 2.29　工程文件列表

系统自动创建相应的项目工程文件，介绍如下。

❑ 资源（Resource，res）文件：当前测试机板卡资源文件。

❑ 信号（Signal，sig）文件：资源信号文件，初始为空，供用户增加相应信号。

❑ 信号组（Group，grp）文件：初始为空，供用户生成信号组。

❑ 时序（Timing，tim）文件：初始为空，供用户定义 Timing 时使用。

❑ 向量（Pattern，pat）文件：非实际测试时使用的 Pattern 文件。Pattern 文件一般由
用户事先编辑好，在此处调用。

❑ 测试管理（Test Management Flow，tmf）文件：即测试项目文件，初始为空，供用
户定义测试项目，测试 Limit 及分 Bin 信息等，并可在测试过程中控制执行的项目。

在资源视图的程序源文件（Program Source File）目录下会自动生成 test.cpp 和 inferface.h
两个文件，用户可以在 test.cpp 里编写实际测试代码，interface.h 定义了标准的测试机应用
程序接口（Application Programming Interface，API），用户也可以根据需要用符合 C++ 的
方式定义自己的程序文件。

2. 查看 res 文件确认测试机资源

res 文件关联了测试机资源信息和板卡资源定义，文件格式如图 2.30 所示。

软件启动时进行硬件自检操作，将自检结果（测试机资源信息）存储在 res 文件中，不用开发人员编辑，开发人员在使用测试机前查看 res 文件，确认测试机满足产品需求即可。点击"获取资源"按钮可以重新刷新测试机当前资源，在线（online）表示当前槽位插有业务板，不在线（offline）表示当前槽位为空。

	Resource	Status	AFEModule	Channel	
1	⊟Adapter 1	online			
2	⊟Slot 1	online			
3			AWG	1	
4			DGT	1	
5			RVS	1	
6			DPS	4	
7			BPMU	4	
8			CBIT	8	
9			DIO	32	
10	⊟Slot 2	online			
11	⊟Slot 3	online			

关闭 获取资源

预览

图 2.30　测试机已安装资源状态

3. 编辑 sig 文件

双击资源视图中后缀为 .sig 的文件，可以打开 sig 文件，如图 2.31 所示。

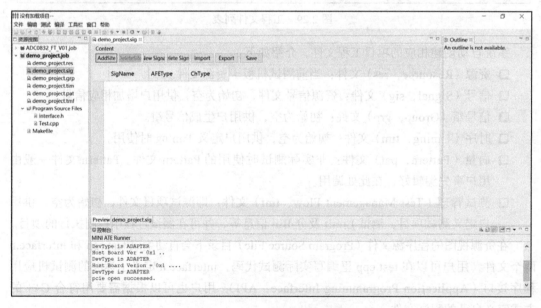

图 2.31　信号资源文件编辑视图

对 sig 文件的操作包括：

☐ AddSite：定义并测工位数，点击后新增工位。每点击一次，增加一个工位，最多支持 1024 个工位同测。

☐ DeleteSite：删除已有工位。

☐ New Signal：新增引脚信号。

☐ Delete Signal：删除引脚信号。

☐ Import：可以把按规定格式写好的文本文件导入成 sig 文件。

☐ Export：把当前 sig 文件导出到文本文件。

☐ Save：保存文件。

点击 AddSite 按钮，新增测试工位，工位排序从 0 开始，依次增加，如图 2.32 所示。

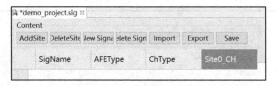

图 2.32　新增工位

点击 New Signal 按钮，新增引脚信号，如图 2.33 所示。

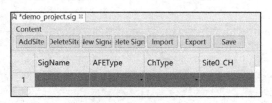

图 2.33　新增信号

引脚设置界面如图 2.34 所示，内容介绍如下：

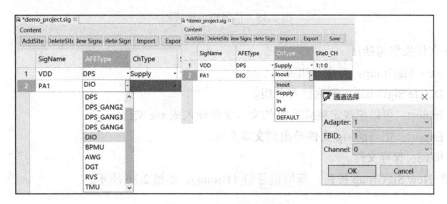

图 2.34　分配信号资源

- SigName 是信号名称，一般采用表示信号实际意义的字符串。
- AFE Type 用于选择相应的资源类型，如 VDD 对应 DPS，信号引脚对应数字通道 DIO。
- ChType 表示通道类型，如输入（In）、输出（Out），或双向通信（InOut）。
- Site0_CH 用于选择测试机资源的具体通道，其中 Adapter 代表级联机台序号，FBID 表示当前机台业务板槽位，Channel 表示资源通道，从 0 开始排序。

所有资源定义完成后，点击 Save 按钮保存文件。

4. 编辑 grp 文件

双击资源视图中的 grp 文件，可以将其打开并进行编辑，如图 2.35 所示。可以把同类资源分组。

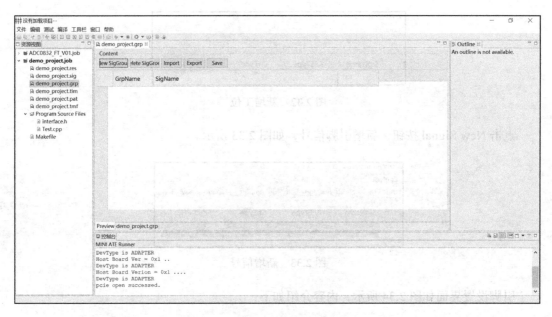

图 2.35 信号组编辑视图

grp 文件操作包括：

- New SigGroup：新增分组定义。
- Delete SigGroup：删除已有分组。
- Import：可以把规定格式写好的文本文件导入成 sig 文件。
- Export：把当前 sig 文件导出到文本文件。
- Save：保存文件。

点击 New SigGroup 按钮，新增信号组（Group），如图 2.36 所示。

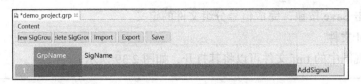

图 2.36　新增信号组

　　输入 GrpName，并双击 AddSignal 按钮，在 AFE 类型中选择需要分组的类型，如图 2.37 所示。

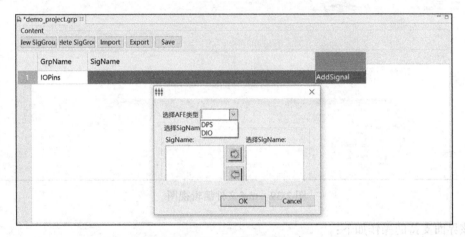

图 2.37　选择分组类型

　　如图 2.38 所示，选中需要分组定义的 SigName，点击 ⇨ 按钮确定信号选择，按 OK 按钮完成分组信号的选择，点击 ⇦ 按钮可以选中信号移除分组。

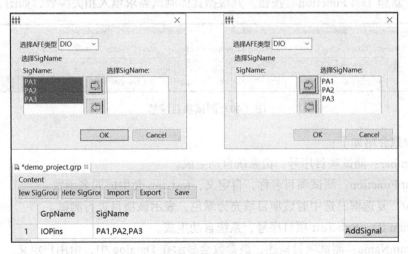

图 2.38　选择分组引脚

完成后点击 Save 按钮，完成信号分组文件的定义。

5. 编辑 tmf 文件

双击资源视图中的 tmf 文件可以将其打开，如图 2.39 所示。

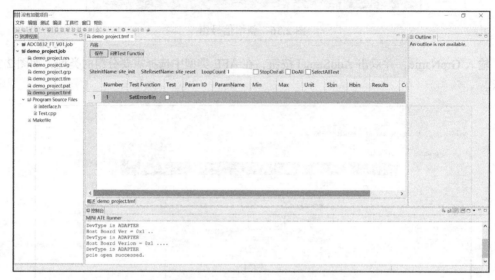

图 2.39 tmf 文件编辑视图

该界面支持的操作如下：

❑ 新建 Test Function：新增测试项目文件。

❑ 保存：保存 tmf 文件，并在 test.cpp 里生成相应的测试项目函数，由用户自行根据测试需求添加测试程序代码。

点击"新建 Test Function"按钮，并根据具体测试需求填入相关参数，如图 2.40 所示。

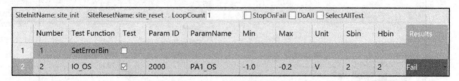

图 2.40 测试项目参数

具体参数介绍如下：

❑ Number：测试项目序号，由系统自动生成。

❑ Test Function：测试项目名称，自定义，test.cpp 会生成同名函数。

❑ Test：复选框，选中时该项目填充为绿色，表示该项目进行测试。

❑ Param ID：Sub Test 项目序号，系统自动生成。

❑ ParamName：测试项目描述，该参数会显示在 Datalog 中，由用户定义。

❑ Min/Max：测试参数的上下限。

❑ Unit：所测参数的单位。

❑ Sbin：该项目根据 Result 结果做相应的软件 Bin 分类。

❑ Hbin：该项目根据 Result 结果做相应的硬件 Bin 分类。

在测试项目上右击，弹出子菜单，选择"新建 Sub Test"命令，根据需要测试子项数目，建立子测试项，并根据具体测试需求填入相关参数，如图 2.41 所示。子测试项 Param ID 由系统生成，根据顺序增加，ParamName、Min/Max、Unit 由用户定义，其他参数继承整个测试项，如图 2.42 所示。

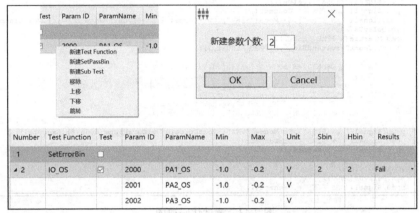

图 2.41　tmf 定义过程

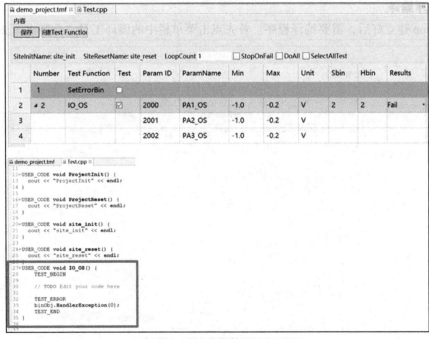

图 2.42　测试项目与对应源代码

6. 编辑测试程序

根据具体测试需求和测试计划，在 test.cpp 文件中编写测试程序代码。测试程序支持调用测试机底层集成的 API 或使用标准的 C++ 程序代码，图 2.43 中给出了一段测试代码视图。

```
97  USER_CODE void OS_TEST() {
98
99      vector<ST_MEAS_RESULT> N_PPMU_RESULT;
100     vector<ST_MEAS_RESULT> P_PPMU_RESULT;
101
102     cout << " OSN test start " << endl;
103     cbit.Signal("K_OSN").SetOn();
104     ppmu.Signal("OSN_PINS").Connect();
105     ppmu.Signal("OSN_PINS").SetMode("FIMV").CurrForce(-2.0e-4).CurrRange(5.0e-4).VoltClamp(2,-
106     sys.DelayUs(2000);
107     ppmu.Measure(N_PPMU_RESULT);
108     binObj.CheckResultAndBin(0,N_PPMU_RESULT,7);
109  /*
110     cout<<"N_PPMU_RESULT"<<N_PPMU_RESULT[0].dbValue<<endl;
111     cout<<"N_PPMU_RESULT"<<N_PPMU_RESULT[1].dbValue<<endl;
112     cout<<"N_PPMU_RESULT"<<N_PPMU_RESULT[2].dbValue<<endl;
113     cout<<"N_PPMU_RESULT"<<N_PPMU_RESULT[3].dbValue<<endl;
114     cout<<"N_PPMU_RESULT"<<N_PPMU_RESULT[4].dbValue<<endl;
115     cout<<"N_PPMU_RESULT"<<N_PPMU_RESULT[5].dbValue<<endl;
116  */
117     ppmu.Signal("OSN_PINS").SetMode("FVMI").VoltForce(0.0).CurrRange(500e-6).Execute();
118     ppmu.Signal("OSN_PINS").DisConnect();
119     cbit.Signal("K0").SetOff();
120
121     POWER_ON(0.0);
122     sys.DelayUs(1000);
123     ppmu.Signal("OSP_PINS").Connect();
```

图 2.43 测试代码视图

7. 程序编译

test.cpp 建立好后，需要编译程序。首先点击菜单栏中的编译工具，会弹出图 2.44 所示的对话框。

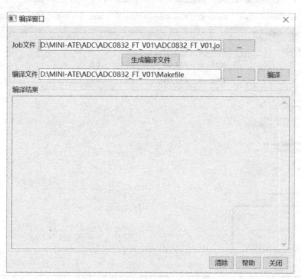

图 2.44 "编译窗口"对话框

然后点击"生成编译文件"按钮生成编译文件，如图 2.45 所示。

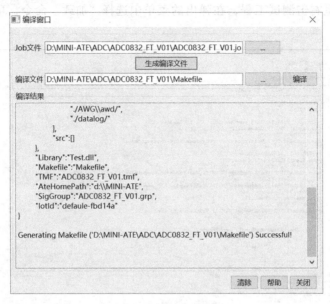

图 2.45　生成编译文件成功

当编译结果栏显示生成编译文件成功后，点击"编译"按钮，显示编译成功，如图 2.46 所示。此时程序才能正常加载。

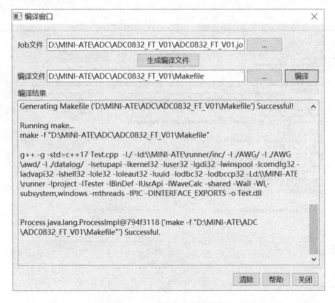

图 2.46　测试程序编译

8. 程序加载、执行和结果查看

在资源视图里右击测试工程,在弹出的菜单中选择"加载"命令,可加载测试程序,如图 2.47 所示。

图 2.47 测试程序加载

加载成功时,控制台会显示"执行成功",并且工具栏的图标变得可选,如图 2.48 所示。

图 2.48 测试程序加载成功

2.5.3　工厂界面

1) 启动测试机软件后, 输入相应的用户账号和密码, 点击 "工厂界面登录" 按钮 ▤ 登录工厂界面, 如图 2.49 所示。

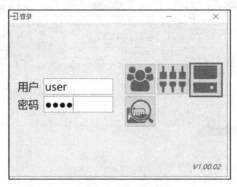

图 2.49　工厂界面登录

2) 点击工厂界面上的 "加载" 按钮, 选择需要加载的测试工程后, 点击 "打开" 按钮启动加载过程, 如图 2.50 所示。

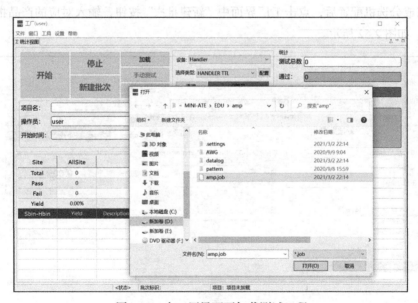

图 2.50　在工厂界面下加载测试工程

3) 在设备栏中通过下拉菜单方式选择对应的分选机或探针台, 然后选择正确的设备型号, 最后点击配置按钮进行具体配置, 完成后点击 "连接" 按钮, 以建立测试机与分选机或探针台的通信, 如图 2.51 所示。

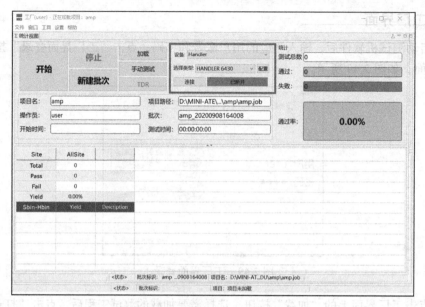

图 2.51　分选机、探针台配置

4）完成分选机配置后，点击工厂界面中"新建批次"按钮，输入对应的产品批次信息，然后确认，如图 2.52 所示。

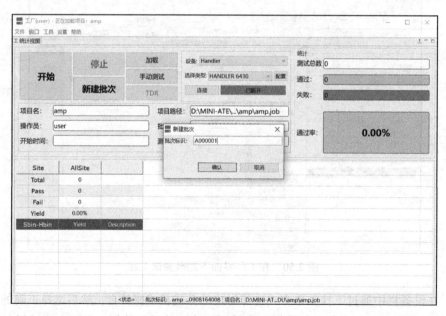

图 2.52　量产批次信息输入

5）设定完成后，点击"开始"按钮，执行量产测试，如图 2.53 所示。

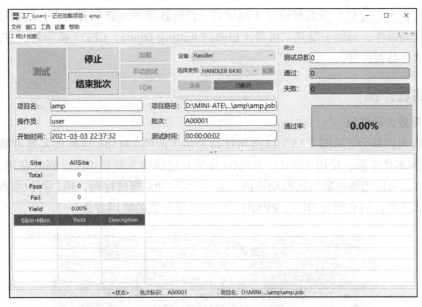

图 2.53　量产测试开始界面

2.6　集成电路测试工程师实训平台

为增进用户对集成电路测试机的理解与实际应用，加速科技推出了以 ST2516 测试机为基础，配置一片主控板 SCB，一块业务板 DFB32，并具备集成运算放大器（Operational Amplifier，OPA）、集成电源管理芯片（Power Management IC，PMIC）、MCU、EEPROM 和 ADC 教学实验板，如图 2.54 所示。

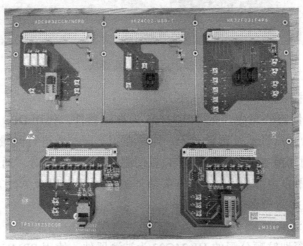

图 2.54　工程实训平台

教学实验板上为每个通道都设计了测试点，以便连接示波器和万用表；采用插座设计，方便更换被测器件，预留了发光二极管（Light Emitting Diode，LED）指示灯，方便观察测试电路的状态是否正常。

2.6.1 实验产品

1. 运算放大器模块

运算放大器部分（见图 2.55）以德州仪器公司生产的 LM358 运算放大器为被测器件，使用 DPS 为芯片电源，使用 PPMU、BPMU 作为直流供给及测量单元，同时在用不同参数进行测量时，可使用继电器切换所用资源。通过学习 OPA 测试过程，用户可以掌握 OPA 常见参数测试原理，ATE 相关 DPS、PPMU、BPMU 等资源的使用方法。

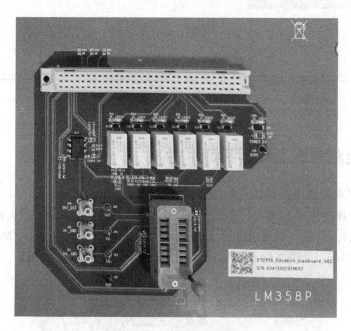

图 2.55 运算放大器模块

2. PMIC–LDO 模块

LDO 采用德州仪器公司生产的 TPS73625 为被测器件，使用 DPS 为芯片电源，使用 PPMU、BPMU 作为直流供给及测量单元，同时在用不同参数进行测量时，可使用继电器切换所用资源，同时预留 AWG 和 DGT 接口以便测试其交流参数等。通过对 LDO 模块（见图 2.56）的学习，用户可掌握 LDO 常见参数的测试原理，以及 ATE 相关 DPS、PPMU、BPMU、AWG 和 DGT 等资源的使用方法。

3. EEPROM 模块

EEPROM 采用深圳航顺公司的 HK24C02 为被测器件，使用 PPMU 为被测器件电源供电，使用 DIO 进行存储读写，同时预留了外部继电器，以控制 I²C 引脚在测试过程中与上拉电阻的连通与断开。通过学习 EEPROM 模块（见图 2.57）测试，用户可掌握通过 I²C 总线写入及读取存储芯片的原理，并可学习 ATE DIO 模块相关时序、向量等相关知识。

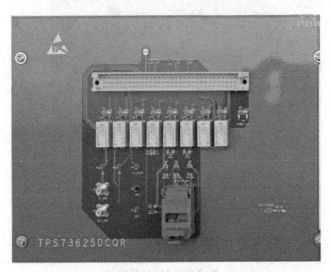

图 2.56　LDO 模块

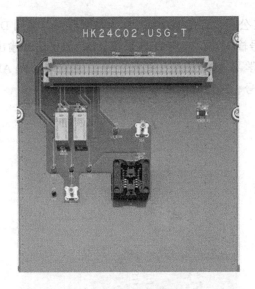

图 2.57　EEPROM 模块

4. MCU 模块

MCU 采用深圳航顺 HK32F031F4P6 作为被测芯片，使用 DPS 作为芯片电源供电，其余引脚均使用 DIO 进行数字向量的运行。通过学习 MCU 模块（见图 2.58），用户可掌握

MCU 相关测试项目，同时可以继续加深 ATE 功能测试的实现，以及使用 TMU 测量输出频率的方法。

图 2.58 MCU 模块

5. ADC 模块

ADC 采用美国 ADI 公司生产的 AD0832作为被测器件，使用 DPS 作为芯片电源供电，使用 AWG 作为模拟信号输入端，使用 DIO 采集 ADC 数字信号输出，以完成 ADC 的静态及动态参数测试。通过学习 ADC 模块（见图 2.59），用户可了解 ADC 相关参数测试原理，以及 ATE 的发送模拟信号、进行数字采集等功能。

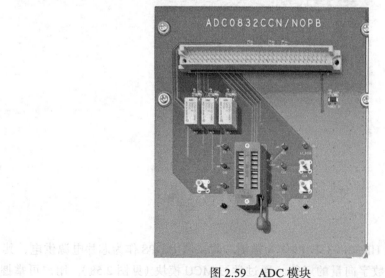

图 2.59 ADC 模块

2.6.2　教学实验板的使用

　　实验时需要使用专用的测试线缆将测试机与教学实验板相连接，线缆两端的接口不同，请注意区分。线缆端连接测试机业务板，另一端连接需要测试的教学产品接口。因为教学仪器上只配备了一块业务板卡，所以每次只支持一种产品的实验测试。

　　在连接测试线缆的过程中要保持测试插座为开路状态，即不要将被测器件放在插座中。拔插线缆时应捏住白色外壳部分，不可以直接拉拽线缆。同时，接口应对准插座垂直上下移动，不能左右晃动，以免损伤接口部分。待线缆连接完成后，在测试插座中放入被测器件，放入器件时要注意第一引脚方向。如图 2.60 所示，用线缆连接测试机 DFB32 接口与待测 IC 对应的教学实验板接口，然后在对应的插座内放入待测 IC，就可以进行实验测试了。

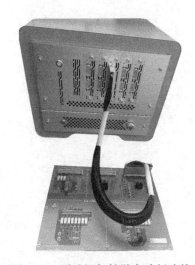

图 2.60　测试机与教学实验板连接

　　不使用教学实验板时，应将教学板保存在干燥、防静电的环境中，以免教学实验板受潮而影响测试结果。

第二篇

集成电路基本测试原理

第 3 章
直流参数测试

本章主要介绍直流参数测试的定义及相关测试方法，包括开短路、漏电流、电源电流，直流偏置与增益、输出稳压、数字电路输入电平与输出电平等测试项目。

3.1 开短路测试

3.1.1 开短路测试的目的和原理

开短路测试（Open/Short Test）通常也称为连续性或连接性测试。

在集成电路的制造过程中，会有相应比例的制造缺陷导致 DUT 自身电路的开短路，这些有缺陷的产品需要被筛选出来。由于在实际的生产测试中，产品的成本与测试时间成正比，因此需要一种可以快速分辨失效产品的测试方法。

一开始就执行开短路测试可以快速地筛选出具有此种缺陷的产品，同时也可以用来验证 ATE 与 DUT 间的电气连接是否正常。

在集成电路测试过程中，只有当 ATE 与 DUT 之间建立了正常的电气连接通路时，才能正常对 DUT 进行参数及功能测试。进行成品测试时，ATE 与 DUT 的连接通常是通过器件接口板（Device Interface Board ,DIB）及芯片插座（Socket）相连。而在进行晶圆测试时，ATE 与 DUT 的连接通过探针卡上的探针来实现。

ATE 与器件接口板或探针卡的连接是通过弹簧针（Pogo Pin）或线缆实现的，如图 3.1 所示不同的 ATE 实现的方式有所不同，但最终都需要形成一个完整的电性通路。这条通路上的任何元件或接点都可能出现故障，导致电信号的开路或短路，表现为测试失效。

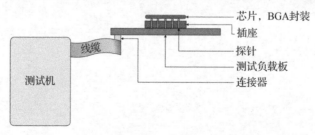

图 3.1　测试机通过线缆、负载板和插座连接 DUT

3.1.2　开短路测试的方法

开短路测试通常是借助于 DUT 引脚的保护电路来完成的。通常在集成电路设计中，为了保护输入、输出引脚，使其避免受到静电放电（ESD）或其他过压情况导致的损坏，会在引脚与地之间加入一个保护二极管，有些电路也会同时在引脚与电源间加入保护二极管。这些保护二极管在电路正常工作时是反向截止的，不会对电路的正常工作有任何影响。图 3.2 中展示了保护电路中的结构。

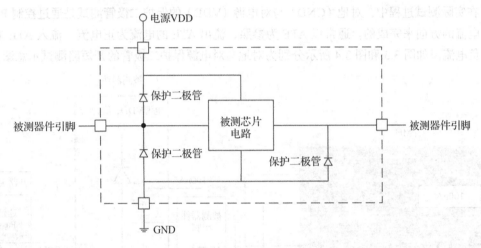

图 3.2　保护电路

开短路测试就是借助于这些保护二极管来完成的。测量时，首先把所有引脚接地，包括电源引脚。接下来把被测引脚接到 ATE 的 PMU，由 PMU 施加一个很小的电流，这个电流会使得其中一个保护二极管正向导通，通过测量这个导通压降，就可以判断被测引脚的开短路状态。根据欧姆定理：

$$U=I \times R \tag{3.1}$$

当被测引脚短路时，电阻 R 趋近于 0，测得电压也趋近于 0；而当被测引脚开路时，电阻 R 相当于无穷大，测得的电压会很大，所以在做测试时，需要对最大电压做钳制限制，以避免输出电压过大，损坏测试机和被测器件。

一般来说，基于半导体材料的不同以及工艺上的差异，保护二极管的正向导通压降会有所区别。硅衬底的二极管导通压降一般在 0.6V～0.7V 之间，而锗二极管的导通压降大约为 0.4V。所以，一般我们可以设置电压绝对值的上下限（Limit）分别为 1.5 和 0.2，当测量电压的绝对值超过 1.5 时，被测引脚被判为开路；当测量电压的绝对值小于 0.2 时，被测引脚被判为短路。而钳制电压的设置，其绝对值要大于 Limit，否则会因为电压被钳制而造成虚假的通过。表 3.1 中给出了一组开短路测试结果，可供参考。

表 3.1 开短路测试结果

测试引脚	驱动电流 / 档位	电压测量结果 / 量程	最小值	最大值	测试结果
Pin1	−0.100mA/2mA	−641mV/8V	−1.500V	−200mV	Pass
Pin2	−0.100mA/2mA	−3.0V/8V	−1.500V	−200mV	Fail
Pin3	−0.100mA/2mA	−633mV/8V	−1.500V	−200mV	Pass
Pin4	−0.100mA/2mA	−4mV/8V	−1.500V	−200mV	Fail

在实际测试过程中，对地（GND）与对电源（VDD）的保护二极管测试是通过控制 PMU 施加电流的方向来完成的。通常以 ATE 为参照，流出 ATE 的电流为正电流，流入 ATE 的电流为负电流。如图 3.3 和图 3.4 所示分别为对地与对电源保护二极管的开短路测试示意图。

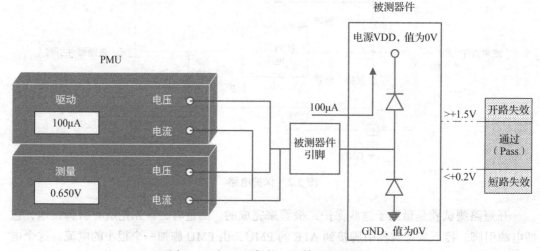

图 3.3 对 VDD 保护二极管开短路测试

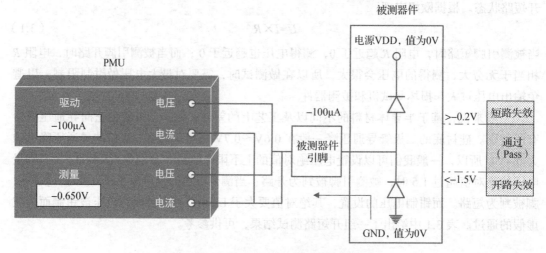

图 3.4 对 GND 保护二极管开短路测试

对于具有对地保护二极管的电源引脚，也可以用这种方法来测量电源引脚的开短路。但有些 ATE 的 DPS 不具有施加电流测量电压的功能，这时就需要采用替代的方式来完成开短路测试，例如施加一个很小的电压，测量被测引脚是否有很大的漏电流。对于一些不具备保护二极管的引脚来说，此方法也同样适用。

3.1.3 开短路的串行与并行测试

开短路测试可以每次只测试一个被测引脚，我们称之为串行测试。然而，串行测试会显著增加测试时间，从而增加测试成本。现代测试机，尤其是数字类测试机，通常具有 PPMU 架构，使得一次完成所有引脚或大部分引脚的开短路测试成为可能。我们把这种一次测量多引脚的方式称为并行测试。

显然，并行测试可以花费更少的测试时间，更具备经济效益。但是，并行的测试方法却无法测出引脚与引脚间（Pin-To-Pin）的短路。当 Pin-To-Pin 短路发生时，两个引脚电位相等，而各自的保护二极管导通后，因为工艺相同，其导通电压也基本相同，基本不会造成电压的变化，每个引脚的测量值都会通过测试。为了可以测量出 Pin-To-Pin 短路，可以采取更花费时间的串行测试方法，或者把被测引脚分成奇数引脚和偶数引脚两组，在测量奇数引脚时将偶数引脚接地，测量偶数引脚时将奇数引脚接地。通过两次测量来避免串行方式无法测量出 Pin-To-Pin 短路的限制。

另外，对于具备动态负载单元的数字测试机来说，可以采用运行测试向量（Vector）的方式来测试开短路，这种方法可以避免无法测量 Pin-To-Pin 短路的问题，也会因为向量运行速度快而节省测试时间。我们会在 4.4 节介绍这种方法。

3.2 漏电流测试

3.2.1 漏电流测试的目的

理想情况下，集成电路的输入引脚或具有三态输出的引脚对电源和地的电阻非常大，当对这些引脚施加电压时，只会有很小的电流流入或流出这些引脚。这些电流称为漏电流（Leakage）。

实际上随着工艺的进步，器件内部和引脚间的绝缘氧化膜越来越薄，导致漏电发生的概率更大。另外，制造过程中的工艺缺陷导致的桥接、异物，或封装过程中造成的芯片划伤、隐裂，都会造成 IC 的漏电流偏大。有部分产品可能会表现出漏电偏大，但功能正常，但此类产品具有潜在的可靠性问题。

漏电流测试的目的就是把具有此类缺陷的产品筛选出来，避免其流到终端产品造成更大的损失。

3.2.2　漏电流测试方法

漏电流的测试方法相对简单，就是根据产品手册或测试规范（Test Specification）对被测引脚施加额定的电压，然后测量其流入或流出的电流是否符合相应的设计规范。

针对数字电路，有相应的输入低电平漏电流（Input Leakage Low，IIL）和输入高电平漏电流（Input Leakage Hight，IIH）测试，其测试过程如下：

1）对电源引脚施加手册中定义的电源最大电压（VDD$_{max}$），这是漏电流测试中最严苛的条件。

2）除被测引脚外，对其他引脚施加高电平 VIH=VDD$_{max}$。

3）被测引脚用 PMU 施加 VIL（0V），此时测得的电流为 IIL。

如图 3.5 所示为 IIL 测试。

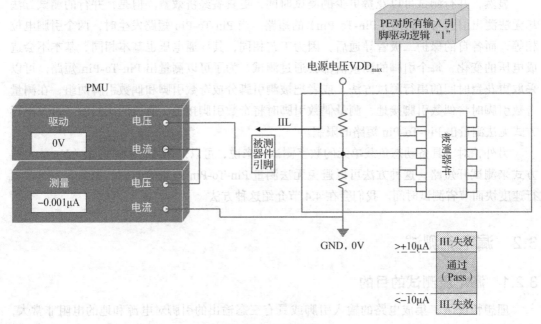

图 3.5　IIL 测试

使用相同的方法，当其他引脚施加低电平（0V），被测引脚施加高电平（VDD$_{max}$）时，此时测量得到的电流称为 IIH。如图 3.6 所示为 IIH 测试。

如果电路具有上拉或下拉的结构，其漏电流表现会有所差异，这一点需要根据产品手册或测试规范来确认。如图 3.7 所示，CMOS（Complementary Metal-Oxide-Semiconductor，互补金属氧化物半导体）电路输入引脚一般有三种结构：

❑ 输入引脚到电源端和接地端没有上拉、下拉电阻，引脚对电源和地为高阻状态，此时输入高电平漏电流和输入低电平漏电流都很小，通常为正负几个微安或更小。

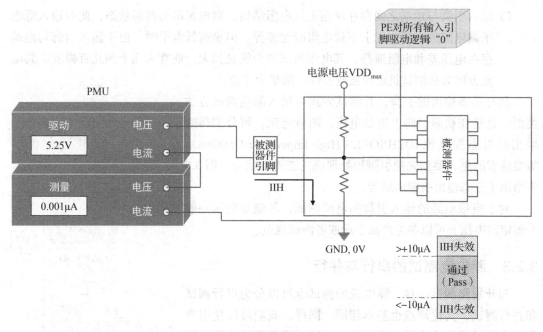

图 3.6　IIH 测试

❑ 输入引脚与电源端之间存在单端上拉电阻结构，对地为高阻状态，此时输入高电平
漏电流表现与无上下拉电阻无差异。但输入低电平时，由于电源端与输入引脚存在
电压差和电阻通路，其电流测试值会明显偏大，通常为几十到几百微安。其电流方
向为从被测器件流向测试机，结果为负值。

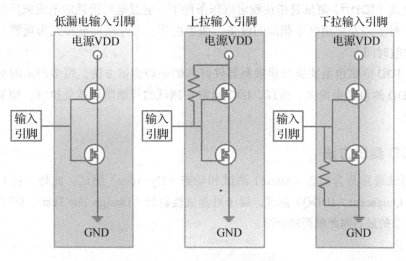

图 3.7　CMOS 输入引脚结构

❑ 输入引脚与地端之间存在单端上拉电阻结构，对电源端为高阻状态，此时输入低电平漏电流的表现与无上下拉电阻时无差异。但输高低电平时，由于输入引脚与地端存在电压差和电阻通路，其电流测试值会明显偏大，通常为几十到几百微安。其电流方向为从测试机流向被测器件，结果为正值。

具有三态输出的引脚，其测试方式与输入漏电测试方法类似，也是在被测引脚上施加电压，测量电流，可分别得到输出高阻态漏电流 IOZH/IOZL（High Impedance Leakage）。需要注意的是，要预先把引脚预处理成三态输出状态。图 3.8 中给出了三态输出引脚的结构。

对于模拟电路的输入引脚漏电流测试，其施加电压一般为固定的电压，可以参考产品手册或者测试规范。

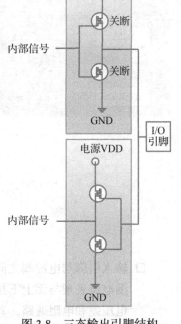

图 3.8　三态输出引脚结构

3.2.3　漏电流测试的串行与并行

与开短路测试一样，漏电流的测试也可以分为串行测试和并行测试，其优缺点也基本相同。同样，我们可以使用奇偶两次测试的方法来增加测试效率，同时避免无法检测引脚间漏电（Pin-To-Pin Leakage）的状况。

3.3　电源电流测试

3.3.1　电源电流测试的目的

电源电流（IDD $^{\ominus}$）测试是指在额定电压条件下，通过电源消耗的电流来反映了被测器件的功耗。对于一些使用电池驱动的设备，如手机等，芯片功耗显得尤为重要，会直接影响产品的续航时间。

另外，IDD 测试也是快速分辨被测器件好坏的一种测试方法，很多产品因本身的缺陷会表现为 IDD 测量结果偏大。所以，IDD 通常在测试的开始阶段就会执行，如紧接着开短路测试执行。

3.3.2　IDD 测试方法

IDD 测试通常分为静态（Static）测试和动态（Dynamic）测试。此外，还有一种瞬态 IDD（IDD Quiescent，IDDQ）测试，属于可测试性设计（Design For Test，DFT）的范畴，我们将在本节的最后对此做简略介绍。

　　$\ominus$　电源电流测试，即 Current of VDD。因为在电路中通常用符号 I 表示电流，所以电源电流也称为 IDD。

　　静态 IDD，顾名思义，指的是 DUT 在静态的条件下，如某些芯片有睡眠模式，那么静态 IDD 指的就是芯片工作在睡眠模式下所消耗的电流。对于数字电路来说，测量静态 IDD 时，首先要把 DUT 预置成静态模式，然后去测量电源消耗的电流，如图 3.9 所示。所以需要预先运行一段向量，这个向量的目的就是使 DUT 进入静态模式，并维持到静态 IDD 测量完毕。

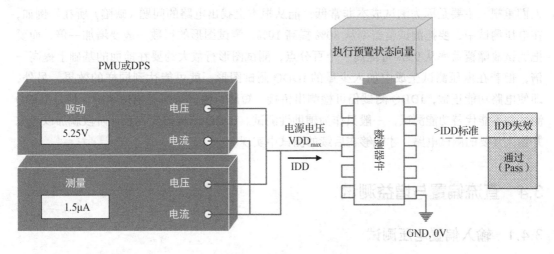

图 3.9　静态电源功耗测试

　　动态 IDD 指的是被测器件内部电路一直翻转时电源消耗的电流，关键还是在于预置向量的运行，有些时候在 IDD 的测量过程中，向量还在循环地运行。测量的过程与静态 IDD 相同，如图 3.10 所示，电源引脚施加 VDD$_{max}$，执行预置向量，等待一定时间使得电源电流稳定后，测量电流值，然后与预设的 Limit 做比较，判断产品失效与否。

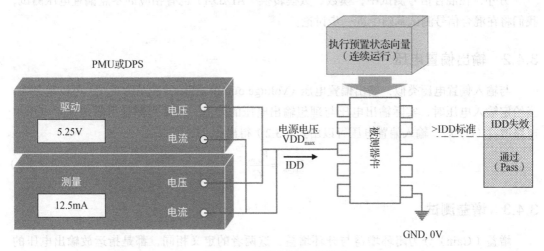

图 3.10　动态电源功耗测试

影响 IDD 测量的因素有电源施加电压，引脚输入电压，数字电路的预置向量等。在静态 IDD 的测量中还要注意电源引脚的电容负载，过大的电容会造成电流稳定时间加长，甚至成为漏电的因素。

IDDQ 中的 Q（Quiescent）代表静态，IDDQ 表示的是 MOS 电路静态时从电源获取的电流，不是一次静止状态的测量，而是通常包含多个特定点的电流测量。IDDQ 测试能引起人们重视，主要是因为测试成本非常低；能从根本上找出电路的问题（缺陷）所在。例如，在电压测试中，要把测试覆盖率从 80% 提高 10%，测试图形的行数一般要增加一倍，而要把测试故障覆盖率从 95% 每提高一个百分点，测试图形行数大约要在前面的基础上提高一倍，但若在电压测试生成中加入少量的 IDDQ 测试图形，就可能达到同样的效果。另外，即使电路功能正常，IDDQ 测试仍可检测出桥接、短路、栅氧短路等物理缺陷。但是 IDDQ 测试并不能代替功能测试，一般只作为辅助性测试。IDDQ 测试需要在设计阶段就加以考虑并加入必要的测试电路，才能够在后续的测试中实现。

3.4   直流偏置与增益测试

3.4.1   输入偏置电压测试

输入偏置电压（Voltage input offset，表示为 V_{in_os}）通常指为了使电路的输出达到指定的参考值而在输入端施加的电压与理想输入电压之间的差值。例如一个运算放大器，理想状态下，当输入电压为 0V 时，输出电压应该是 0V。但实际情况中，输入电压为 0V 时，输出电压常常不是 0V。为了使输出电压达到 0V，必须在输入端施加一个 10mV 的电压，那么此运放的 V_{in_os}=0mV–10mV=–10mV。

另外，在混合信号测试中，模数、数模转换（AD/DA）也有相应的零点偏置电压测试，我们将在混合信号测试基础中进一步讨论。

3.4.2   输出偏置电压

与输入偏置电压类似，输出偏置电压（Voltage output offset，表示为 V_{o_os}）可以定义为，当给定输入电压时，实际输出电压与理想输出电压的差值。通常当测量出输出偏置电压与电路增益（G）后，输入偏置电压可以由式（3.2）得出：

$$V_{in\_os} = \frac{V_{o\_os}}{G} \tag{3.2}$$

3.4.3   增益测试

增益（Gain）分为闭环增益与开环增益，这两者的定义相同，都是指运放输出电压的变化与输入电压变化的比值。所不同的是电路连接条件不同，闭环增益的电路带有反馈部分，输出电压会以一定的形式反馈到输入端，其值通常与反馈电路相关。而开环增益的电路的输出不会反馈到输入端。我们知道，实际运放的开环增益非常大，一般在 10^5 以上，输入端微小的变化都会引起输出端很大的变化，使得开环增益很难直接测量。在实际的测试过程中，一般会采用辅助运放电路的方式测量开环增益。图 3.11 给出了增益测试的原理图。

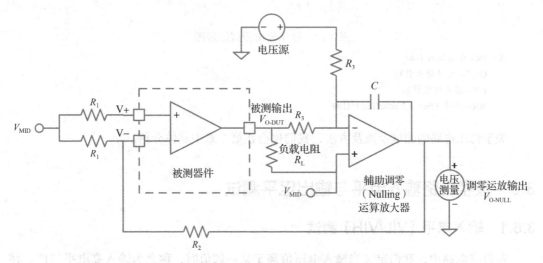

图 3.11 增益测试原理图

有关偏置电压与增益测试的部分，我们会在后续的运算放大器实战测试中详细介绍。

3.5 输出稳压测试

在很多电路的应用场景中，需要一个稳定的电压源作为电源供给或参考，此时一般会使用稳压器为电路供电。对稳压器芯片或者电路输出电压稳定性进行测试，即为输出稳压测试。

稳压器输出电压测量方法如图 3.12 所示，需要用到的测试资源有电压源（DPS）以及高精度电压测量单元（BPMU）。首先我们需要给芯片使能引脚 EN 一个高电平（大于 1.7V），使得芯片处于使能状态。其次，在芯片的输出端选择一个合适的负载。例如，芯片的输出固定值为 2.5V，我们希望测试驱动能力在 10mA 时的芯片输出电压，那么选择负载电阻 R_L=250Ω 即可；最后，我们参考产品手册上描述的电压输入范围选择最小值、最大值以及中间值等一系列输入电压，分别通过电压源给到输入端，并使用高精度测量单元测试对应的输出电压是否符合我们的要求。

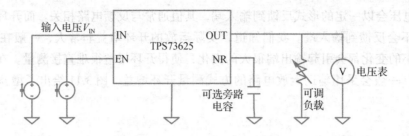

图 3.12　稳压输出测试原理图

注：IN– 电源输入引脚
　　OUT– 电源输出引脚
　　EN– 芯片使能引脚
　　NR– 降噪（Noise Reduction）引脚

关于稳压电路的测试参数及方法，我们也会在第 7 章中具体介绍。

3.6　数字电路输入电平与输出电平测试

3.6.1　输入电平（VIL/VIH）测试

在数字电路中，我们定义当输入电压值高于某一阈值时，称之为输入高电平 "1"。使输入状态为逻辑 "1" 的电平为 VIH。

反之，当输入电压低于某一阈值时，称之为输入低电平 "0"。符合逻辑 "0" 输入的电平为 VIL。

在测试过程中，我们无法直观地测量输入电平，而是通过功能测试来判断输入电平是否符合设计规范。

首先给 DUT 电源供电，然后设置 VIL/VIH 到极限值，使输入电压符合逻辑 "0" 的最大电压为 VIL，使输入电压符合逻辑 "1" 的最小电压为 VIH，此条件为输入电平测试最严苛的条件。然后执行相应的测试向量，通过测试向量是否执行成功（Pass/Fail）来判断 VIL/VIH 是否符合要求。

图 3.13 展示了输入电平测试。

3.6.2　输出高电平（VOH/IOH）测试

VOH 是输出引脚在输出逻辑 "1" 时的最小电压值。IOH 是输出引脚在输出逻辑 "1" 的电流值。电路的输出通常会带有负载或驱动下一级的输入，VOH/IOH 参数测试是为了检验 DUT 引脚在规定的电流条件下，输出电压是否可以按要求保持逻辑 "1" 的状态。

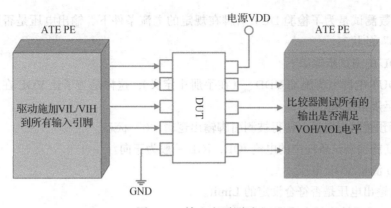

图 3.13 输入电平测试

VOH/IOH 的测试步骤如下：

1）给 DUT 电源引脚施加 VDD$_{min}$（手册中定义的最小电源电压），这样是为了让 VOH 在最严苛的条件下仍能满足规格要求。

2）执行预置状态向量，达到测试所需的预置条件——使被测引脚输出逻辑"1"状态。

3）PMU 施加测试条件中的电流 IOH，IOH 一般为负向。

4）PMU 测量 VOH 电压。

5）判断输出电压是否符合设定的 Limit。

图 3.14 展示了输出高电平测试。

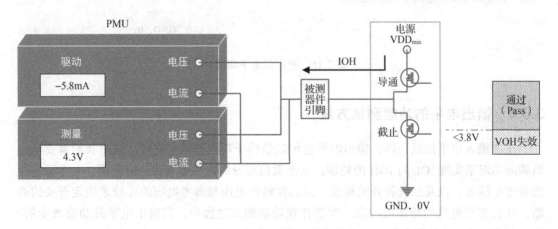

图 3.14 输出高电平测试

3.6.3 输出低电平（VOL/IOL）测试

VOL 是指输出引脚在输出逻辑"0"时的最大电压值。IOL（Low-Level Output Current）指输出引脚在输出逻辑"0"的电流值。电路的输出通常会带有负载或驱动下一级的输入，

VOL/IOL 参数测试是为了检验 DUT 引脚在规定的电流条件下，输出电压是否可以按要求保持逻辑"0"的状态。

VOL/IOL 的测试步骤如下：

1）给 DUT 电源引脚施加 VDD_{min}（在手册中定义），这样是为了让 VOL 在最严苛的条件下仍能满足规格要求。

2）执行预置状态向量，使得被测引脚输出逻辑"0"状态。

3）PMU 施加测试条件中的电流 IOL，IOL 一般为正向。

4）PMU 测量 VOL 电压。

5）判断输出电压是否符合设定的 Limit。

图 3.15 展示了输出低电平测试。

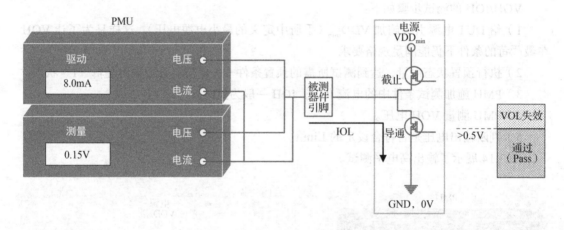

图 3.15 输出低电平测试

3.6.4 输出电平的功能测试方法

正如输入电平测试一样，输出电平也可以借助于功能测试来完成。这里我们需要动态负载的功能来实现 IOL 与 IOH 的施加。动态负载部分由两个可编程的恒流源，一个可编程的参考电压源，以及二极管开关构成。由芯片输出电压与参考电压的比较来决定开关的通断，从而实现电流的施加或抽取。而芯片在功能测试过程中，其输出电平是动态改变的，所以电流的施加或抽取会相应地动态改变，因而称为动态负载。

如图 3.16 所示，要施加 IOL 与 IOH，首先要设置合适的参考电压 V_{ref}，当 DUT 输出电压大于 V_{ref} 时，PE 从 DUT 抽取电流 IOH；当 DUT 输出电压小于 V_{ref} 时，PE 向 DUT 输入电流 IOL。然后按照测试条件设置相应的输入和输出条件，并执行向量，最后根据向量执行是否通过判断输出电平是否符合要求。

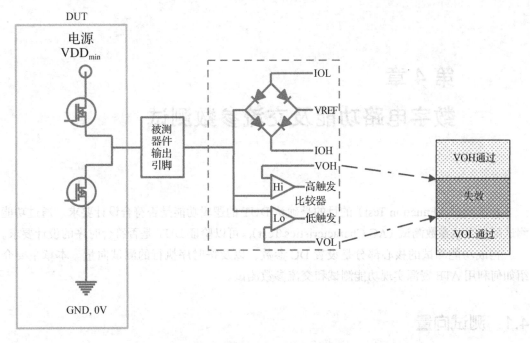

图 3.16　输出电平动态负载测试

　　功能的测试方法与 PMU 相比，测量值不够直观，无法得出具体的输出电压值。但其运行速度远快于 PMU 测量方式，在量产测试中，是可以考虑的方案。

第 4 章
数字电路功能及交流参数测试

功能测试（Function Test）的目的是确认 DUT 的逻辑功能是否符合设计要求。通过功能测试配合交流参数测试（AC Characteristics Test），可以验证 DUT 是否符合时序的设计要求。

构成功能测试的核心部分是设置 DC 参数，以及按时序执行的测试向量。本章主要介绍如何利用 ATE 资源实现功能测试和交流参数测试。

4.1 测试向量

测试向量也称为测试图形（Pattern），是一组按照某种模式排列的向量序列，如图 4.1 所示。

Label	WFT	sequence	Loops	CS	CLK	DI	DO
0	TS2	nop		1	1	X	X
1	TS2	nop		1	0	X	X
2	TS2	loop 4096 adc		1	0	X	X
3	TS2	nop		1	0	X	X
4	TS2	nop		1	0	X	X
5	TS2	nop		0	1	1	X
6	TS2	nop		0	1	1	X
7	TS2	nop		0	1	1	X
8	TS2	nop		0	1	X	X
9	TS2	STV		0	1	X	H
10	TS2	STV		0	1	X	H
11	TS2	STV		0	1	X	H
12	TS2	STV		0	1	X	H
13	TS2	STV		0	1	X	H
14	TS2	STV		0	1	X	H
15	TS2	STV		0	1	X	H
16	TS2	STV		0	1	X	H
17	TS2	nop		0	1	X	X
18	TS2	nop		0	1	X	X
19	TS2	nop		0	1	X	X
20	TS2	nop		0	1	X	X
21	TS2	nop		0	1	X	X
22	TS2	nop		0	1	X	X
23	TS2	nop		0	1	X	X
24	TS2	nop		0	1	X	X
25	TS2	nop		1	1	X	X
26	TS2	nop		1	1	X	X
adc	TS2	nop		1	1	X	X
28	TS2	nop		1	1	X	X
29	TS2	nop		1	1	X	X
30	TS2	stop		1	1	X	X

图 4.1 测试向量文件

Pattern 的每一行称为一行向量，由多行向量组成一个测试 Pattern。我们常说的向量深度（Vector Depth）或者 Pattern 存储容量，其实指的就是可以存储多少行向量（注意，在本书的叙述中，若未特殊说明，Pattern 与 Vector 指代的意义是相同的）。Pattern 的本质就是我们常说的真值表（Truth Table），其包含的主要内容是输入电平与期望输出的电平的符号组合，也包含了用于实现某些复杂功能的微指令（Micro Instruction）。

Pattern 中的符号含义一般为：

- ❏ 0– 输入低电平。
- ❏ 1– 输入高电平。
- ❏ Z– 输入高阻态。
- ❏ H– 输出高电平。
- ❏ L– 输出低电平。
- ❏ M– 输出高阻态。
- ❏ V– 输出有效状态，无论电平高低。
- ❏ X– 不关心输出状态。

不同的 ATE 实际表示的意义可能会稍有不同，具体的含义读者应该参考所用 ATE 的编程手册。

Pattern 数据的生成一般有两种方式，对于功能简单的产品，测试工程师可以通过解读产品手册的真值表来生成测试需要的 Pattern。表 4.1 所示为移位寄存器 74LS194 的真值表。

表 4.1　真值表示例

运行模式	输入						输出			
	MR	S1	S0	DSR	DSL	P0~3	Q0	Q1	Q2	Q3
复位	L	X	X	X	X	X	L	L	L	L
保持	H	1	1	X	X	X	q0	q1	q2	q3
左移	H	h	1	X	1	X	q1	q2	q3	L
	H	h	1	X	h	X	q1	q2	q3	H
右移	H	1	h	1	X	X	L	q0	q1	q2
	H	1	h	h	X	X	H	q0	q1	q2
并行加载	H	h	h	X	X	P0~3	P0	P1	P2	P3

注：L= 输入低电平　　　　　　　　　　　　　MR　　　主复位
　　H= 输入高电平　　　　　　　　　　　　　S1/S2　模式控制
　　X= 不关心　　　　　　　　　　　　　　　DSL/DSR　左右移串引输入端
　　I= 输入低电平 – 需要时钟上升沿之前产生　　P0-3　并行输入端
　　h= 输入高电平 – 需要时钟上升沿之前产生　　Q0-3　数据输出
　　Pn(qn)= 输入输出数据

真值表里详细描述了不同的输入组合会产生不同预期的输出，通过解读真值表可以得到如图 4.2 所示的测试 Pattern。

```
C M SS DD PPPP QQQQ    //Define vector pin list
P R 01 SS 0123 0123
        RL

1 0 11 00 1010 LLLL;   //1 reset
1 1 10 00 0000 HLHL;   //2 load
1 1 10 10 0000 LHLH;   //3 shift right
1 1 10 00 0000 HLHL;   //4 shift right
1 1 10 00 0000 LHLH;   //5 shift right
1 1 10 00 0000 LLHL;   //6 shift right
1 1 10 00 0000 LLLH;   //7 shift right
1 1 01 00 0000 LLLL;   //8
1 1 01 01 0000 LLLL;   //9 shift left
1 1 01 00 0000 LLLH;   //10 shift left
1 1 01 01 0000 LLHL;   //11 shift left
1 1 01 01 0000 LHLL;   //12 shift left
1 1 00 10 0000 HLHH;   //13 inhibit
1 1 00 01 0000 HLHH;   //14 inhibit
1 1 00 01 0000 HLHH;   //15 inhibit
1 1 00 10 0000 HLHH;   //16 inhibit
1 1 00 01 0000 HLHH;   //17 inhibit
1 0 00 00 0000 LLLL;   //reset
```

图 4.2 通过真值表转换的向量文件

随着数字电路复杂程度的增加，更多的功能集成在一颗芯片上，靠解读真值表的方式生成测试用的 Pattern 变得不再可行。这时可以利用电路设计过程中使用的仿真文件，通过工具转化成 ATE 可以识别的 Pattern 格式。通常的仿真文件格式包括 WGL 文件、STIL 文件、VCD 等。转换工具一般由第三方供应商提供，或每家 ATE 厂商会提供转化自家测试机向量文件所需要的工具。WGL、STIL 一般提供扫描（SCAN）测试向量，其中包含固定的时序，因而对时序的提取相对简单。而功能测试通常以 VCD 格式提供，其转换难易度很大程度上取决于所用 ATE 的结构和硬件限制，需要一定的经验。

4.2 时序的设定

4.2.1 时序的基本概念

在讨论时序（Timing）之前，我们先了解以下有关时序设定的基本概念和术语。

1. 周期（Cycle）

ATE 运行 Pattern 是以周期为单位的，Cycle 反映了 Pattern 运行的速度，ATE 可以设置的最小周期是衡量 ATE 性能的一项重要指标。例如，一台 ATE 的测试频率是 125MHz，那么可以设置的最小 Cycle 是 8ns。在测试过程中，我们通常用 T0 表示一个周期。

2. 沿（Edge）

在一个周期内，数据出现或改变的时刻点，包括输入时间沿、比较时间沿。也有部分 ATE 可以提供跨 Cycle 的时间沿。

3. 波形格式（Format）

按时序输入给 DUT 的 Pattern，直观地看，就是高低电平沿时间轴的变化，即通常意义上的波形（Waveform）。为了提供符合 DUT 测试所需的波形，我们需要通过 ATE 定义输入信号的格式 Format，即通常所说的归 0（Returnto Zero，RZ），归 1（Returnto One，RO），非归 0（None Returnto Zero，NRZ）及补码环绕（Surroundedby Complement，SBC）等 Format。另外，某些 ATE 提供更灵活的方式供用户定义波形格式，如在时刻点自由定义信号的升降以及它们的组合（见图 4.3），称这种方式为 Wave Table（见图 4.4）。

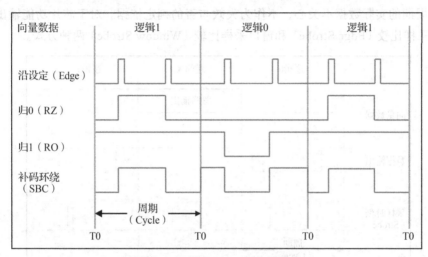

图 4.3　根据 Format 定义的波形

TimingName	Period	Signal	WFC	Evt0 Event	Evt0 Expr	Evt1 Event	Evt1 Expr
⊟TS1	4000ns	CLK	0	D	0ns		
			1	D	0ns	U	2000ns
			H	H	2500ns		
			L	L	2500ns		
			X	X	2500ns		
⊞		CS	0	D	0ns		
⊞		DI	0	D	0ns		
⊞		DO	0	D	0ns		

图 4.4　Wave Table

注：TimingName- 时序名称　　　Period- 周期　　　　　　　　　　Signal- 信号名
　　WFC- 用户定义符号　　　　Evtn Event- 时刻点 n 时的波形事件　　Evtn Expr- 时刻点 n 时的设定值

如图 4.5 所示为根据 Wave Table 定义的波形。

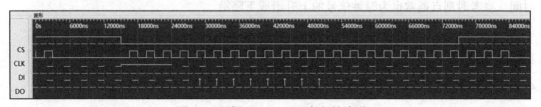

图 4.5　根据 Wave Table 定义的波形

4. 输出采样（Strobe）

可在固定的时刻点对输出电平采样比较，根据预先设定的 VOL/VOH 电平来判断输出信号的高低。如图 4.6 所示，向量数据为被测芯片的期望输出，每个周期实际的输出数据在固定时刻点被采样，然后与 VOL/VOH 设定值进行比较，以判定该输出为逻辑高或逻辑低，最后与该周期的向量数据对比，达到芯片功能测试的目的。当向量数据设定为"X"时，表示对该周期的实际数据不关心，不作为失效与否的判定依据。对于芯片功能输出的采样分为单点采样比较（Edge Strobe）和窗口采样比较（Window Strobe）两种方式。

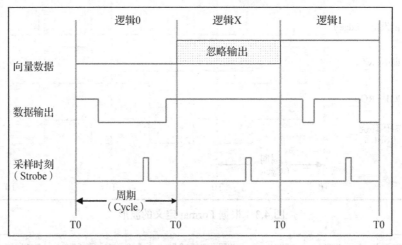

图 4.6　输出采样

5. 脉冲宽度（Pulse Width）

脉冲宽度指高电平或低电平信号持续的时间，用于时钟（clock）信号、片选（Chip Select，CS）或输出使能（Output Enable，OE）等信号。手册中通常会给出电路正常工作的最小脉冲宽度要求。

6. 建立时间（Setup Time）

建立时间是交流参数，指的是输入信号在某一时刻点之前，必须维持设定值的最小时间，参考时刻点通常为时钟信号的上升沿或下降沿。

7. 保持时间（Hold Time）

保持时间也是交流参数，指的是输入信号在某一时刻点之后，必须维持设定值的最小时间，参考时刻点通常也为时钟信号的上升沿或下降沿。

8. 传输延迟（Propagation Delay）

传输延迟也是交流参数，指的是从输出信号出现到输入信号有效所需要经过的时间。

4.2.2　定义时序与波形格式

在功能测试中，仅使用 Pattern 往往是不够的。因为 Pattern 中只包含输入输出的状态，要把 Pattern 数据变成电路测试所需的输入信号，并在相应的时刻点采集输出信号，就必须配合时序信息。我们在 4.1 节中介绍了生成 Pattern 的两种方式，本节我们将通过解读产品手册的方式来介绍如何定义时序（Timing）和波形格式（Format）。表 4.2 和图 4.7 中分别给出了产品手册的交流参数和时序图。

表 4.2　产品手册交流参数

交流参教特性（环境温度 25℃）

符号	参数描述	门限值			单位	测试条件
		最小值	典型值	最大值		
f_{MAX}	最大时钟频率	—	10		兆赫兹（MHz）	
t_{PLH}	传输延迟	—	14	22	纳秒（ns）	电源电压 V_{CC}=5.0V 负载电容 C_L=15pF
t_{PHL}	时钟到输出	—	17	26	纳秒（ns）	
$t_{PHL, MR}$	传输延迟 主复位到输出	—	19	30	纳秒（ns）	
t_W	时钟或主复位脉宽	20	—	—	纳秒（ns）	
t_S	模式控制建立时间	30	—	—	纳秒（ns）	
$t_{S, DATA}$	数据建立时间	20	—	—	纳秒（ns）	电源电压 V_{CC}=5.0V
t_H	输入保持时间	0	—	—	纳秒（ns）	
t_{REC}	恢复时间	25	—	—	纳秒（ns）	

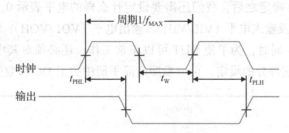

图 4.7　产品手册时序图

首先确定测试频率，即确定 Cycle 的取值，从产品手册中可以看到，典型的时钟频率为 10MHz，所以我们确定 T_0=100ns。

接下来我们需要确定 Edge，以时钟和输出信号为例，从产品手册中的直流波形上看，输出信号的 AC 参数参考时钟信号的上升沿，而时钟信号的最小脉冲宽度 t_W=20ns，综合考虑之下，我们可以在 ATE 中做如下设定：

```
set test Cycle = 100ns;
set clock up time = 45ns, down time = 65ns;
set output strobe time = 67ns;
```

在确定好 Edge 之后，我们还需要选择合适的 Format 来确保输入波形正确。以时钟信号为例,假如我们选择其波形格式为 RZ(Return to Zero),那么当 Pattern 数据为 1、0 时,会产生如图 4.8 所示的波形。

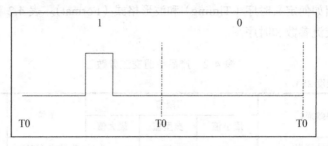

图 4.8 使用 RZ 格式定义波形

对于使用 Wave Table 方式定义波形的 ATE 来说,要想得到如上波形,需要做如下设置:

```
define 1(D:0ns, U:45ns, D:65ns);
define 0(D:0ns);
```

其中,D 表示 Down,U 表示 Up。

依照上述的步骤,时序与波形格式就可以确定下来了。

4.3 引脚电平的设定

Pattern 及 Timing 确定之后,我们还需要设定什么样的电平表示 0,什么样的电平表示 1(见图 4.9)。这就涉及输入电平(VIL/VIH)、输出电平(VOL/VOH)、输出负载电流(IOL/IOH)等参数的设定。同时,为了使 DUT 可以正常工作,还必须对其电源引脚供电,需要定义供电电压。关于这部分的设定,可以参照产品手册中关于 DC 参数的部分。

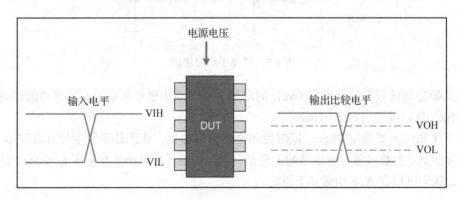

图 4.9 电平设定

参考如表 4.3 和表 4.4 所示的 74LS194 的 DC 参数列表,可以做如下设定:

```
set VCC = 5.0V;
```

```
set VIH = 2.0V;
set VIL = 0.8V;
set VOH = 2.7V, IOH = -0.4mA;
set VOL = 0.5V, IOL = 8.0mA;
```

表 4.3　产品手册运行范围

符　号	参数描述	最小值	典型值	最大值	单　位
VCC	电源电压	4.75	5.0	5.25	V
TA	运行环境温度	0	25	70	℃
IOH	拉电流	—	—	-0.4	mA
IOL	灌电流	—	—	8.0	mA

表 4.4　产品手册直流参数

符　号	参数描述	最小值	典型值	最大值	单　位	测试条件
VIH	输入高电平	2.0	—	—	V	设计确认
VIL	输入低电平	—	—	0.8	V	设计确认
VOH	输出高电平	2.7	0.5	—	V	V_{CC}=Min, I_{OH}=Max
VOL	输出低电平	—	0.35	0.5	V	V_{CC}=Min, I_{OL}=Max
IIH	输入高电平漏电流	—	—	0.1	mA	V_{CC}=Max, V_{IN}=7.0V
IIL	输入低电平漏电流	—	—	-0.4	mA	V_{CC}=Max, V_{IN}=0.4V
ICC	电源功耗电流	—	—	23	mA	V_{CC}=Max

设定好 DC 参数和 Timing 之后，就可以执行事先编辑好的 Pattern，通过 Pattern 的输出结果来判断 DUT 是否通过功能测试。

4.4　动态负载测量开短路

在 3.6 节中，我们已经讲述了如何利用功能测试的方法验证 VIH/VIL、VOH/IOH、VOL/IOL 等参数。这里简要介绍如何用动态负载（Active Load）来测量开短路，如图 4.10 所示。

动态负载的工作原理简单来说就是把 DUT 的输出与 V_{ref} 做比较，以决定是 IOL 流入 DUT 或 IOH 流出 DUT（见图 4.11）。

使用动态负载测量引脚开短路的原理与我们在进行直流参数测试时使用 PMU 测量开短路的原理一样，也是借助测量引脚保护二极管的导通电压来达到判定开短路的目的。以测量引脚对 VDD 的保护二极管的导通电压为例，我们设定 V_{ref} = 3V，VDD=0V，使得 $V_{ref} > V_{OUT}$，那么 IOL 会流过对 VDD 的保护二极管，使其正向导通，其输出电压大约为 0.7V。

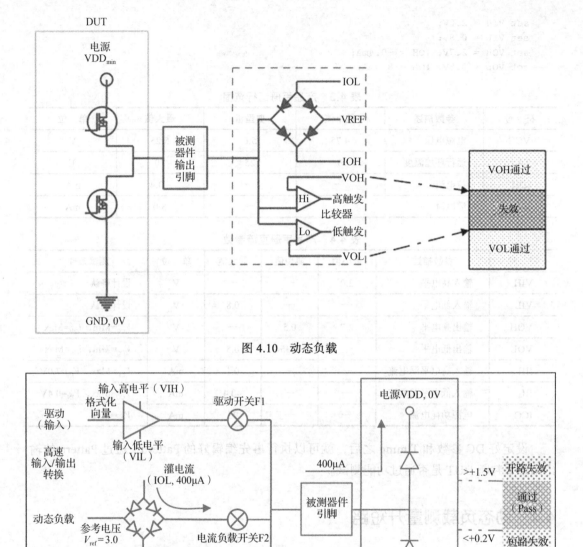

图 4.10 动态负载

图 4.11 动态负载测量开短路

测试步骤如下：

1）设置所有引脚接地。

2）设置 IOL 为 400μA，V_{ref} = 3V。

3）设置输出为比较三态模式。

4）执行功能向量（每次测试一个引脚）。

5）比较二极管的输出电压。

6）如果被测引脚电压超过 1.5V 或低于 0.2V，则引脚失效。

图 4.12 所示为开短路测试使用的测试向量示例。

00000	/* cycle 1 ground all pins
Z0000	/* cycle 2 test for diode on first pin
0Z000	/* cycle 3 test for diode on second pin
00Z00	/* cycle 4 test for diode on third pin
000Z0	/* cycle 5 test for diode on fourth pin
0000Z	/* cycle 6 test for diode on fifth pin
ZZZZZ	/* cycle 7 turn drivers off and test all pins

图 4.12　开短路测试向量

使用向量法测试开短路，同时兼具 PMU 并行与串行的优点。如图 4.13 所示，Pattern 执行的周期是 1μs，对于 100 个要测试的引脚来说，总共需要测试的时间大约为 100μs，但 PMU 动作与稳定测量的时间通常为几毫秒（ms）。向量法测试开短路对于数据分析，就没有 PMU 参数测量的方式那么直观，可以根据测量值判断是开路还是短路。

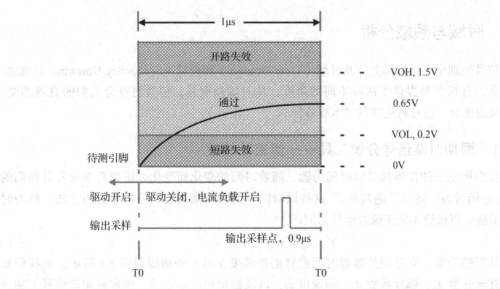

图 4.13　功能法测试开短路设定

第 5 章
混合信号测试基础

在现实中，我们不是处在非"0"即"1"的世界里。我们日常面对的都是一些随着时间连续变化的信号，如声音、压力、温度等，可以说被人所感知的世界是"模拟"的。而当我们想要分析、处理这些信号时，这些信号必须被转换成数字信号，以便这些信号可以被计算机所处理。

2.3 节中已经介绍了，现代混合信号测试机大多基于 DSP（数字信号处理）技术，因而在混合信号测试中，需要把模拟信号转换成 DSP 可以处理的数字信号。从模拟信号到数字信号的转换，会用到模数转换（ADC）。而把被计算机处理过的信号还原成人类所能感知的模拟信号时，会用到数模转换（DAC）。可以说，ADC/DAC 是最基本的混合信号电路。本章中我们以 ADC/DAC 的测试为例，介绍最基本的混合信号测试概念。

5.1 时域与频域分析

信号处理中，通常都会涉及时域（Time Domain）和频域（Frequency Domain）的概念，这为我们分析信号提供了两种不同的角度。从时域角度看，信号更符合人们的直观感受；从频域角度看，信号将展现其"本质特征"。

5.1.1 周期时域信号分解工具——傅里叶级数

我们所感知的世界都是以时间为轴，随着时间的变化而变化。正如哲学家告诉我们的"静止是相对的，运动是绝对的。"这种以时间作为参照来观察、分析事物的方法，称为时域分析法。以最简单的正弦波信号为例：

$$Y = A_0 + A_1 \times \sin(\omega t + \varphi) \tag{5.1}$$

从图像上看，它是相位随着时间推移而连续变化的一条曲线如图 5.1 所示。当我们知道了直流分量 A_0，幅度系数 A_1，角速度 ω，以及初始相位 ψ 之后，很容易知道信号 Y 随时间 t 的运行轨迹。而正弦波信号也恰恰是我们分析所有信号的基础，请大家要牢记。

大家来看一下图 5.2，这是一段声音的波形。你能看到什么？一段随时间推移而杂乱无章的曲线？它里面到底包含了什么？相信大家无法直观地得到结论，它远远没有上面的正弦波信号那样清晰明了。而现实中，我们所接触的实际状况，都是下面那段"杂乱"的波形。那我们要如何分析这样的信号？

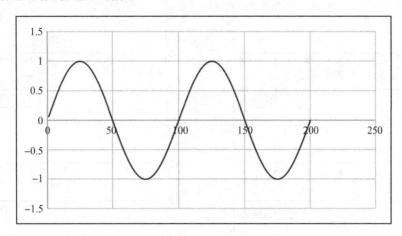

图 5.1　正弦波

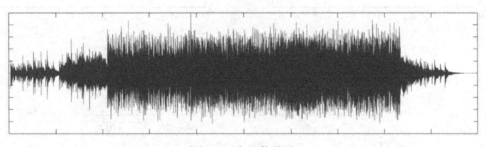

图 5.2　音频信号图

这里要提到有史以来最伟大的数学发现之一——傅里叶级数：任意周期函数都可以看成正弦函数与余弦函数的叠加，如式（5.2）所示：

$$x(t) = \sum_{n=-\infty}^{+\infty} a_n e^{jn\omega_0 t} = \sum_{n=-\infty}^{+\infty} a_n[\cos(n\omega_0 t) + j\sin(n\omega_0 t)] \tag{5.2}$$

也许上面的公式比那段"杂乱"的波形更让你感到无所适从，那么再来看看下面的例子。我们有几个正弦信号，如图 5.3 所示，每个信号可用式（5.3）表示：

$$f_k(t) = \frac{4}{k \times \pi} \times \sin(kt), \quad k = 1, 3, 5, 7\cdots \tag{5.3}$$

从图 5.3 可以看出，每一个信号都是一个简单的正弦信号，只是其幅度和频率有所不同。让我们来看看当把这些信号叠加起来时，会有什么样的现象，如图 5.4～图 5.9 所示。

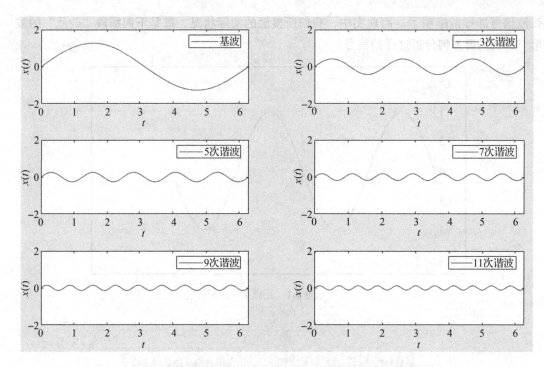

图 5.3　成谐波关系的正弦信号

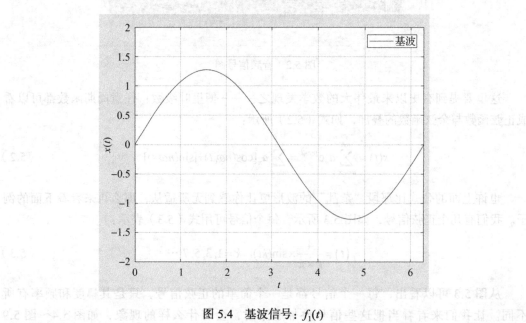

图 5.4　基波信号：$f_1(t)$

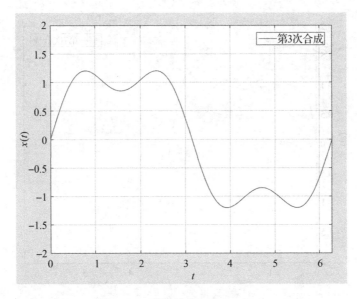

图 5.5　3 次谐波叠加：$f_1(t)+f_3(t)$

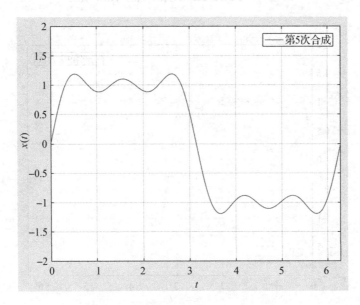

图 5.6　5 次谐波叠加：$f_1(t)+f_3(t)+f_5(t)$

　　从图 5.4～图 5.9 可以看出，当叠加的波形越多时，最终的波形就越接近一个方波。我们可以把要分析的信号一一分解成不同的正弦、余弦的分量相加，那么对于复杂信号的处理就变成了对正弦、余弦信号的处理了。

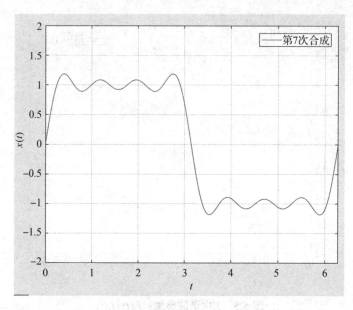

图 5.7　7 次谐波叠加：$f_1(t)+f_3(t)+f_5(t)+f_7(t)$

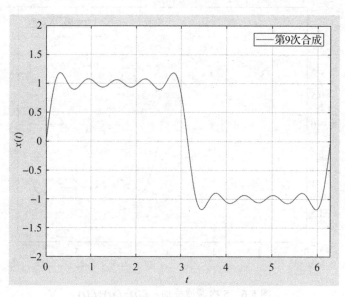

图 5.8　9 次谐波叠加：$f_1(t)+f_3(t)+f_5(t)+f_7(t)+f_9(t)$

5.1.2　频域分析

在信号分析过程中，我们会引入频域分析，去观察信号随频率变化的现象。既然我们已经把复杂的信号转换成不同频率正余弦信号的叠加，那为什么还要引入频域分析的方法呢？我们先观察图 5.10 中频率为 100Hz 的正弦信号的频谱（见图 5.11），它是频率为 100Hz时的一个冲激。

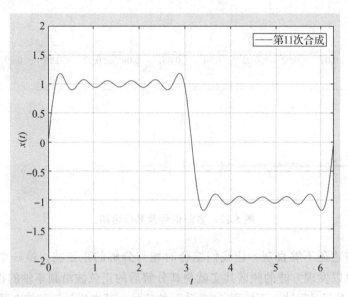

图 5.9　11 次谐波叠加：$f_1(t)+f_3(t)+f_5(t)+f_7(t)+f_9(t)+f_{11}(t)$

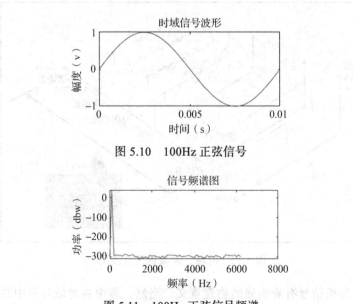

图 5.10　100Hz 正弦信号

图 5.11　100Hz 正弦信号频谱

接下来我们来看看方波的频谱，如图 5.12 所示，可以看到在不同频率点处的一个个冲激。

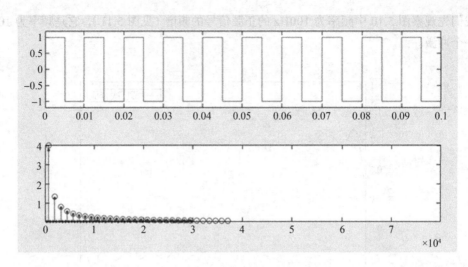

图 5.12　方波信号及其频谱图

也许上述描述还不够直观，让我们结合时域与分解的正弦波，换一个角度观察。如图 5.13 所示，可以发现方波的频谱其实就是其分解后的正弦波沿频率轴的投影。由此可以得到一个结论：看似时间轴上不规则、"杂乱"的信号，其本质是正弦波在频域的投影。

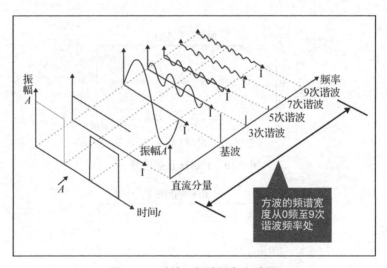

图 5.13　时域、频域视角方波图

所以，频域分析信号有着明确的物理意义。当然，频率在时域分析中并非不存在，很多情况下我们仍会在时域里进行信号分析。但在频域里分析频率对应的问题，会变得简单直观。

频域分析中最常见的方法是傅里叶变换。由于电路在对连续信号采样是离散的，对应方法为离散傅里叶变换。当计算出正弦信号的幅值、频率、相位后，信号的频率信息即可以使用频谱图表示出来。

5.2　采样

5.2.1　采样及采样定理

如图 5.14 所示为时域信号采样示例。由于 DSP 只能处理离散的数字信号，在实际应用中往往需要把随时间连续变化的模拟信号转化为数字信号，而采样就是要实现这一转化。具体的做法是每隔固定的时间（周期）去抽取原来信号的值来代替原来时间上连续的信号，也就是在时间上把模拟信号离散化。这个采样周期的倒数，称为采样频率（F_s）。不难想象，采样频率越高，离散化的波形就越接近原来的波形。那么对于这个采样频率的下限有什么要求呢？有如下的采样定理，该定理也称作"奈奎斯特定理"：

在进行模拟 / 数字信号转换的过程中，当采样频率 F_s 大于信号中最高频率 F_t 的 2 倍时（$F_s>2F_t$），采样之后的数字信号即可完整保留原始信号中的信息。

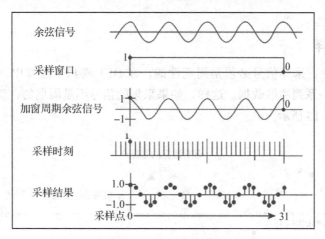

图 5.14　时域信号采样

虽然采样频率越高越有助于保留原始信号信息，但过度提高采样频率会增加硬件的成本，一般实际应用中保证采样频率为信号最高频率的 3～4 倍即可。关于采样定理的推导已超出本书范畴，读者可自行参考信号与系统等相关书籍。

5.2.2　离散傅里叶变换与快速傅里叶变换

采样的最终目的是得到信号幅度随频率变化的关系，即信号的频谱。离散傅里叶变换（DFT）就是这样一种数学算法，可以把固定间隔时间采样到的离散信号转化成幅度随频率变化的关系。在数学上，这种变换是一种复数的运算，如式（5.4）所示。

$$X[k]=\frac{1}{N}\sum_{n=0}^{N-1}x[n]e^{-j\left(\frac{2\pi}{N}\right)kn},\ 0\leqslant n\leqslant N-1 \tag{5.4}$$

其中，$x[n]$ 是原始信号 $x(t)$ 的采样信号，而 $X[k]$ 代表的频率为 $f=kF_s/N$ 的频率分量，而信号在该频率的幅值就是 $X[k]$ 的模。

$X[k]$ 为 N 项的复数序列，由 DFT 变换，任一 $X[k]$ 的计算都需要 N 次复数乘法和 $N-1$ 次复数加法，而一次复数乘法等于 4 次实数乘法和 2 次实数加法，一次复数加法等于 2 次实数加法，即使把一次复数乘法和一次复数加法定义成一次"运算"（4 次实数乘法和 4 次实数加法），那么求出 N 项复数序列的 $X[k]$，即 N 点 DFT 变换大约就需要 N^2 次运算。当 $N\geqslant1024$ 时，至少需要进行 $N^2=1\ 048\ 576$ 次运算，这对于计算机来说，无疑要花费大量的计算时间。

快速傅里叶变换（Fast Fourier Transform，FFT），其本质还是离散傅里叶变换，是利用计算机计算离散傅里叶变换的高效、快速计算方法的统称。使用 FFT 算法，N 点的 DFT 变换就只需要 $N\log_2 N$ 次运算，N 在 1024 点时，运算量仅有 10 240 次，是先前直接算法的 1%，点数越多，运算量就越少，这就是 FFT 的优越性。想要进行 FFT 运算，采样点数需要是 2^n。

5.2.3   相干采样

在数学定义上，采样信号必须是周期性的，在 DFT 或 FFT 运算中，返回的幅值只包含 F_s/N 的倍数的一系列离散数据。这样，如果采集的信号不是周期的，就会导致频谱泄露（Leakage），如图 5.15 所示。

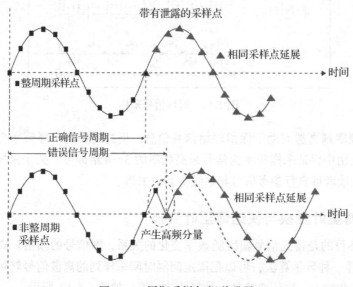

图 5.15   周期采样与频谱泄露

对于非整周期的信号，可以采用加窗口（Window）函数的处理方式来减少频谱泄露的影响。在这里我们不针对这部分内容展开，感兴趣的读者可自行阅读相关资料。

在混合信号测试过程中，我们采用相干采样（Coherent Sampling）的方式来避免频谱泄露的问题，并同时保证测试的效率，以降低测试成本。假设我们对频率为 F_t 的信号，以采样频率 F_s 采样点数 N，为了避免频谱泄露，我们需要对被采集信号采样整数周期 M，那么满足式（5.5）的采样称为相干采样。

$$\frac{F_t}{F_s} = \frac{M}{N} \tag{5.5}$$

其中 M，N 为互质的整数，N 必须为 2^n，以满足 FFT 的计算需求。这是混合信号测试中一个重要的公式，大家一定要牢记。另外引入一个单位测试频率（Unit Test Period，UTP）的定义：

$$\text{UTP} = \frac{N}{F_s} = \frac{M}{F_t} \tag{5.6}$$

每个 UTP 对应一个频率窗口（Frequency BIN）。频谱（FFT）图中频率轴的频率间隔或分辨率通常取决于采样速率和数据记录的数量（采样点）。功率谱中的频率点数为 $N/2$，其中 N 是信号在时域中的采样点数。功率谱中的第一个频点始终为直流（频率为 0）。频点采用相等的间隔 F_s/N，通常用频率窗口或 FFT 窗口表示。窗口（BIN）可以由数据转换器的采样周期计算：

$$\text{BIN} = F_s/N \tag{5.7}$$

例如，我们可以用 82MHz 的采样频率取得 8192 个数据记录，频率间隔为 10kHz。注意，此处我们说的窗口（BIN）与前面讲到的测试筛选分类（Bin）的含义是不同的，不要混淆。

5.3　DAC 的静态参数测试

DAC 的静态（Static）参数测试通常在一个较低的信号频率下进行，一般为 DC 信号。由数字通道给 DAC 施加一系列数字输入（从 000…0 到 111…1）的变化，然后采集其模拟输出，并计算其相关的静态参数。以下我们以单极性 DAC 为例来介绍基本 DAC 静态参数测试，理想状态下，其输入全为 0 时，模拟输出 0V；输入全为 1 时，模拟输出满幅值量程电压，且输出随输入的增加而线性增加。

5.3.1　最小有效位

DAC 可以被认为是一个数字控制的电位器，在满幅度输出量程内，其输出是由数字输入代码确定的，连续输入的两个数字代码产生的电压差就是一个最小有效位（Least

Significant Bit, LSB）。对于理想的 N 位的 DAC（见图 5.16），其 LSB 可以由下方公式得出：

$$LSB = \frac{V_{F_s}}{2^N}\qquad(5.8)$$

其中，V_{F_s} 代表 DAC 的满幅度输出量程。

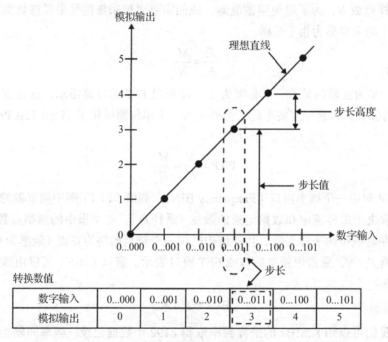

图 5.16 理想 DAC 输出

5.3.2 零点偏移误差

对于理想的 DAC 来说，当输入数字信号位全为 0 时，其模拟输出应该为 0V。但实际情况下并非如此，我们定义零点偏移误差（Zero Offset Error）为当输入全 0 代码时，DAC 实际输出与理想输出的差值

$$V_{\text{zoffset}} = V_{\text{ZS[理想]}} - V_{\text{ZS[实际]}}\qquad(5.9)$$

理论上，偏移误差对于所有代码对应的输出都是存在的，选择零点方便计算，并且可以为后续的测试做准备，如图 5.17 所示。

5.3.3 增益误差

类似偏移误差，对于理想的 DAC 来说，当输入数字信号位全为 1 时，其模拟输出应该为满幅值量程。但实际情况下并非如此，我们定义增益误差（Gain Error）为当输入全 1 代码时，DAC 实际输出与理想输出的差值（见图 5.18）：

$$V_{\text{增益误差}} = V_{F_s[\text{实际}]} - V_{F_s[\text{理想}]} - V_{\text{offset}} \qquad (5.10)$$

需要注意的是，偏移的影响对所有输出都是存在的，所以最后要减掉 V_{offset}。

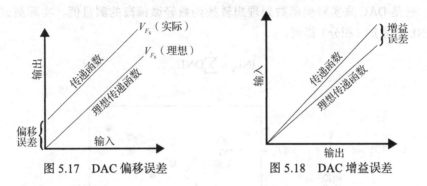

图 5.17　DAC 偏移误差　　　　　图 5.18　DAC 增益误差

5.3.4　差分非线性误差

差分非线性（Differential Nonlinearity，DNL）误差是实际模拟输出步长与 1LSB 的理想步长值的最大偏离。在整个实际转换函数曲线上可以看到这个差异（见图 5.19）。对于一个 N 位的 DAC，其输出有 2^N-1 个步长（step），对应着 2^N-1 个 DNL 值，测试时，我们需要确认绝对值最大的 DNL 是否还在设计规格之内。第 i 点输出的 DNL 由式（5.11）计算得出，其中 V_i 表示第 i 点的输出电压。

$$\text{DNL}_i = \frac{V_i - V_{i-1} - V_{\text{lsb}}}{V_{\text{lsb}}} \qquad (5.11)$$

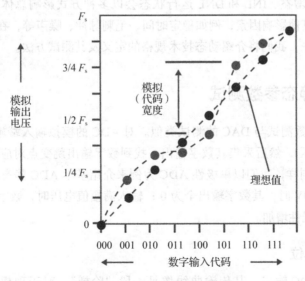

图 5.19　DAC 差分非线性误差

5.3.5　积分非线性误差

另外一个 DAC 静态技术规格为积分非线性（Integral Nonlinearity，INL）误差（见图 5.20），它是 DAC 真实转换函数到理想转换函数轻微偏离的测量值。实际测试中，INL 可以由 DNL 的累加（积分）得到：

$$INL_i = \sum_{j=0}^{i} DNL_j \tag{5.12}$$

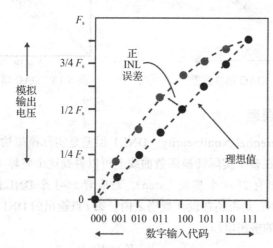

图 5.20　DAC 积分非线性误差

DAC 的偏移、增益、INL 和 DNL 运行状态会以多种方式影响总体系统的有效性。除此以外，还有很多其他影响因素，例如稳定时间、毛刺脉冲、噪声等，在此不再赘述。

在后续的章节中，我们将介绍动态技术规格的定义及其测试方法。

5.4　ADC 的静态参数测试

ADC 的静态参数测试与 DAC 的测试类似。对 ADC 的模拟输入端施加输入（从 0V 到满幅值量程输入电压），然后采集其数字输出，找到数字输出跳变点对应的电压，并计算其相关的静态参数。同样，我们以单极性 ADC 为例来介绍基本 ADC 静态参数测试，理想状态下，其输入全为 0V 时，其数字输出全为 0；输入满幅值电压时，数字输出全为 1，且输出随输入的增加而线性增加。

5.4.1　最小有效位

对于线性的 ADC 输出，其传输曲线像是一段"阶梯"，对于理想 ADC（见图 5.21）来说，其一段阶梯的宽度对应着 1LSB 的输入电压，在此段电压输入范围内，ADC 的数字输出代码不会改变。换个说法，对应这段阶梯的中心点，电压在 ±1/2LSB 范围内变化，数字输出保持不变。在后面的参数测试中，我们都会针对输入对应的中心点电压来进行。

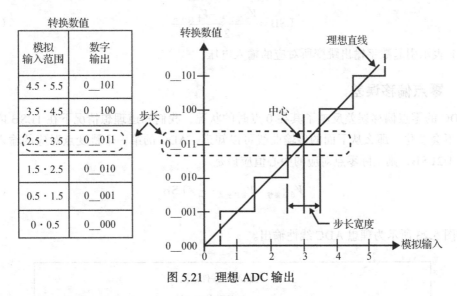

图 5.21　理想 ADC 输出

对于理想的 N 位 ADC，其 LSB 可由下列公式计算：

$$\text{LSB} = \frac{V_{F_s}}{2^N} \qquad (5.13)$$

其中 V_{F_s} 代表 ADC 的满幅度输入量程。

而在实际的 ADC 测试过程中，要对 LSB 的计算稍做变通，参照图 5.22。

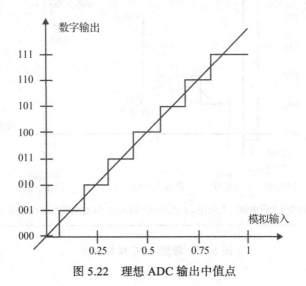

图 5.22　理想 ADC 输出中值点

我们可以比较容易地测量到数字输出从 0 到 1 的跳变点对应的电压，同样，从 111…0 到 111…1 的跳变电压也很容易测量。那么对应这两点电压的差值，对应着 2^N-2 个 "阶梯"，则 LSB 的值可以通过计算得到：

$$\text{LSB} = \frac{V_{\text{末跳变点}} - V_{\text{首跳变点}}}{2^N - 2} \qquad (5.14)$$

其中，V 表示引起数字输出跳变所对应的输入电压。

5.4.2　零点偏移误差

ADC 的零点偏移误差反映了其在 0 点时的状况，我们知道理想情况下在 1LSB 内，数字输出不会变化，那么从下面的传输曲线可以知道，ADC 的第一个跳变点对应的输入电压应该是 1/2LSB，则实际零点对应的中心值应该是

$$V_{\text{零点偏移}} = V_{\text{首跳变点}} - \frac{1}{2} \times \text{LSB} \qquad (5.15)$$

如图 5.23 所示为理想 ADC 线性输出。

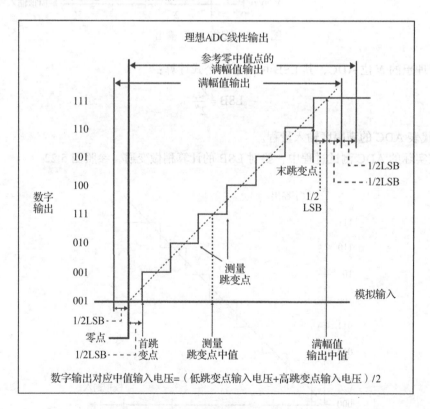

图 5.23　理想 ADC 线性输出

5.4.3　增益误差

从图 5.23 中我们也可以比较清晰地得出，ADC 实际对应满幅值输出的输入电压与理想输入电压差值为

$$V_{增益误差} = V_{末跳变点} - V_{首跳变点} + 2\text{LSB} - V_{理想满幅值输出} \tag{5.16}$$

5.4.4　差分非线性误差

对于 ADC 来说，差分非线性误差反映了"阶梯"长度（code length）与 LSB 的差值，如图 5.24 所示。

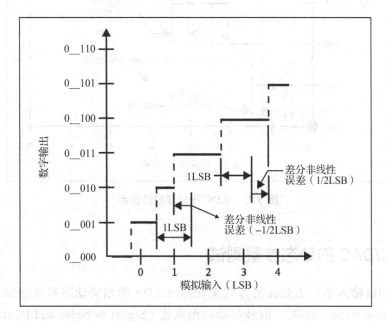

图 5.24　ADC 差分非线性误差

ADC 的差分非线性误差的计算公式如下：

$$\text{DNL}_i = \frac{V_{\text{transition}[i+1]} - V_{\text{transition}[i-1]} - V_{\text{LSB}}}{V_{\text{LSB}}} \tag{5.17}$$

5.4.5　积分非线性

ADC 的积分非线性误差反映了一个数字输入对应输入值中心点与理想传输曲线中心的差值，如图 5.25 所示。实际测试中，INL 可以由 DNL 计算得到：

$$\text{INL}[i] = \text{INL}[i-1] + 1/2(\text{DNL}[i] + \text{DNL}[i-1]) \tag{5.18}$$

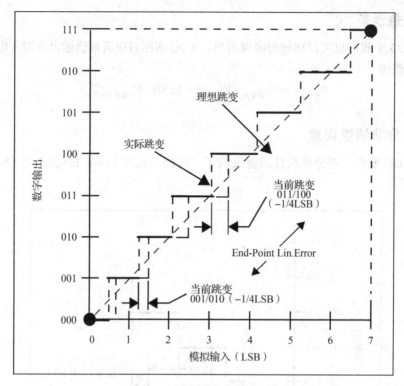

图 5.25 ADC 积分非线性误差

5.5 ADC/DAC 的动态参数测试

本节我们以输入单一正弦波的方式来介绍 AD/DA 的相关动态参数测试，包括信噪比（Signal Noise Ratio，SNR），信号与噪声谐波比（Signal to Noise and Distortion Ratio，SINAD），总谐波失真（Total Harmonic Distortion，THD）。因其测试方法类似，所以我们将 AD/DA 的动态参数测试放在一起讲述。其测试方法总的来说是给 DUT 输入正弦变化的信号，采集 DUT 的输出，经过 DSP 的数据变化，得到相应的频谱，并计算相关动态参数，如图 5.26 所示。

如果被测 AD/DA 是线性的，那么对应其正弦输入的输出也是正弦信号。正弦信号的频谱如图 5.27 所示。

在 5.2.3 节中我们提到，被测信号频率 F_t 的频谱对应的 BIN 为 M，而 M 的整数倍处为被测信号的各次谐波分量，其他的分量为噪声。信号功率（Signal Power）P_{SP}、谐波功率（Harmonics Power）P_{HP}、噪声功率（Noise Power）P_{NP} 可由下面的公式计算得到：

$$P_{SP} = V[M]^2 \tag{5.19}$$

$$P_{HP} = V[2 \times M]^2 + V[3 \times M]^2 + V[4 \times M]^2 + \cdots \tag{5.20}$$

$$P_{NP}=V[1]^2+V[2]^2+\cdots+V[M-1]^2+V[M+1]^2+\cdots+V[N/2-1]^2 \qquad (5.21)$$

其中，V 表示采样后信号的输出幅值，M 为相干采样被测信号周期数，N 代表采样点的个数。M、N 是互质的整数，且 N 是 2 的整数次幂。

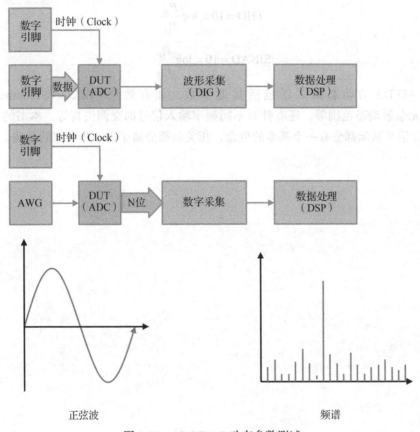

图 5.26　ADC/DAC 动态参数测试

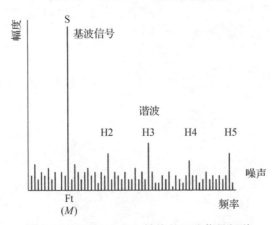

图 5.27　经过 AD/DA 转换的正弦信号频谱

根据各动态参数的定义，其值可计算得出：

$$SNR = 10 \times \log \frac{P_{SP}}{P_{SP} - P_{HP}} \tag{5.22}$$

$$THD = 10 \times \log \frac{P_{HP}}{P_{SP}} \tag{5.23}$$

$$SINAD = 10 \times \log \frac{P_{SP}}{P_{NP}} \tag{5.24}$$

当然 AD/DA 的动态测试还包括其他参数，如有效位（Effective Number Of Bit，ENOB）、无杂散动态范围等，还有针对不同频率输入信号的交调失真等。本书的目的是使读者对混合信号基础部分有一个基本的概念，相关的部分属于进一步学习的范畴。

第三篇

模拟集成电路测试与实践

第6章
集成运算放大器测试与实践

6.1 集成运算放大器的基本特性

6.1.1 集成运算放大器的原理与工作模式

集成运算放大器是一种差模输入的高增益运算放大器，起初主要用于加法、乘法等运算电路中，因而得名运算放大器（Operational Amplifier，OP、OPA 或 OPAMP，简称"运放"）。

一个理想的运算放大器必须具备无限大的输入阻抗、等于 0 的输出阻抗、无限大的开环增益、无限大的共模抑制比、无限大的频宽等典型特征。最基本的运算放大器如图 6.1 所示。一个运算放大器一般包括一个同相输入端（IN+）、一个反相输入端（IN-）、一个输出端（OUT）以及正负电源端（V+，V-）。

通常使用运算放大器时，会将其输出端与其反相输入端连接，形成负反馈（Negative Feedback）组态。这是因为运算放大器的电压增益非常大，范围从数百至数万倍不等，使用负反馈才能保证电路稳定运作。但是这并不代表运算放大器不能连接成正反馈组态，相反，在很多需要产生振荡信号的系统中，正反馈组态的运算放大器是很常见的组成元件。

1. 开环回路工作模式

开环回路运算放大器如图 6.2 所示。当一个理想运算放大器采用开环方式工作时，其输出与输入电压的关系如式（6.1）所示：

$$V_{\text{OUT}} = (V_+ - V_-) \times A_{\text{og}} \tag{6.1}$$

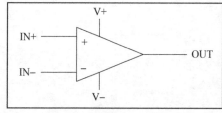

图 6.1 运算放大器示意图

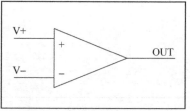

图 6.2 运算放大器开路模式

其中，A_{og} 代表运算放大器的开环放大倍数。由于运算放大器的开环放大倍数非常高，因此就算输入端的差动信号很小，仍然会让输出信号饱和，导致非线性的失真出现。因此运算放大器很少以开环回路的形式出现在电路系统中。

2. 闭环负反馈工作模式

将运算放大器的反相输入端与输出端通过反馈电阻 R_f 连接起来，放大器就处在负反馈组态的状态，此时通常可以将电路简单地称为闭环放大器。闭环放大器依据进入放大器端点的输入信号，又可分为反相放大器与同相放大器两种。

反相闭环放大器电路图如图 6.3 所示，其输入与输出电压的关系如式（6.2）所示：

$$V_{OUT} = -(R_f / R_{IN}) \times V_{IN} \qquad (6.2)$$

其放大倍数取决于反馈电阻 R_f 与输入电阻 R_{IN} 的数值。

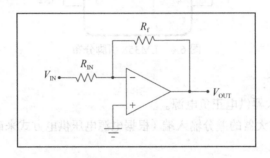

图 6.3　运算放大器负反馈电路

6.1.2　典型集成运算放大器的特征参数

下面以通用型号的运算放大器 LM358 为例阐述集成运算放大器的 ATE 测试。

LM358 包括有两个高增益的、独立的、内部频率补偿的双运算放大器，适用于电压范围很宽的单电源，也适用于双电源工作方式，它的应用范围包括传感放大器、直流增益模块和其他单电源供电的运算放大器使用场景。

LM358 的特点如下：

- 内部频率补偿。
- 低输入偏流。
- 低输入失调电压和失调电流。
- 共模输入电压范围宽，包括接地。
- 差模输入电压范围宽，等于电源电压范围。
- 直流电压增益高（约 100dB）。
- 单位增益频带宽（约 1MHz）。
- 电源电压范围宽：单电源（3V～30V），双电源（±1.5V～±15V）。

❑ 低功耗电流，适合于电池供电。

❑ 输出电压摆幅大（$0\sim V_{CC}-1.5$）。

LM358 采用行业通用封装，包括塑料双列直插式封装（Plastic Dual In-line Package，PDIP）、小外形集成电路封装（Small Outline Integrated Circuit package，SOIC），如图 6.4 所示。

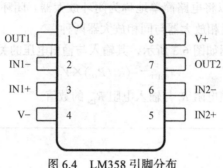

图 6.4 LM358 引脚分布

芯片引脚介绍如下：

❑ V+、V– 为放大器供电正负电源。

❑ IN+、IN– 为放大器的差分输入端（根据电源电压供电方式来确定输入范围）。

❑ OUT 为输出端。

芯片主要电性参数（最大额定范围）如下：

❑ 供电电压：±16V 或 32V。

❑ 输入电压：–0.3V～32V。

❑ 输入电流：±10mA。

❑ 工作温度：0℃～70℃。

❑ 储存温度：–65℃～150℃。

❑ 结温：150℃。

6.2 集成运算放大器的特征参数测试方法

运放电路具有极高的开环增益，通常在 10^5 以上，这导致在开环情况下，差分输入端微小的变化都会引起输出端很大的信号输出，从而使得运放的参数在开环情况下难以测量。在实际测试过程中，我们通常使用一个辅助运放电路，从而使得运放的测试变得简单可行。图 6.5 所示的电路可完成大多数 DC 参数和部分 AC 参数的测量。辅助放大器，作为积分电路，被设置成直流开环。这表示被测运放的输出会被辅助运放全增益放大，然后以 1000∶1 的衰减反馈到被测运放的同相输入端。

如图 6.5 所示为带有辅助运放的集成运放测试原理图。

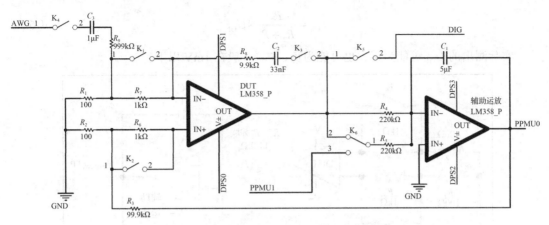

图 6.5　带有辅助运放的集成运放测试原理图

6.2.1　输入失调电压

当运放开环使用时，加载在两个输入端之间的直流电压使得放大器直流输出电压为 0。也可定义为当运放接成跟随器且正输入端接地时，输出存在的非 0 电压。

任何一个放大器，无论开环连接或者反馈连接，当两个输入端都接地时，理论上输出应该为 0，但运放内部两输入支路无法做到完全平衡，导致输出永远不会是 0。此时保持放大器负输入端不变，而在正输入端施加一个可调的直流电压，调节它直到输出直流电压变为 0V，此时正输入端施加的电压的负值即为输入失调电压，用 V_{OS} 表示。但是多数情况下，输入失调电压不分正负，生产厂家会以绝对值表示。

任何一个实际运放都可理解为正端内部串联了一个 V_{OS}，然后连接一个理想运放，如图 6.6 所示。图 6.6a 中，正端引入一个 $-V_{OS}$，则输出为 0，符合标准定义。图 6.6b 中，跟随器正端接地，实际输出即为 V_{OS}，也符合标准定义。

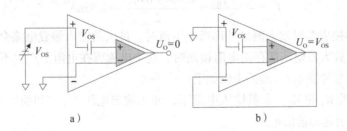

图 6.6　对运放输入失调电压的图解

失调电压测试电路如图 6.7 所示。闭合 K_1 及 K_2，使电阻 R_6 和 R_7 短接，测量此时的测试点 TP 输出电压 U_{O1}，则输入失调电压

$$V_{OS} = \frac{R_2}{R_2 + R_3} \times U_{O1} \qquad (6.3)$$

实际测出的 U_{O1} 可能为正，也可能为负，V_{OS} 一般在 1mV 以下。

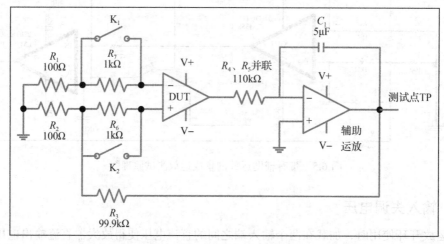

图 6.7　失调电压测试电路

6.2.2　输入偏置电流与输入失调电流

❑ 输入偏置电流：当输出维持在规定的电平时，两个输入端流进电流的平均值。

❑ 输入失调电流：当输出维持在规定的电平时，两个输入端流进电流的差值。

运放的两个输入端并不是绝对高阻的，本项指标主要描述输入端流进电流的数量级。比如某个运放在接成跟随器且正输入端接地的情况下，正输入端存在流进电流 1.3nA，即图 6.8 中 $I_{B1}=1.3$nA，负输入端存在流进电流 0.6nA，即图 6.8 中 $I_{B2}=0.6$nA，那么该运放的输入偏置电流 I_{IB} 即为 0.95nA：

$$I_{IB} = \frac{I_{B1} + I_{B2}}{2} = \frac{1.3\text{nA} + 0.6\text{nA}}{2} = 0.95\text{nA}$$

当用放大器接成跨阻放大测量外部微小电流时，过大的输入偏置电流会分掉被测电流，使测量失准。当放大器输入端存在电阻接地时，这个电流将在电阻上产生不小的输入电压。

测试电路仍参考图 6.7。测试步骤如下：

1）闭合开关 K_1 和 K_2，在低输入电阻下，测出输出电压 U_{O1}，如前所述，这是由输入失调电压 V_{OS} 所引起的输出电压。

2）断开 K_1 与 K_2，两个输入电阻 R_6、R_7 接入，由于 R_6、R_7 的值较大，流经它们的输入电流差异将变成输入电压的差异，因此也会影响输入电压的大小，可测出两个电阻接入时的输出电压 U_{O2}，若从中扣除输入失调电压 V_{OS} 的影响，输入失调电流 I_{OS} 为

$$I_{OS} = |I_{B1} - I_{B2}| = |U_{O2} - U_{O1}| \frac{R_2}{(R_1 + R_3)R_6} \qquad (6.4)$$

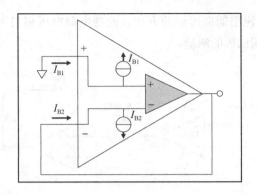

图 6.8　对运放输入偏置电流和失调电流的图解

6.2.3　共模抑制比

共模抑制比（Common Mode Rejection Ratio，CMRR）即差模电压增益与共模电压增益的比值

$$CMRR = \left| \frac{A_d}{A_c} \right| \qquad (6.5)$$

或可将共模抑制比用分贝（dB）表示：

$$CMRR = 20\log \left| \frac{A_d}{A_c} \right| \text{（dB）} \qquad (6.6)$$

共模抑制比可以通过多种方式测量，图 6.9 所示的方法采用四个精密电阻将运放配置成差分放大器，信号施加于两个输入端，从而测量输出变化。该电路的固有缺点是电阻的比率匹配会造成很大的测量误差。

$$CMRR = \frac{\Delta V_{IN}}{\Delta V_{OUT}} \times \frac{R_1 + R_2}{R_1} \qquad (6.7)$$

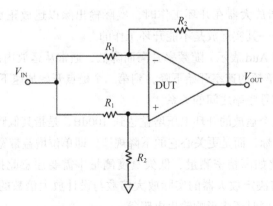

图 6.9　精密电阻测量共模抑制比

图 6.10 所示的电路使用辅助运放的方法，改变电源电压相当于改变了共模输入电压。同时这种方式也更适合测试机的测量。

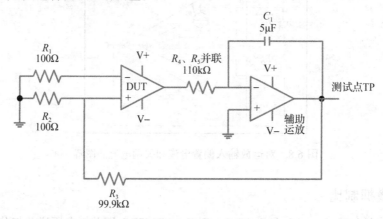

图 6.10 辅助电路测试共模抑制比

在 TP 测量失调电压，电源电压为 ±V（本例中为 +2.5V 和 –2.5V），并且两个 DUT 电源电压再次上移 +1V（至 +3.5V 和 –1.5V）。此时失调电压的变化对应于 1V 的共模电压变化，因此直流 CMRR 为失调电压与 1V 之比。共模抑制比公式如下：

$$CMRR = \frac{R_2 + R_3}{R_2} \times TP测量电压变化量 / 共模电压变化量$$

影响电路共模抑制比的因素有两个，第一是运放本身的共模抑制比，第二是对称电路中各个电阻的一致性。其实更多情况下，实现这类电路的高共模抑制比，关键在于外部电阻的一致性。此时，分立元件实现的电路很难达到较高的 CMRR，运放生产厂家提供的差动放大器就显现出了优势。

6.2.4 开环电压增益

开环电压增益是指放大器在开环工作时，实际输出除以运放正负输入端之间的压差，类似于运放开环工作——其实运放是不能开环工作的。

开环电压增益（用 Aud 表示）随频率升高而降低，通常从运放内部的第一个极点开始，其增益就以 –20dB/10 倍频的速率开始下降，到第二个极点开始加速下降。如图 6.11 所示为典型运放开环增益与信号频率之间的关系。

一般情况下，说某个运放的开环电压增益达到 100dB，是指其低频最高增益。多数情况下很少有人关心这个指标，而是更关心它的下降规律，即单位增益带宽，或者增益带宽积。

在特殊应用中，比如高精密测量、低失真度测量中需要注意此指标。在某个频率处，实际的开环电压增益将决定放大器的实际放大倍数与设计放大倍数的误差，也将决定放大器对自身失真的抑制，同时还将影响输出电阻等。

直流增益的测量方法是通过切换 K_6 来迫使 DUT 的输出改变一定的量（本例中为 1V，

但如果器件采用足够大的电源供电，可以规定为 10V）。如果 R_5 处于 +1V，若要使辅助放大器的输入保持在 0 附近不变，DUT 输出必须变为 –1V。测量电路如图 6.12 所示。

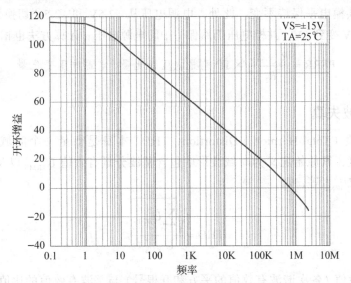

图 6.11　典型开环增益与信号频率之间的关系

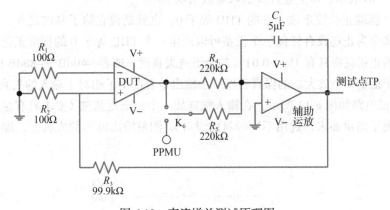

图 6.12　直流增益测试原理图

TP 的电压变化 V_{OUT} 衰减（比例为 1000∶1）后输入 DUT，导致输出改变 1V，由此很容易计算增益：

$$\text{Aud} = \frac{1}{\Delta V_{\text{OUT}}} \times \frac{R_2 + R_3}{R_2} \tag{6.8}$$

6.2.5　电源抑制比

CMRR 衡量失调电压相对于共模电压的变化，总电源电压则保持不变。电源抑制比（Power Supply Rejection Ratio，PSRR）则相反，它是指失调电压的变化与总电源电压的变化之比,共模电压保持中间电源电压不变。

PSRR 测试所用的电路与 CMRR 完全相同,可参考图 6.10,不同之处在于总电源电压发生改变,而共模电平保持不变。此处,电源电压从 +2.5V 和 -2.5V 切换到 +3V 和 -3V,总电源电压从 5V 变到 6V。共模电压仍然保持中间电源电压。计算方法也相同:

$$PSRR = \frac{R_2 + R_3}{R_2} \times TP \text{ 测量电压变化量} / \text{电源电压变化量}$$

6.2.6 全谐波失真

全谐波失真(Total Harmonic Distortion,THD)本身是衡量一个时域波形与标准正弦波的差异程度,其原始定义为时域波形中包含基波分量有效值 U_{1RMS} 以及各次谐波分量 U_{2RMS}、U_{3RMS}、U_{4RMS} 等,则

$$THD = \frac{\sqrt{\sum_{i=2}^{\infty} U_{iRMS}^2}}{U_{1RMS}} \tag{6.9}$$

即全部谐波有效值(各次谐波有效值的平方和开根号)与基波有效值的比值。一般用 % 表示,也可以用 dB 表示,即上述计算值取对数乘以 20。

对于一个标准正弦波来说,它的 THD 等于 0,也就是说它除了基波之外,没有任何谐波。但是,迄今为止还没有任何一个设备可以产生一个 THD 等于 0 的标准正弦波,一般的信号源产生的正弦波都具有 1%~0.01% 的全谐波失真度,或者 -40dB~-80dB 的 THD。此指标也被用于衡量一个放大器的保真程度——输出是否产生了相对于输入的失真。

THD 测试电路如图 6.13 所示。在输入端施加一个标准正弦波(要求具有尽可能小的失真度,这取决于测量要求,选用不同等级的设备),测量输出波形的失真度,即为放大器的失真度。

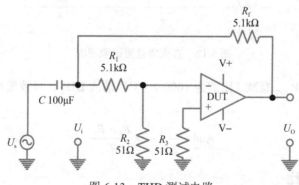

图 6.13 THD 测试电路

放大器的失真度越小,越适合于放大保真度要求高的信号,比如高档音频设备,其放大器微弱的失真都会被听出来,此时低失真度的放大器就有了用武之地。

在实际测试中，一般都采用数字采样、数字分析方法实施失真度测量。用一个失真度很小的信号源加载到被测放大电路的输入端，用失真度很小的 AD 转换器对输出信号实施高精度采集，然后用数学分析（傅里叶变换）的方法，计算所获得的输出波形中的基波有效值以及各次谐波有效值，用上述标准公式计算即可。理论上谐波次数为无穷大，但实际操作中一般取有限次谐波，比如 2 次到 7 次谐波——更高次的谐波对总的失真度贡献不大。

6.2.7　静态功耗

静态功耗指输入端无信号且输出端无负载时，器件所消耗的电源功率。测试原理图如图 6.14 所示。

测试步骤依次为：

1）在规定的环境温度下，将被测器件接入测试系统中。

2）在电源端施加规定的电压。

3）在电源端 V+ 及 V− 处分别测得 I_+ 及 I_-。

4）由式（6.10）计算出 P_D：

$$P_D = (V_+ \times I_+) + (V_- \times I_-) \tag{6.10}$$

单电源供电时 $V_- = 0V$，LM358 的静态功耗范围为 84.15μW～102.85μW。

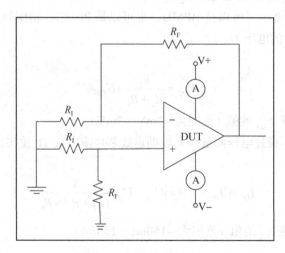

图 6.14　静态功耗测试

6.3　集成运算放大器测试计划及硬件资源

6.3.1　测试方案设计

根据 6.2 节所述的参数测试原理，我们选取输入失调电压和输入失调电流、共模抑制比、开环电压增益、电源抑制比以及静态功耗作为实际测试项目，并说明这些参数测试在

ST2516 上实现的过程。测试原理图如图 6.15 所示，具体方案如下：

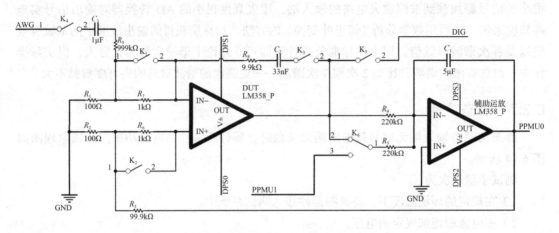

图 6.15 集成运算放大器测试原理图

1. 输入失调电压和输入失调电流

1）使用 DPS 向被测芯片 V+、V– 施加 ±2.5V 电压。

2）K_1、K_2 闭合，K_6 切换至电阻 R_5。

3）通过电压测量单元（可以是 BPMU，也可以是 PPMU，精度越高越好）测量辅助运放芯片输出点 TP 输出的电压 U_{O1}。

4）通过公式

$$V_{OS} = \frac{R_2}{R_2 + R_3} \times U_{O1} \quad (6.11)$$

得出输入失调电压 V_{OS} 的值（范围为 –7mV～7mV）。

5）断开 K_1、K_2，通过电压测量单元辅助运放芯片输出点 TP 输出的电压 U_{O2}。

6）通过公式

$$I_{OS} = |I_{B1} - I_{B2}| = |U_{O2} - U_{O1}| \frac{R_2}{(R_2 + R_3) \times R_6} \quad (6.12)$$

得出输入失调电流 I_{OS} 的值（范围为 –150nA～150nA）。

2. 共模抑制比

1）通过电源 DPS 为芯片 V+ / V– 端供电，电压相等，方向相反。

2）K_1、K_2 闭合，K_6 切到 R_5 端。

3）测量辅助运放芯片输出点 TP 端电压输出 U_{O1}。

4）V+ 端施加电压 +1V，V– 端施加电压 +1V，测量辅助运放芯片输出点 TP 端电压 U_{O2}。

5）通过公式

$$CMRR = 20\log\left(\frac{1}{U_{O2}-U_{O1}} \times \frac{R_2+R_3}{R_2}\right) \tag{6.13}$$

得出芯片的共模抑制比（范围为大于 65dB）。

3. 开环电压增益

1）电源 DPS 给芯片 V+/V– 端供电，电压相等，方向相反。

2）K_1、K_2 闭合，K_6 切换到 R_5 端，测量辅助运放芯片输出点 TP 端输出电压 U_{O1}。

3）K_6 切换到 PPMU 端，由 PPMU 供电 1V，测量辅助运放芯片输出点 TP 端输出电压 U_{O2}。

4）通过公式

$$Aud = 20\log\left(\frac{1}{U_{O2}-U_{O1}} \times \frac{R_2+R_3}{R_2}\right) \tag{6.14}$$

得出开环电压放大倍数（范围为大于 80dB）。

4. 电源抑制比

1）通过电源 DPS 为芯片 V+/V– 端供电，电压相等，方向相反。

2）K_1、K_2 闭合，K_6 切换到 R_5 端。

3）测量辅助运放芯片输出点 TP 端电压输出 U_{O1}。

4）V+ 端施加电压 0.5V，V– 端施加电压 –0.5V，测量辅助运放芯片输出点 TP 端电压 U_{O2}。

5）通过公式

$$PSRR = 20\log\left(\frac{1}{U_{O2}-U_{O1}} \times \frac{R_2+R_3}{R_2}\right) \tag{6.15}$$

得到芯片的电压抑制比（范围为大于 65dB）。

5. 电源静态功耗

1）通过电源 DPS 为芯片 V+/V– 端供电，电压相等，方向相反。

2）K_1、K_2 闭合，K_6 切换到 R_5 端。

3）断开引脚外部测量单元的连接。

4）在电源端 V+ 及 V– 分别测得 I_+ 及 I_-。

5）根据公式（6.10）计算得出静态功耗（范围为小于 300μW）。

6.3.2　Load Board 设计

LM358 有 V+、V–、IN1+、IN1–、OUT1、IN2+、IN2–、OUT2 八个引脚，我们在测试中只选用其中一路运放作为示范，同时根据测试原理部分的内容，做如表 6.1 所示的资源分配。

表 6.1　LM358 引脚资源分配

芯片引脚	ATE 资源分配
V+	DPS0
V–	DPS4
IN1+	通过 relay 切换到不同的外围电路
IN1–	通过 relay 连接不同的外围电路并切换 AWG 与 PPMU 资源
OUT1	PPMU

用到的测试机资源如下。

❏ DPS 模块：提供 VCC 端电源输入，并测量被测器件电流功耗。

❏ AWG 模块：可发送最大幅值 8V，最高频率 250kHz 的任意波形，为被测放大器 IN– 提供交流信号输入。

❏ DIO 模块：在运算放大器测试中，我们利用其 PPMU 完成 –2V～6.5V 的电压施加以及测量，同时其支持施加 –40mA～40mA 电流以及测量。

❏ BPMU 模块：板级 4 象限电压电流源及测量单元，具有比 PPMU 更好的量程范围及精度，用于提供 IN+、IN– 端的直流输入及测量。

6.4　测试程序开发

6.4.1　新建测试工程

首先启动 ST-IDE，输入账号、密码之后选择工程界面，如图 6.16 所示。

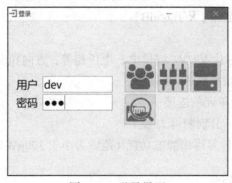

图 6.16　登录界面

然后选择对应的工程，默认路径如图 6.17 所示，建议不做修改，后续将需要的程序放到该目录下调用即可。

选择"文件"→"新建"→"新建工程"命令，新建一个工程（Job），输入对应的工程名称，如图 6.18 所示。

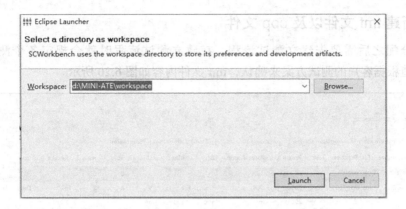

图 6.17　工程路径选择

图 6.18　输入工程名称

6.4.2　编辑 Signal Map

如图 6.19 所示，对测试机所用到的资源进行设定。

	SigName	AFEType	ChType	Site0_CH
1	DPS0	DPS	DEFAULT	1:1:0
2	DPS1	DPS	DEFAULT	1:1:1
3	K1	CBIT	DEFAULT	1:1:0
4	K2	CBIT	DEFAULT	1:1:1
5	K3	CBIT	DEFAULT	1:1:2
6	K4	CBIT	DEFAULT	1:1:3
7	K5	CBIT	DEFAULT	1:1:4
8	K6	CBIT	DEFAULT	1:1:5
9	PPMU0	BPMU	Supply	1:1:0
10	PPMU1	BPMU	Supply	1:1:1
11	AWG	AWG	Supply	1:1:0
12	DGT	DGT	Inout	1:1:0
13	DPS2	DPS	DEFAULT	1:1:2
14	DPS3	DPS	DEFAULT	1:1:3

图 6.19　信号资源分配

6.4.3 新建 tmf 文件以及 cpp 文件

资源分配之后需要先建立测试流程，在建立测试流程时就会规定各个测试项目的 Limit，其值根据客户的测试方案来确认，tmf 文件内容如图 6.20 所示。

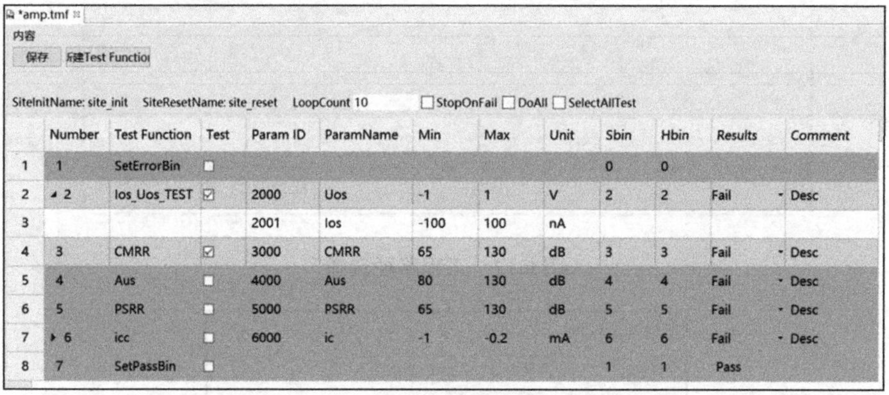

*amp.tmf

内容

保存 新建Test Function

SiteInitName: site_init   SiteResetName: site_reset   LoopCount 10   ☐StopOnFail ☐DoAll ☐SelectAllTest

	Number	Test Function	Test	Param ID	ParamName	Min	Max	Unit	Sbin	Hbin	Results	Comment
1	1	SetErrorBin	☐						0	0		
2	◢ 2	Ios_Uos_TEST	☑	2000	Uos	-1	1	V	2	2	Fail	▾ Desc
3				2001	Ios	-100	100	nA				
4	3	CMRR	☑	3000	CMRR	65	130	dB	3	3	Fail	▾ Desc
5	4	Aus	☐	4000	Aus	80	130	dB	4	4	Fail	▾ Desc
6	5	PSRR	☐	5000	PSRR	65	130	dB	5	5	Fail	▾ Desc
7	▸ 6	icc	☐	6000	ic	-1	-0.2	mA	6	6	Fail	▾ Desc
8	7	SetPassBin	☐						1	1	Pass	

图 6.20　tmf 文件

6.4.4 特征参数测试编程详解

以下代码描述了整个产品的测试流程，相邻测试项继承了上一个测试项没有改变的条件。

输入失调电压和输入失调电流的测试代码如下：

```
Set V+ = 2.5V
Set V- = 2.5V
Close cbit K1, K2
Set cbit K6 to R5
Wait 3ms
Measure TP1_Voltage1
Vos = TP1_Voltage1/1000
Check Result And Bin
Open cbit K1, K2
Wait 10ms
Measure TP1_Voltage2
Ios=abs(TP1_Voltage1- TP1_Voltage2) /(1000*2000)*1000000000(nA)
```

共模抑制比测试代码如下：

```
Set V+ = 3.5V
Set V- = -3.5V
Close cbit K1, K2
Measure TP1_Voltage3
CMRR = 20*log(1000*abs(1/( TP1_Voltage3- TP1_Voltage1))(dB)
```

电源抑制比测试代码如下：

```
Set V+ = 3.0V
Set V- = -3.0V
Measure TP1_Voltage4
CMRR = 20*log(1000*abs(1/( TP1_Voltage4- TP1_Voltage1))(dB)
```

开环电压增益测试代码如下：

```
Set V+ = 2.5V
Set V- = -2.5V
Set S6 to -1V
Measure TP1_Voltage5
Aud = 20*log(1000*abs(1/( TP1_Voltage5- TP1_Voltage1))(dB)
```

电源静态功耗测试代码如下：

```
Measure I+
Measure I-
Pd = (2.5*I+)+(-2.5*I-)
```

6.5　程序调试及故障定位

6.5.1　测试项目启动

首先启动 ST-IDE，输入账号、密码之后选择工程界面，参见图 6.16。

选择工程所在的工作目录，单击 Launch 按钮后就可以在资源视图中看到对应的程序工程项目。

选择需要调用的程序并打开 cpp 与 tmf 文件，当程序建立完成之后，后续调试主要是针对这两个文件进行，如图 6.21 所示为选择测试 Ios_Uos_TEST 以及 CMRR 这两个项目。

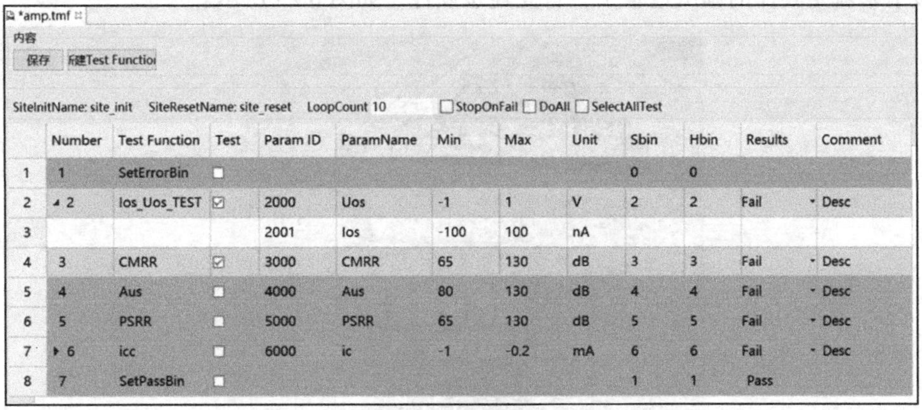

	Number	Test Function	Test	Param ID	ParamName	Min	Max	Unit	Sbin	Hbin	Results	Comment
1	1	SetErrorBin	☐						0	0		
2	◢ 2	Ios_Uos_TEST	☑	2000	Uos	-1	1	V	2	2	Fail	·Desc
3				2001	Ios	-100	100	nA				
4	3	CMRR	☑	3000	CMRR	65	130	dB	3	3	Fail	·Desc
5	4	Aus	☐	4000	Aus	80	130	dB	4	4	Fail	·Desc
6	5	PSRR	☐	5000	PSRR	65	130	dB	5	5	Fail	·Desc
7	▸ 6	icc	☐	6000	ic	-1	-0.2	mA	6	6	Fail	·Desc
8	7	SetPassBin	☐						1	1	Pass	

图 6.21　测试项目选择

加载程序，单击"测试"菜单栏中的"运行"按钮，软件就会按顺序运行 tmf 界面中勾选的程序，如图 6.22 所示。

没有加载项目

文件 编辑 测试 编译 工具栏 窗口 帮助

资源视图

□ ADC0832_FT_EDU_V3.job
∨ ■ amp.job   加载
　　🗎 am   卸载
　　🗎 am   重命名
　　🗎 am   刷新
　　🗎 am   删除
　　🗎 am   打开文件位置
　　🗎 Pro
　　🗎 Makefile
□ HK24C02_EEPROM_CP1_E
□ HK32F031F4P6_FT_EDU_V
□ TPS73625_FT_EDU_V3.job

amp.tmf   Test.cpp

内容

保存   新建 Test Function

elnitName: site_init   SiteResetName: site_reset   LoopCount 10   □ StopOnFail □ DoAll □ SelectAllTest

Number	Test Function	Test	Param ID	ParamName	Min	Max	Unit	Sbin	Hbin	Results	C
1	SetErrorBin							0	0		
2	Ios_Uos_TEST	☑	2000	Uos	-1	1	V	2	2	Fail	˅ D
3			2001	Ios	-100	100	nA				
4	CMRR	☑	3000	CMRR	65	130	dB	3	3	Fail	˅ D
5	Aus	☐	4000	Aus	80	130	dB	4	4	Fail	˅ D
6	PSRR	☐	5000	PSRR	65	130	dB	5	5	Fail	˅ D
7	icc	☐	6000	ic	-1	-0.2	mA	6	6	Fail	˅ D
8	SetPassBin							1	1	Pass	

图 6.22   程序加载及运行

6.5.2   测试调试

6.5.1 节的测试程序都是经过调试之后的测试程序。调试过程一般先进行单项目调试，所以我们会按照 Uos 与 Ios 测试、共模抑制比测试、开环增益测试、电源抑制比测试、静态电流测试的顺序逐步调试测试程序，以找到并消除每个项目中的程序漏洞（Bug），在保证每个项目都能调试通过之后再进行整体项目调试。

由于本书中的放大器测试使用了直流测试的方法，所以不需要借助示波器，只需要使用高精度的万用表就可以了。

6.5.3   测试过程与测试结果

接下来就是具体的调试过程了，首先连接硬件，如图 6.23 所示。

图 6.23   测试机与 DUT 连接

图 6.23 中，1 处为 Socket，用于放置、固定芯片；测试机和 Load Board 卡以 Cable Mode 通过 2 处完成硬件连接；在调试过程中可以通过 3 处来确认输入电压值和输出电压值的大小。

按图 6.24 所示运行程序之后，测试机会按照测试 Number1～6 的顺序执行测试程序。运行结束之后会输出测试结果，如图 6.25 所示。

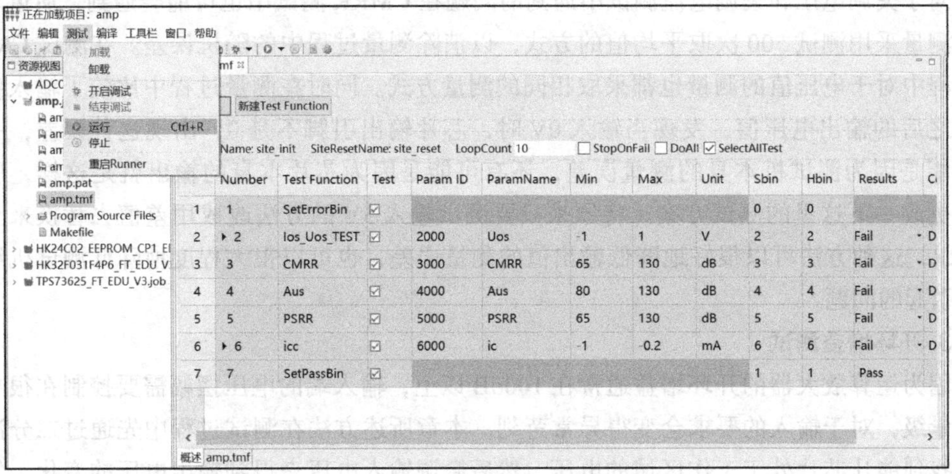

图 6.24　程序运行

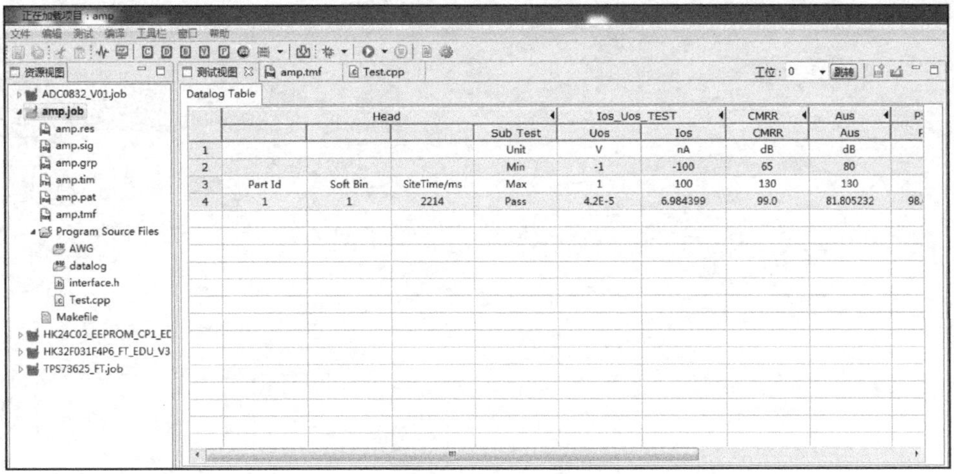

图 6.25　运行结果

6.6　测试总结

在测试过程中会或多或少遇到一些问题，在本小节中会对调试过程中遇到的一些问题以及解决方案做一定的总结。

1. 失调电压和失调电流测试

在测量这两个参数时如果发现测试机测试出来的数据与预期的范围相差很大，可以先多测试几组数据。当发现数据的波动比较大时，就需要测试多组数据之后取平均值。

2. 共模抑制比测试

对于失调电压和失调电流测试中遇到的问题在 CMRR 测试中也可能会遇到，所以对于电压测量采用测试 500 次取平均值的方式，以消除测量过程中的随机误差。在测试 CMRR 的过程中对于电压值的测量也都采取相同的测量方式。同时在测量过程中比较了输入各个电压之后的输出电压值，发现当输入 0V 时，芯片输出引脚不是 0，出现这种误差，一来有可能是因为测试机本身的测量误差，还有可能是因为芯片本身的输出就是这样，所以需要更改一下这里的测试方案。将原来只要测试输入 5V 的方法改成用差值去替换来测量 CMRR，这种方法可以很好地降低输出值的测量误差，也可以很大程度地降低测试机测量误差引起的问题。

3. 开环增益测试

因为运算放大器的开环增益通常在 100dB 以上，输入端的电压摆幅需要控制在很小的毫伏量级，对于输入的要求会变得异常苛刻。本章所述方法在测试过程中先通过二分法的方式找到能让芯片处于工作区域的电压，然后微调输入电压来得到输出电压的变化。然后通过用差值替换输入电压的方式测得芯片的开环增益。当然，这种方式会增加额外的测试时间。

第 7 章
电源管理芯片测试与实践

7.1 电源管理芯片原理与基本特性

7.1.1 电源管理芯片工作原理

电源管理芯片（Power Management IC，PMIC）又称电源管理 IC，是一种有特定用途的集成电路，其功能是为主系统（如 CPU、FPGA 等）管理电源等。PMIC 常用于以电池作为电源的装置，例如移动电话或便携式媒体播放器。由于这类装置一般有多个外部输入电源（例如电池及 USB 电源），系统又需要多个不同电压的电源，加上电池的充放电控制，用传统分立器件设计来满足这样的需求会占用不少空间，同时增加产品开发时间，因此推动了 PMIC 的出现。

PMIC 的主要功能为控制电量、电源流量及流向以配合主系统的需要。在多个电源（例如，外部整流电源、电池、USB 电源等）中，选取、分配电力给主系统各部分使用，例如提供多个不同电压的电源，并负责为内部电池充电。因为使用的系统多以电池为电源，其多使用高转换效率的设计，以减少功率损耗。PMIC 可以具有一个或者多个功能，包括：

- □ 直流 – 直流转换器
- □ 线性稳压器
- □ 电池充电器
- □ 电源选择
- □ 动态电压调节
- □ 各电源开启、关闭次序控制
- □ 各电源电压检测
- □ 温度检测

由于 PMIC 需要与主系统协调，因此需要集成主机通信接口（Host Interface），一般会使用 I²C 或 SPI 等串行接口，部分功能较简单的 PMIC 会直接以独立信号接至 MCU 的 GPIO。部分 PMIC 能够接上备用电源为实时时钟（Real Time Clock，RTC）供电，有些会有简单的电源状态指示，例如使用 LED 显示电池充放电状态。也有些 PMIC 专为某特定系列的 MCU 而设计，开发对应 MCU 的公司会有现成的固件支援该 PMIC 的工作。

本节我们以稳压器（Low Drop Out Regulator，LDO）为例，详细描述电源管理芯片的应用场景以及工作原理。

稳压器通过比较电源的直流输出和一个固定的或者可编程的内部参考电压，自动调整流过负载的电流量，使得输出电压保持恒定。简单的稳压器由采样电阻 R_1 和 R_2、误差放大器（A）、调整元件（VT）和基准电压元件组成，如图 7.1 所示。稳压器的采样电路（分压器）既可以在稳压器内部，也可以在外部。它通过对输出电压进行采样并且将它反馈到误差放大器来监控输出电压。参考电压元件（齐纳二极管）能输出一个恒定的参考电压，供误差放大器使用。误差放大器比较输出采样电压和参考电压，当两者存在差别时就产生一个误差电压。误差放大器的输出反馈到电流控制元件（晶体管），用来调整负载电流。

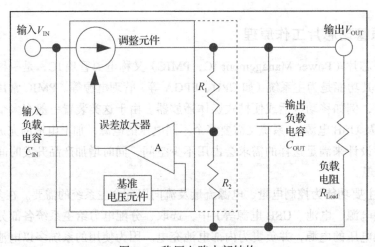

图 7.1　稳压电路内部结构

应当说明，实际应用中稳压器还应当具有许多其他功能，比如负载短路保护、过压关断、过热关断、反接保护等，而且串联调整管也可以采用金属氧化物半导体场效应晶体管（Metal Oxide Semiconductor Field Effect Transistor，MOSFET）。我们列举了 4 种常见的稳压器拓扑结构，如图 7.2 所示。

7.1.2　电源管理芯片的典型应用

电路中通常需要一个能保持固定电压的同时向负载提供足够的驱动电流的直流电源。电池是一个很好的直流电源，但是相对其他电源来说，它提供电流的能力很小，所以用在大电流和频繁使用的电路中是不实际的。另一种方法是将 120V，60Hz 的交流电压转化为一种可以使用的直流电压。这里有两种方法：一种是传统降压变压器，另一种是开关电源。本节我们主要介绍传统降压变压器法。

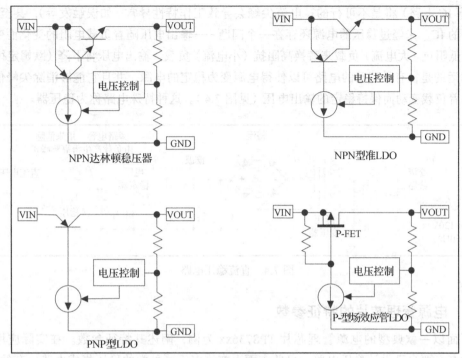

图 7.2 稳压器拓扑图

交流电压转换成一种可用的（一般是低压）直流电压，首先用变压器降低交流电压，然后，通过整流器来滤除负半周波形（如果需要设计负电压电源，则滤除正半周波形）。滤除半周波电压以后，再使用滤波电路来平滑整流信号，输出的直流电压波形就会非常平滑。图 7.3 表明了直流电源的工作过程。

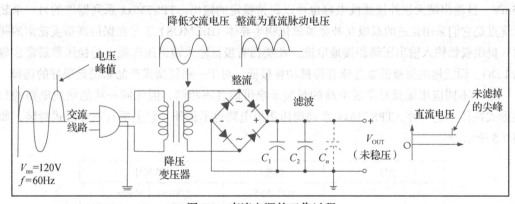

图 7.3 直流电源的工作过程

上述供电方案存在一个问题——稳定性。也就是说，如果在交流输入电压里存在任意的冲击（尖峰、下跌等）而导致输出电压的变化，使用未经过稳压的电源来驱动敏感电路

（如数字 IC 电路）将是不可行的。电流尖峰会导致工作特性异常（如误触发等），甚至损害工作中的 IC。未经过稳压的电源还存在一个问题——输出电压随着负载电阻的变化而变化。如果用低阻抗（大电流）负载来替换高阻抗（小电流）负载，输出电压将下降（欧姆定律）。

幸运的是，有种特殊的电路可以使得电源变为稳定的电源，并且它能够消除尖峰信号，而且随着负载变动而保持稳定的输出电压（见图 7.4）。这种特殊电路称为稳压器。

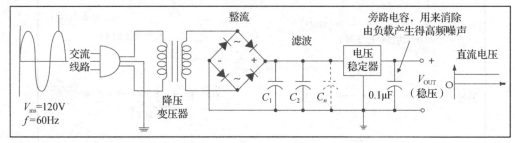

图 7.4 直流稳压电路

7.1.3 电源管理芯片的特征参数

下面以一款典型的电源管理芯片 TPS736xx 为例，阐述其特征参数。在实际应用中，我们没有必要自己设计稳压电路。目前市面上有许多不同种类的稳压集成电路，有的输出正的固定电压，有的则输出负的固定电压，而有的输出电压还是可以调节的。本节我们以德州仪器的 TPS736xx 系列稳压集成电路为例，描述稳压集成电路（芯片）的特征。

TPS736xx 中的"xx"代表输出的电压值，例如，73601（输出电压可调）、736125（1.25V）、73615（1.5V）、73625（2.5V）、73633（3.3V）、73643（4.3V）等。这些器件采用 NMOS 作为调整管，可以提供最大 400mA 的电流输出。它们的输入输出最小压降可以达到 75mV，且输出端无须外接滤波电容也可以保持稳定的输出。TPS736xx 系列器件的另一个显著优点是它们采用先进的双极互补金属氧化物半导体（BiCMOS）工艺在保持高精度输出的同时，提供极低输入输出压降和接地电流。此类拥有极低输入输出压降能力的稳压器通常也称为 LDO。而接地电流极低也意味着待机功耗极低，对于一些便携式产品来说是很好的选择。

由于不同应用场景对集成电路的封装要求可能各不相同，因此同一功能集成电路的封装形式往往不止一种。TPS736xx 系列稳压集成电路也不例外，它主要有三种形式封装，如图 7.5 所示。

型号	封装	芯片尺寸
TPS736xx	SOT-23(5)	2.90mm×1.60mm
	SOT-223(6)	6.50mm×3.50mm
	VSON(8)	3.00mm×3.00mm

图 7.5 TPS736XX 封装形式

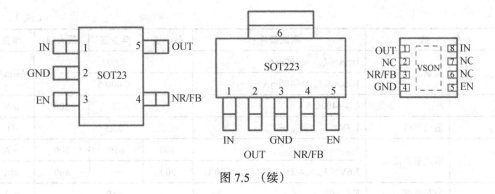

图 7.5 （续）

本次实验选用的是 TPS73625DCQR 芯片，其封装形式为 SOT-223。TPS73625DCQR 芯片可以固定输出 2.5V，它的引脚介绍详见表 7.1。

表 7.1　TPS736XX 引脚介绍

名　称	引脚编号 SOT-23	引脚编号 SOT-223	引脚编号 VSON	输入/输出	引脚功能描述
IN	1	1	8	I	电源输入端
GND	2	3.6	4, Pad	—	地
EN	3	5	5	I	使能信号，输入高电平开启稳压器；输入低电平稳压器关闭，如果不使用，可以直接把 EN 与电源引脚连接
NR	4	4	3	—	外接旁路电容，可以有效降低稳压器输出噪声（Noise Reduction）
FB	4	4	3	I	误差放大器输入控制，并设定稳压器的输出
OUT	5	2	1	O	稳压器输出，无须外接电容负载

市面上的稳压集成电路种类繁多，那该如何判断一款稳压集成电路是否可以为我们所用？我们要明确自己的应用场景是否有特殊要求。例如，是否需要稳压器提供较高的负载能力，或者对噪声比较敏感的应用。当我们拿到一款稳压集成电路芯片手册时，可以很容易地在电气特性栏中看到它的详细性能参数。表 7.2 所示即为 TPS736XX 系列器件的电气特性参数列表。

表 7.2　TPS736XX 电气特性参数列表

参　数	测试条件	最小值	典型值	最大值	单位
V_{IN}　输入电压	—	1.7	—	5.5	V
V_{FB}　内部参考电压	$T_J = 25℃$	1.198	1.20	1.210	V
V_{OUT}　输出范围	—	V_{FB}	—	$5.5 - V_{DO}$	V
$\Delta V_{OUT(\Delta V_{IN})}$　线性稳定	$V_{O(nom)} + 0.5V \leqslant V_{IN} \leqslant 5.5V$	0.01			%/V

（续）

参　　数		测试条件	最小值	典型值	最大值	单位
$\Delta V_{OUT(\Delta I_{OUT})}$	负载稳压	$1mA \leqslant I_{OUT} \leqslant 400mA$		0.002		%/mA
		$10mA \leqslant I_{OUT} \leqslant 400mA$		0.000 5		
V_{DO}	压差	$I_{OUT}=400mA$	—	75	200	mV
$Z_{O(do)}$	输出阻抗	$1.7V \leqslant V_{IN} \leqslant V_{OUT}+V_{DO}$		0.25		Ω
I_{CL}	输出电流范围	$V_{OUT}=0.9 \times V_{OUT\,(nom)}$	400	650	800	mA
		$3.6V \leqslant V_{IN} \leqslant 4.2V,\ 0℃ \leqslant T_J \leqslant 70℃$	500	—	800	mA
I_{SC}	短路电流	$V_{OUT}=0V$		450		mA
I_{REV}	反向漏电流	$V_{EN} \leqslant 0.5V,\ 0V \leqslant V_{IN} \leqslant V_{OUT}$	—	0.1	10	μA
I_{GND}	接地引脚电流	$I_{OUT}=10mA(I_Q)$		400	500	μA
		$I_{OUT}=400mA$		800	1000	
I_{SHDN}	待机电流	$V_{EN} \leqslant 0.5V,\ V_{OUT} \leqslant V_{IN} \leqslant 5.5,$ $-40℃ \leqslant T_J \leqslant 100℃$	0.02	—	1	μA
I_{FB}	FB 引脚电流	—	—	0.1	0.3	μA
PSRR	共模抑制比	$t=100Hz,\ I_{OUT}=400mA$		58		dB
		$f=10kHz,\ I_{OUT}=400mA$		37		
$V_{EN(high)}$	使能电平		1.7		V_{IN}	V
$V_{EN(low)}$	关断电平		0		0.5	V
$I_{EN(high)}$	使能漏电流	$V_{EN}=5.5V$	—	0.02	0.1	μA
T_J	工作结温	—	-40	—	125	℃

7.2 LDO 特征参数测试方法

7.2.1 输出电压

稳压器的主要功能就是对输入的电源电压进行调整以输出一个恒定的目标电压。这个恒定的输出电压不因负载变化而变化。值得注意的是，同一系列的稳压器通常还分为固定输出电压以及可调输出电压两类。稳压器厂家通常将不同输出类型定义成不同的型号，例如 TPS73625，是指此款芯片输出固定为 2.5V。

稳压器输出电压测量方法的原理如图 7.6 所示，需要用到的测试资源有电压源以及高精度电压测量单元。

测试方法如下：

1）首先我们需要给芯片使能引脚 EN 一个高电平（大于 1.7V），使得芯片处于使能状态。

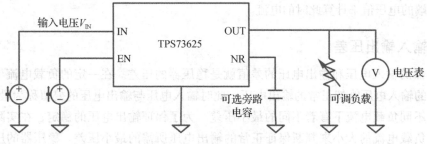

图 7.6　输出电压测试原理

2）在芯片的输出端选择一个合适的负载。例如，芯片的输出固定为 2.5V，我们希望测试驱动能力在 10mA 时的芯片输出电压，那么选择 $R_{LOAD}=250\,\Omega$ 即可。

3）参考产品手册上描述的电压输入范围，选择最小、最大以及中间值等一系列输入电压，分别通过电压源输送到芯片输入端，并使用高精度测量单元测试对应的输出电压是否符合我们的要求。

7.2.2　最大输出电流

用电设备的功率不同，要求稳压器输出的最大电流也不相同。通常，输出电流越大的稳压器成本越高。为了降低成本，在多只稳压器组成的供电系统中，应根据各部分所需的电流值选择适当的稳压器。

测试电路可参考图 7.7。

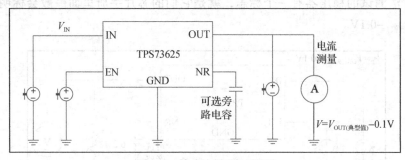

图 7.7　输出电流测试原理

测试方法如下：

1）首先使能稳压器，在芯片使能引脚 EN 上加一个高电平（大于 1.7V）。

2）芯片输入端提供可使稳压器正常输出的输入电压 V_{IN}。

3）在稳压器输出端施加一个低于稳压器理论输出电压的电压，如 $0.9\times V_{OUT(典型值)}$，并测量输出端的电流。此方法要求电流测量单元可以提供较大的电流测量范围，并且测量之前要先设置电流钳制（保护电流测量单元不被大电流损坏）。

除了以上测试方法，也可以在芯片的输出引脚接一个阻值比较小的负载电阻，并通过测量输出端的电压值来计算此时的电流。

7.2.3　输入输出压差

　　稳压器的输入电压和输出电压的差值就是稳压器的压差。在一定的负载电流下，稳压器以最小的输入电压维持正常的输出电压，此时输入电压与输出电压的差值称为最小压差。稳压器在不同负载电流下有着不同的最小压差。为了保证输出电压的稳定，在实际应用中需要根据负载电流的大小来判断保证正常的输出电压所需的最小压差。稳压器的压差决定了它的工作电压范围，低压差的稳压器可以接受更低的工作电压，应用在输入电压更低的场合，并且降低了耗散功率，提高了效率。因此，在保证输出电压稳定的条件下，该电压压差越低，线性稳压器的性能就越好。例如，5.0V 额定输出，500mV 压差的低压差线性稳压器，只要输入电压大于或等于 5.5V，就能使输出电压稳定在 5.0V。

　　这里要说明的是，不同的芯片制造商对此参数的测试会采用不同的测试方法。即便是同一制造商制造的不同系列的稳压器芯片，此参数的测试方法也会有所不同。并非某一种测试方式就一定优于另一种。选择哪种测试方法通常受制造以及各种条件的影响。这里主要介绍两种常见的测试方法。

　　方法一：如图 7.8 所示，在芯片 IN 端输入一个低于标准输出电压几十或者上百毫伏的电压。比如 TPS73625 芯片的标准输出为 2.5V，此时要求 V_{IN}=2.4V。然后按照芯片手册要求在输出端拉一个指定的负载电流（比如 TPS736XX 系列要求 I_{OUT}=400mA），并测量输出引脚的电压值 V_{OUT}。而最低压差 V_{DO}=V_{IN}-V_{OUT}。

　　这种方法测试的稳压器有一个标志，就是它们的芯片手册里面一般会标明测试条件 V_{IN}=$V_{OUT\,(典型值)}$ -0.1V。

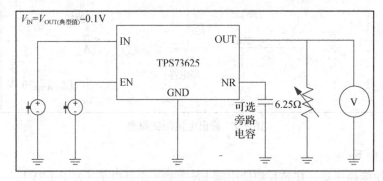

图 7.8　稳压器输入输出压差测试原理

　　方法二：在芯片 V_{IN} 端输入一个高于标准输出电压 1V 的输入电压，然后按照芯片手册要求在输出端拉一个指定的负载电流并测量输出引脚的电压 V_{OUT}；之后逐步递减 V_{IN} 的输入电压，并测量 V_{OUT} 的电压值，直到 V_{OUT} 测到的电压小几十毫伏或者 100mV。例如，TPS73625 芯片，标准输出为 2.5V，当我们测到 V_{OUT}=2.4V 时，即认为 V_{DO} 为此状态的

$V_{IN}-V_{OUT}$。

用此方法测试的稳压器芯片，其手册上经常可以看到 $V_{IN}=V_{OUT}+1V$ 这样的说明。

7.2.4 接地电流

接地电流 I_{GND} 是指串联调整管输出电流为零时，输入电源提供的稳压器工作电流。该电流有时也称为静态电流 I_Q，但是采用 PNP 晶体管作为串联调整管元件时，这种习惯叫法是不正确的。通常较理想的低压差稳压器的接地电流很小。

接地电流测试方法如图 7.9 所示，从中不难发现，I_{GND}（I_Q）有两种测量方式。

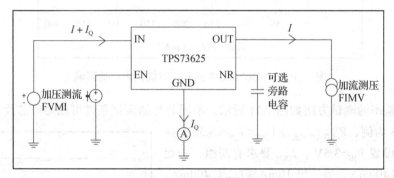

图 7.9 I_{GND} 测试原理

方法一：在稳压器输出端施加负向电流 I（电流方向为从芯片输出端到测试资源，I 的大小参考芯片手册中的要求）。在芯片输入端施加一个使得稳压器正常工作的电压并测量输入端总的电流 I_{IN}（$I+I_Q$），那么 $I_{GND}=I_{IN}-I$。这种测试方法的步骤较为简洁，不需要在芯片的 GND 引脚上再分配额外的资源。但是，由于 I 相对于 I_{GND} 来说通常会大太多，测量 I_{IN} 时需要使用较大的电流量程，这样测量误差也相对较大，不容易测到真实的 I_{GND}，因此，我们通常不会使用这种方式来测量。

方法二：要求给芯片的 GND 引脚单独分配一个电流测量单元，测量步骤与前一种方法的差别在于，GND 引脚上的 PPMU 会要求施加一个 0V 的电平并测量电流 I_{GND}；此种测试方法的好处是可以用小电流档位进行测量，测量精度较高。

7.2.5 负载调整率

当我们选择一款稳压器时，常常会关注它的一个重要参数，就是带负载能力，即 LDO 实际输出电压与理论输出电压偏差在有限的范围内可以输出最大电流的能力。但是，现实中带负载越大，对 LDO 的输出影响越大，如图 7.10 所示。而负载调整率就是用来表征在不同 I_{OUT} 下引起输出电压变化（相对理论输出电压）的比例。LDO 的负载调整率越小，说明 LDO 抑制负载干扰的能力越强。

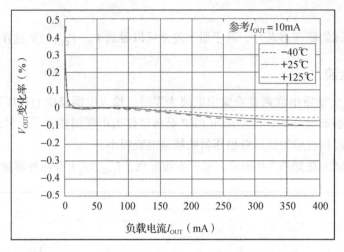

图 7.10 TPS367XX 负载 I_{OUT} 对输出电压的影响

负载调整率的测试方法如图 7.11 所示。不同芯片的测试条件可以参考芯片手册。我们以 TPS73625 为例，$V_{OUT(典型值)} + V_{DO} < V_{IN} < 5.5V$，这里我们可以设置 V_{IN}=3.5V；I_{OUT} 要求有两组，一组 $1mA \leqslant I_{OUT} \leqslant 400mA$；另一组 $10mA \leqslant I_{OUT} \leqslant 400mA$；针对上述两组分别做测试，测试结果的阈值也稍有不同。

我们以第一组为例进行测试，步骤如下：首先，使能芯片（V_{EN}=2V），V_{IN}=3.5V，向输出脚 OUT 施加 1mA 的电流，测量此时的电压并记作 V_O；输出脚 OUT 拉一个 –400mA 的电流，测量此时的电压记作 V_t（如果电流源无法提供 400mA 电流，可以通过外接 6.25Ω 的电阻实现）；那么按照式（7.1），可以计算得到负载调整率。

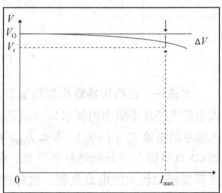

图 7.11 输出电压及输出电流

$$\Delta V_{Load} = \frac{\Delta V}{V_O} \times 100\% \tag{7.1}$$

图 7.11 及式（7.1）中各变量含义如下：

□ ΔV_{Load}：负载调整率。

□ I_{max}：LDO 的最大输出电流。

□ V_t：输出电流为 I_{max} 时，LDO 的输出电压。

□ V_O：输出电流为 1mA 时，LDO 的输出电压。

□ ΔV：负载电流分别为 1mA 和 I_{max} 时的输出电压之差。

7.2.6 线性调整率

TPS736xx 这种 N-MOS 结构的线性稳压器，其工作区间如图 7.12 所示。当 V_{IN} - $V_{OUT} > V_{DO}$ 时，此时稳压器工作在饱和区。当输出端负载（I_{OUT}）固定时，在输入允许的电压范围内改变 V_{IN}，稳压器的输出理论上都是一个固定的值。然而，现实中由于工艺原因，稳压器的输出随输入电压改变，会产生一定影响。我们用线性调整率来表征稳压器的这种输入电压改变，而输出电压恒定不变的能力。稳压器的线性调整率越小，输入电压变化对输出电压的影响越小，稳压器的性能越好。图 7.13 中展示了输出电压及输入电压的关系。

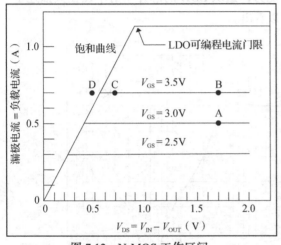

图 7.12 N-MOS 工作区间

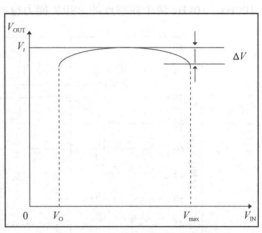

图 7.13 输出电压及输入电压

以 TPS73625 为例，根据芯片手册要求（$V_{O（典型值）} + 0.5V \leqslant V_{IN} \leqslant 5.5V$），我们可以确定 $3V \leqslant V_{IN} \leqslant 5.5V$。测试步骤为，$V_{IN}$ 为 3V，测量 V_{OUT} 输出记作 V_O；V_{IN} 为 5.5V，测量 V_{OUT} 输出记作 V_{max}；$\Delta V = 5.5V - 3V = 2.5V$。

参考式（7.2）即可计算出线性调整率：

$$\Delta V_{line} = \frac{\Delta V}{V_O \times (V_{max} - V_O)} \times 100\% \tag{7.2}$$

式（7.2）中各变量含义如下：

- ❏ ΔV_{line}：LDO 线性调整率。
- ❏ V_O：LDO 名义输出电压。
- ❏ V_{max}：LDO 最大输入电压。
- ❏ ΔV：LDO 输入从 V_O 变化到 V_{max} 时输出电压的最大值和最小值之差。

7.2.7 电源抑制比

LDO 的输入源中往往存在许多干扰信号。PSRR 反映了 LDO 对于这些干扰信号的抑制能力。对于一些低噪声的应用，这个参数比较重要。我们经常会看到在 DC/DC 转换器的应用中，其后常常也会跟随一个 LDO。这是因为 DC/DC 转换器本身的转换效率是比较高的，但是它有一个缺点，就是噪声干扰比较大。在其后面跟随一个 LDO 是为了利用 LDO 的电源噪声抑制能力获得一个相对干净的电压输出。当然，LDO 的这种优秀的电源噪声抑制能力并不是在所有条件下都适用的，参考图 7.14，在不同的频率段内，LDO 的噪声抑制能力是不同的，影响 PSRR 能力的关键因素也是各不相同的。例如，区域 1 中，PSRR 主要受 LDO 内部参考以及阻容（RC）滤波效率的影响；区域 2 主要受内部开环误差放大器的影响；区域 3 主要受 FET 的寄生电容以及输出引脚上的电容影响。通常我们比较关注区域 2，也就是频率在 100Hz～10kHz 内的 PSRR 能力，这从 LDO 的芯片手册中往往只描述了 100Hz、10kHz 两个频率点的 PSRR 能力也可以看出。

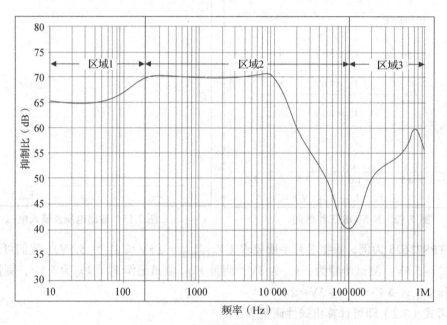

图 7.14　电源抑制比与频率关系

PSRR 测试方法如图 7.15 所示。

PSRR 的测试难点在于芯片的输入端不仅要提供一个常规的直流输入电压，同时还要叠加一个交流波形，模拟外界干扰；因此在输入端要用到的一个测试机设备就是 AWG，其次就是输出引脚，我们需要采集到经过 LDO 衰减后的交流波形，这里，采集部分可以通过 DGT 来完成，也可以通过外部采集计算芯片来做。注意，在进行 PSRR 测试时，我们重点关注的是 100Hz～10kHz 频率范围内的 PSRR 能力，因此我们选择 100Hz、10kHz 这两个频率进行测试。

对采集到的波形按照公式（7.3）计算，即可得到 PSRR。

$$PSRR = 20 \times \log \left(\frac{V_{INAC}}{V_{OUTAC}} \right) \tag{7.3}$$

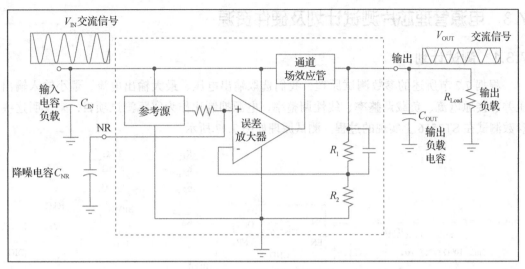

图 7.15　PSRR 测试原理图

7.2.8　输出噪声电压

LDO 的输出噪声电压通常也是我们考量的一个指标，这个指标关系着 LDO 输出干净电压的能力。如图 7.16 所示，LDO 的噪声来源通常由两部分组成：一部分是由输入源引进的噪声，前面提及的 PSRR 能力便可以用来衡量这部分噪声；另一部分是 LDO 的固有噪声，一般来源于内部参考以及误差放大器。对于固有噪声，芯片手册上常常会要求我们在 LDO 的 NR/FB 引脚上接一个 100nF 的电容，构成一个 RC 滤波器。这个滤波器可以很好地抑制固有噪声。

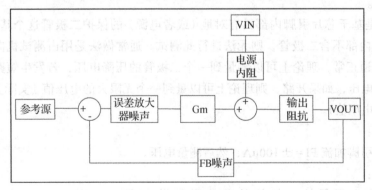

图 7.16　LDO 噪声成分

由于噪声的电压幅值常常是很小的（几十微伏），在测试噪声参数时，难点是需要在 DUT（测试电路板）上搭建比较复杂的外围电路。这个电路常常要求包含 100Hz～10kHz 的带通滤波电路（原因参考 PSRR 参数说明），一级或者两级放大电路，另外还需要 RMS 计算芯片等。

7.3   电源管理芯片测试计划及硬件资源

7.3.1   测试计划

根据 7.2 节所述的参数测试原理，我们选取输出电压、最大输出电流、最小输入输出压差、接地电流、负载调整率、线性调整率、电源抑制比作为实际测试项目，来说明这些参数测试在 ST2516 上实现的过程。测试原理如图 7.17 所示。

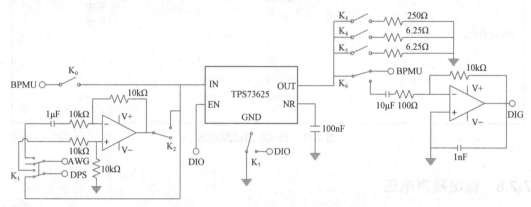

图 7.17   TPS73625 测试原理图

1. OS 测试

OS 测试用于测试芯片与 ATE 测试机资源的连通性是否完好。在真正的芯片测试流程开始之前，我们通常需要确认芯片与测试机的连接是否正常，如果芯片没有放好，做其他测试并无意义。

OS 测试是基于芯片引脚内部具有对地（或者电源）的保护二极管这个基础来进行的，如果芯片引脚内部不含二极管，则无法进行此测试。通常做法是用由测试机向芯片引脚施加电流，若连通正常，理论上可以测量到一个二极管的压降电压，若发生短路，则测得的应该是一个 0 电压，如果开路，则理论上可以量到一个无限大的电压值（实际上会测量到一个设备的钳制电压值）。

工作条件：

设置待测引脚加流 FI = ±100μA，然后测量电压。

测试要求：

对所有有上下保护二极管的芯片引脚做 OS 测试，当 FI = +100μA 时，Limit 为 V_{OUTmin} = 0.2V，V_{OUTmax} = 1.2V；当 FI = −100μA 时，Limit 为 V_{OUTmin} = −1.2V，V_{OUTmax} = −0.2V。

2. VOUT 测试

工作条件：

1）V_{EN} = 2V，关闭 K_3 选择 250Ω 负载，V_{IN} = 2.7V/4V/5.5V。

2）$V_{EN}=2V$，断开 K_3，关闭 K_4 选择 6.25Ω 负载，$V_{IN}=2.7V/4V/5.5V$。

测试要求：

以上 6 个 V_{OUT} 测量电压的范围应为 2.475V～2.525V。

3. LNR 测试

工作条件：

1）$V_{EN}=2V$，关闭 K_3 选择 250Ω 负载，$V_{IN}=3V$，测量 V_{OUT1}。

2）$V_{EN}=2V$，关闭 K_3 选择 250Ω 负载，$V_{IN}=5.5V$，测量 V_{OUT2}。

测试要求：

LNR 阈值接近 0.01%/V。

4. VDO 测试

工作条件：

1）$V_{EN}=2V$，$V_{IN}=2.4V$，关闭 K_4。

2）选择 6.25Ω 负载，测量输出电压 V_{OUT}。

测试要求：

1）V_{OUT} 测量使用高精度 PPMU，$V_{DO}=2.4V-V_{OUT}$。

2）测量结果要求小于 200mV，典型值为 75mV。

5. LDR 测试

工作条件：

1）$V_{EN}=2V$，$V_{IN}=3.5V$，输出脚 PPMU FI $=-1mA$，测量输出电压 V_{OUT1}。

2）$V_{EN}=2V$，$V_{IN}=3.5V$，输出脚 PPMU FI $=-10mA$，测量输出电压 V_{OUT2}。

3）$V_{EN}=2V$，$V_{IN}=3.5V$，关闭 K_4，选择 6.25Ω 负载（$I_{max}=400mA$），测量输出电压 V_{OUT3}。

测试要求：

1）计算：$V_{load1}=(V_{OUT3}-V_{OUT1})/V_{OUT1}/I_{max}\times100\%$，典型值为 0.002%/mA。

2）计算：$V_{load2}=(V_{OUT3}-V_{OUT2})/V_{OUT2}/I_{max}\times100\%$，典型值为 0.005%/mA。

6. ICL 测试

工作条件：

$V_{EN}=2V$，$V_{IN}=3.5V$，关闭 K_4、K_5 选择 3.1Ω 负载，测量输出电压 V_{OUT}。

测试要求：

计算 $I_{CL}=V_{OUT/3.1}$；要求测量结果小于 800mA，典型值为 650mA。

7. IGND 测试

工作条件：

1）$V_{EN}=2V$，$V_{IN}=3.5V$，关闭 K_3 选择 250Ω 负载，K_7 切换至 GND 引脚接 PPMU。

2）PPMU FV $=0V$ 测 GND 上电流 I_{GND1}。

3）$V_{EN}=2V$，$V_{IN}=3.5V$，关闭 K_5 选择 6.25Ω 负载，保持 K_7 闭合，使得 GND 引脚接

PPMU；

4）PPMU FV=0V 测 GND 上电流 I_{GND2}。

测试要求：

I_{GND1} 小于 550μA，典型值为 400μA；I_{GND2} 小于 1000μA，典型值为 800μA。

7.3.2 Load Board 设计

TPS736 系列芯片有 IN、OUT、EN、NR、GND 5 个引脚，我们在测试中选择 TPS73625 作为示范，同时根据测试原理部分的内容做资源分配，如表 7.3 所示。

表 7.3 Load Board 需求表

芯片引脚	ATE 资源分配
IN	通过 Relay 连接到 DPS 与 AWG
OUT	通过 Relay 连接到 DPS、DGT 以及外围电路上
EN	DIO
NR	0.1μF 电容
GND	DIO

7.4 测试程序开发

下面以 TPS73625 为例，详细介绍测试程序的开发流程。

7.4.1 新建测试工程

参照 6.4.1 节的步骤建立 LOD 的测试工程，并将测试工程命名为 TPS73625_FT。

7.4.2 编辑 Signal Map

在完成工程创建后，我们首要做的是编辑 Signal Map。按照 Load Board 原理图完成与芯片引脚对应的测试资源的分配。

TPS73625 的完整 Signal Map 如图 7.18 所示。

7.4.3 编辑 Signal Group

在测试过程中，可以把施加条件相同的信号定义到一个信号组，这样做可以减少测试程序中的重复代码，提高编程效率。

	SigName	AFEType	ChType	Site0_CH
1	IND	DPS	Supply	1:1:0
2	INA	AWG	In	1:1:0
3	INB	BPMU	In	1:1:0
4	OUTD	DPS	Supply	1:1:2
5	OUTB	BPMU	Out	1:1:1
6	OUTG	DGT	Out	1:1:0
7	EN	DIO	In	1:1:3
8	GND	DIO	Out	1:1:2
9	K0	CBIT	DEFAULT	1:1:0
10	K1	CBIT	DEFAULT	1:1:1
11	K2	CBIT	DEFAULT	1:1:2
12	K3	CBIT	DEFAULT	1:1:3
13	K4	CBIT	DEFAULT	1:1:4
14	K5	CBIT	DEFAULT	1:1:5
15	K6	CBIT	DEFAULT	1:1:6

图 7.18 TPS73625 Signal Map

双击资源视图 Job 列中的 grp 文件，打开 Signal Group 编辑窗口，如图 7.19 所示。

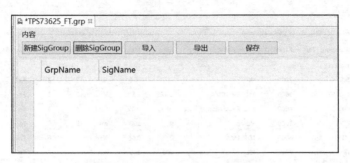

图 7.19　Signal Group 文件编辑窗口

右击"新建 SigGroup"，新建一个信号组行。编辑 GrpName "IN_OUT"，点击添加 Signal 按钮，弹出图 7.20 所示对话框。选择 AFEtype 为 BPMU，左侧框中显示为当前 Signal Map 中所有使用的 BPMU 资源的信号名。选中想要的信号，点击 🖾 按钮，将目标信号移至右侧框，点击 OK 按钮，即可完成信号组的创建。

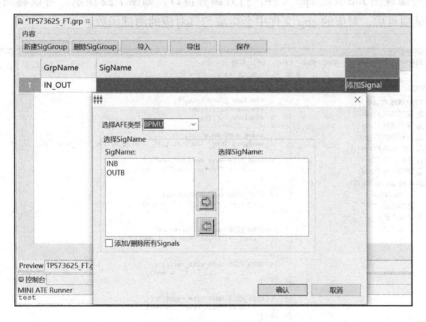

图 7.20　设置 Signal Group

7.4.4　编辑 tmf

参照 6.4 节编辑 tmf 文件的步骤，根据 Test Plan 完成测试项目的编辑。TPS73625 完成的 tmf 文件如图 7.21 所示。

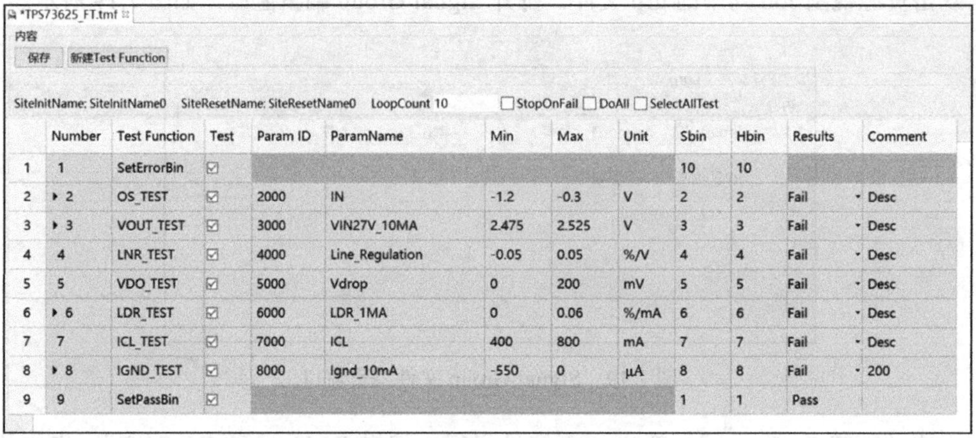

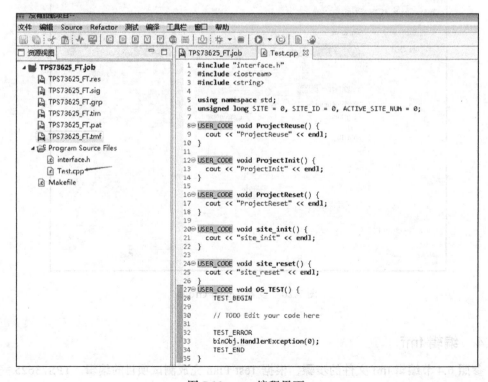

图 7.21 TPS73625 测试项目

7.4.5 特征参数测试编程详解

双击资源视图 Job 列的 cpp 文件，打开编程窗口，如图 7.22 所示。可以看到在 tmf 中创建完测试项目后，对应的 cpp 文件中会生成与其对应的测试函数。

图 7.22 cpp 编程界面

下面分别介绍各类测试。

1. OS 测试

测试条件及要求可参考 7.3.1 节，测试代码及详细解释如下：

1）定义变量：

```
ULONG   ulRet;                          // 用于存储返回值
ST_MEAS_RESULT  N_BPMU_RESULT[2];       // 用于存储测量结果
ST_MEAS_RESULT stMeasValue;             // 用于存储测量结果
```

2）根据 DUT 原理图选择测试资源，引脚 IN 用于测试需要能够主动提供电流并测量电压的设备，我们选择用 BPMU（FIMV 模式），由于 IN 引脚默认连接的是 DPS 资源，因此需要将继电器切到 BPMU 上：

```
Close cbit K0;
```

3）借助对地二极管测试 OS 时，要求芯片的 GND 与测试机的地连接在一起，观察图 7.17 可知，当前的 GND 已经默认接地了。

4）设置芯片 IN、OUT 引脚的 BPMU 处于 FIMV 模式，Force 电流值为 –100μA，电流的量程为 500μA。电流量程可以大于要提供的电流值并与之最接近的数值。设置钳位（Clamp）电压范围为 –2V～2V。Clamp 一般是针对输出量，设置此限制值，可以将待测芯片输出的电压或者电流值限定在限制范围之内，通常用来保护测试机。此处我们利用它来表征芯片引脚开路时的电压值。

```
// BPMU Force current -100μA on IN, OUT pins
// Clamp voltage = ±2.0V
Set Bpmu("IN_OUT")_Current= -100.0e-6 *A ;
Set Bpmu("IN_OUT")_Clamp = 2 *V ;
```

5）测量待测引脚的电压值，并调用 Data Log 接口进行结果判断和分 Bin。

```
// Set delay time for instrument BPMU to settling down.
Wait 1ms;
Set N_BPMU_RESULT = Bpmu("IN_OUT")_MeasureV ;
CheckResult(N_BPMU_RESULT);
```

6）复位之前对测试机资源的操作，以便进行后面的测试。到这一步，IN、OUT 两个引脚的 OS 测试就做完了。

```
//Reset
Reset Bpmu("IN_OUT");
Open cbit K0;
```

7）由于 EN 引脚分配的资源只有 DIO，我们只能利用 DIO 内部的 PPMU 来做此测试，测试步骤与前面相同，不再分步介绍。

```
Set Ppmu("EN")_Current= -100.0e-6 *A
Set Ppmu("EN")_Clamp = 2 *V
```

```
Wait 1ms;
Set stMeasValue = Ppmu("EN")_MeasureV ;
CheckResult(stMeasValue);
Reset Ppmu("EN");
```

2. VOUT 测试

测试条件及要求可参考 7.3.1 节。

按照图 7.23 所示参数编辑 tmf。

	Number	Test Function	Test	Param ID	ParamName	Min	Max	Unit	Sbin	Hbin	Results	Comment
						SiteInitName: SiteInitName0	SiteResetName: SiteResetName0	LoopCount 1			StopOnFail	DoAll	SelectAllTest
1	1	SetErrorBin	☑						99	99		
2	▶ 2	OS_TEST	☑	2000	IN	-1.2	-0.3	V	2	2	Fail ▾	Desc
3	◢ 3	VOUT_TEST	☑	3000	VIN2.7V_10...	2.475	2.525	V	3	3	Fail ▾	Desc
4				3001	VIN4V_10MA	2.475	2.525	V				
5				3002	VIN5.5V_10...	2.475	2.525	V				
6				3003	VIN2.7V_40...	2.475	2.525	V				
7				3004	VIN4V_400...	2.475	2.525	V				
8				3005	VIN5.5V_40...	2.475	2.525	V				

图 7.23 VOUT_TEST tmf 编辑界面

VOUT 测试的测试代码如下：

```
ULONG   ulRet;
ST_MEAS_RESULT  stMeasValue0, stMeasValue1, stMeasValue2;
ST_MEAS_RESULT  stMeasValue3, stMeasValue4, stMeasValue5;

Close cbit K3;
Set Ppmu("EN")_Voltage= 2 *V;

Set Dps("IND")_Voltage= 2.7 *V
Set Bpmu("OUTB")_Mode = FNMV ;
Wait 1ms;
Set stMeasValue0 = Bpmu("OUTB")_MeasureV ;
CheckResult( stMeasValue0 );

Set Dps("IND")_Voltage= 4.0 *V
Wait 1ms;
Set stMeasValue1 = Bpmu("OUTB")_MeasureV ;
CheckResult(stMeasValue1);

Set Dps("IND")_Voltage= 5.5 *V
Wait 1ms;
Set stMeasValue1 = Bpmu("OUTB")_MeasureV ;
CheckResult(stMeasValue1);
Open cbit K3;

Close cbit K4;
Set Dps("IND")_Voltage= 2.7 *V
```

```
Set Bpmu("OUTB")_Mode = FNMV ;
Wait 1ms;
Set stMeasValue4 = Bpmu("OUTB")_MeasureV ;
CheckResult( stMeasValue3);

Set Dps("IND")_Voltage= 4.0 *V
Wait 1ms;
Set stMeasValue4 = Bpmu("OUTB")_MeasureV ;
CheckResult(stMeasValue4);

Set Dps("IND")_Voltage= 5.5 *V
Wait 1ms;
Set stMeasValue5 = Bpmu("OUTB")_MeasureV ;
CheckResult(stMeasValue5);

Reset Ppmu("EN");
Open cbit K4;
```

3. LNR 测试

测试条件及要求参见 7.3.1 节。

按照图 7.24 所示参数编辑 tmf。

	Number	Test Function	Test	Param ID	ParamName	Min	Max	Unit	Sbin	Hbin	Results	Comment
		SiteInitName: SiteInitName0		SiteResetName: SiteResetName0		LoopCount 1		☐ StopOnFail ☐ DoAll ☑ SelectAllTest				
1	1	SetErrorBin	☑						99	99		
2	▶ 2	OS_TEST	☑	2000	IN	-1.2	-0.3	V	2	2	Fail ▾	Desc
3	▶ 3	VOUT_TEST	☑	3000	VIN2.7V_10...	2.475	2.525	V	3	3	Fail ▾	Desc
4	4	LNR_TEST	☑	4000	Line_Regulat...	0	0.05	%/V	4	4	Fail ▾	Desc

图 7.24　LNR_TEST tmf 编辑界面

测试代码如下：

```
ULONG   ulRet;
ST_MEAS_RESULT   stMeasValue0, stMeasValue1, stMeasValue; //To store LNR test results

Close cbit K3;
Set Ppmu("EN")_Voltage= 2 *V;
Set Dps("IND")_Voltage= 3.0 *V
Set Bpmu("OUTB")_Mode = FNMV ;
Set stMeasValue0 = Bpmu("OUTB")_MeasureV ;
Set Dps("IND")_Voltage= 5.5 *V

Set stMeasValue1 = Bpmu("OUTB")_MeasureV ;
stMeasValue1.dbValue = (stMeasValue1.dbValue -stMeasValue0.dbValue)/2.5*100;
CheckResult( stMeasValue1);

Set Dps("IND")_Voltage= 0.0 *V
```

```
Reset Ppmu("EN");
Open cbit K3;
```

4. VDO 测试

测试条件及要求参见 7.3.1 节。

tmf 内容如图 7.25 所示。

	Number	Test Function	Test	Param ID	ParamName	Min	Max	Unit	Sbin	Hbin	Results	Comment
1	1	SetErrorBin	☑						99	99		
2	▶ 2	OS_TEST	☑	2000	IN	-1.2	-0.3	V	2	2	Fail ▾	Desc
3	▶ 3	VOUT_TEST	☑	3000	VIN2.7V_10...	2.475	2.525	V	3	3	Fail ▾	Desc
4	4	LNR_TEST	☑	4000	Line_Regulat...	0	0.05	%/V	4	4	Fail ▾	Desc
5	5	VDO_TEST	☑	5000	Vdrop	0	200	mV	5	5	Fail ▾	Desc

SiteInitName: SiteInitName0　SiteResetName: SiteResetName0　LoopCount 1　☐ StopOnFail ☐ DoAll ☑ SelectAllTest

图 7.25　VDO_TEST tmf 编辑界面

测试代码如下：

```
ULONG    ulRet;
ST_MEAS_RESULT  stMeasValue; //To store LNR test results

Close cbit K4;
Set Ppmu("EN")_Voltage= 2 *V;
Set Dps("IND")_Voltage= 2.4 *V
Set Bpmu("OUTB")_Mode = FNMV ;
Set stMeasValue = Bpmu("OUTB")_MeasureV ;
stMeasValue.dbValue=2.4-stMeasValue.dbValue;
CheckResult( stMeasValue);

Set Dps("IND")_Voltage= 0.0 *V
Reset Ppmu("EN");
Open cbit K4;
```

5. LDR 测试

测试条件及要求参见 7.3.1 节。

tmf 内容如图 7.26 所示。

	Number	Test Function	Test	Param ID	ParamName	Min	Max	Unit	Sbin	Hbin	Results	Comment
1	1	SetErrorBin	☑						99	99		
2	▶ 2	OS_TEST	☑	2000	IN	-1.2	-0.3	V	2	2	Fail ▾	Desc
3	▶ 3	VOUT_TEST	☑	3000	VIN2.7V_10...	2.475	2.525	V	3	3	Fail ▾	Desc
4	4	LNR_TEST	☑	4000	Line_Regulat...	0	0.05	%/V	4	4	Fail ▾	Desc
5	5	VDO_TEST	☑	5000	Vdrop	0	200	mV	5	5	Fail ▾	Desc
6	◢ 6	LDR_TEST	☑	6000	LDR_1MA	0	0.06	%/mA	6	6	Fail ▾	Desc
7				6001	LDR10MA	0	0.1	%/mA				

SiteInitName: SiteInitName0　SiteResetName: SiteResetName0　LoopCount 1　☐ StopOnFail ☐ DoAll ☑ SelectAllTest

图 7.26　LDR_TEST tmf 编辑界面

测试代码如下：

```
ULONG   ulRet;
ST_MEAS_RESULT  stMeasValue0, stMeasValue1, stMeasValue2;
double Imax=0;
ST_MEAS_RESULT Ildr1, Ildr2;

Set Ppmu("EN")_Voltage= 2 *V;
Set Dps("IND")_Voltage= 3.5 *V
Set Bpmu("OUTB")_Mode = FIMV ;
Set Bpmu("OUTB")_Current= -1* mA ;
Wait 1ms;
Set stMeasValue0 = Bpmu("OUTB")_MeasureV ;

Set Bpmu("OUTB")_Current= -10* mA ;
Wait 1ms;
Set stMeasValue1 = Bpmu("OUTB")_MeasureV ;

Set Bpmu("OUTB")_Mode = FNMV ;
Close cbit K4;
Set stMeasValue2 = Bpmu("OUTB")_MeasureV ;

Imax=stMeasValue2.dbValue/6.25*1000;
Ildr1.dbValue=(stMeasValue2.dbValue-stMeasValue0.dbValue)/stMeasValue0.dbValue/
    Imax*100;
Ildr2.dbValue=(stMeasValue2.dbValue-stMeasValue1.dbValue)/stMeasValue1.dbValue/
    Imax*100;

CheckResult(Ildr1);
CheckResult(Ildr2);

Set Dps("IND")_Voltage= 0.0 *V
Reset Ppmu("EN");
Open cbit K4;
```

6. ICL 测试

测试条件及要求参见 7.3.1 节。

tmf 内容如图 7.27 所示。

	Number	Test Function	Test	Param ID	ParamName	Min	Max	Unit	Sbin	Hbin	Results	Comment
		SiteInitName: SiteInitName0		SiteResetName: SiteResetName0	LoopCount 1			☐StopOnFail ☐DoAll ☑SelectAllTest				
1	1	SetErrorBin	☑						99	99		
2	▸ 2	OS_TEST	☑	2000	IN	-1.2	-0.3	V	2	2	Fail ▾	Desc
3	▸ 3	VOUT_TEST	☑	3000	VIN2.7V_10...	2.475	2.525	V	3	3	Fail ▾	Desc
4	4	LNR_TEST	☑	4000	Line_Regulat...	0	0.05	%/V	4	4	Fail ▾	Desc
5	5	VDO_TEST	☑	5000	Vdrop	0	200	mV	5	5	Fail ▾	Desc
6	▸ 6	LDR_TEST	☑	6000	LDR_1MA	0	0.06	%/mA	6	6	Fail ▾	Desc
7	7	ICL_TEST	☑	7000	ICL	400	800	mA	7	7	Fail ▾	Desc

图 7.27　ICL_TEST tmf 编辑界面

测试代码如下:

```
ULONG   ulRet;
ST_MEAS_RESULT  stMeasValue;
Close cbit K4, K5;
Wait 1ms;

Set Ppmu("EN")_Voltage= 2 *V;
Set Dps("IND")_Voltage= 3.5 *V;
Set Bpmu("OUTB")_Mode = FNMV ;
Wait 1ms;

Set stMeasValue = Bpmu("OUTB")_MeasureV ;
stMeasValue.dbValue=stMeasValue.dbValue/3.1*1000;
CheckResult(stMeasValue);

Open cbit K4, K5;
Set Dps("IND")_Voltage= 0.0 *V
Reset Ppmu("EN");
```

7. IGND 测试

测试条件及要求参见 7.3.1 节。

tmf 内容如图 7.28 所示。

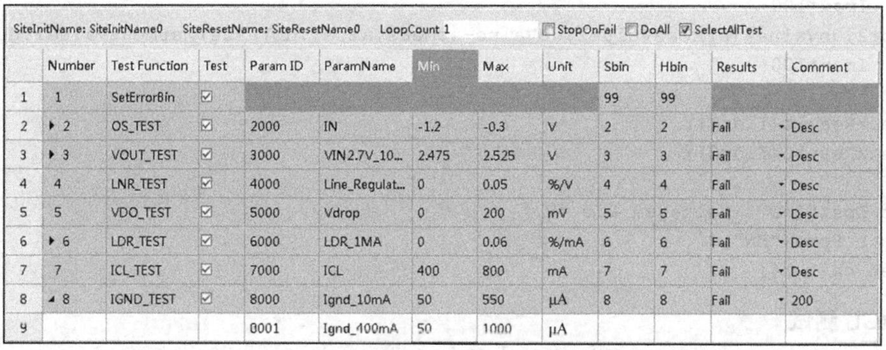

	Number	Test Function	Test	Param ID	ParamName	Min	Max	Unit	Sbin	Hbin	Results	Comment
1	1	SetErrorBin	☑						99	99		
2	▶ 2	OS_TEST	☑	2000	IN	-1.2	-0.3	V	2	2	Fail	Desc
3	▶ 3	VOUT_TEST	☑	3000	VIN2.7V_10...	2.475	2.525	V	3	3	Fail	Desc
4	4	LNR_TEST	☑	4000	Line_Regulat...	0	0.05	%/V	4	4	Fail	Desc
5	5	VDO_TEST	☑	5000	Vdrop	0	200	mV	5	5	Fail	Desc
6	▶ 6	LDR_TEST	☑	6000	LDR_1MA	0	0.06	%/mA	6	6	Fail	Desc
7	7	ICL_TEST	☑	7000	ICL	400	800	mA	7	7	Fail	Desc
8	◢ 8	IGND_TEST	☑	8000	Ignd_10mA	50	550	µA	8	8	Fail	200
9				8001	Ignd_400mA	50	1000	µA				

图 7.28　IGND_TEST tmf 编辑界面

测试代码如下:

```
ULONG   ulRet;
ST_MEAS_RESULT   stMeasValue0, stMeasValue1; //To store LNR test results

Close cbit K1, K3;
Wait 1ms;
Set Ppmu("GND")_Mode = FVMI;
Set Ppmu("GND")_Voltage= 0 *V;
Set Ppmu("EN")_Voltage= 2 *V;
Set Dps("IND")_Voltage= 3.5 *V;
Set stMeasValue0 = Ppmu("GND")_MeasureI ;
```

```
CheckResult(stMeasValue0);

Open cbit K3;
Close cbit K4;
Set stMeasValue1 = Ppmu("GND")_MeasureI ;
CheckResult(stMeasValue1);

Set Dps("IND")_Voltage= 0.0 *V
Reset Ppmu("EN");
Open cbit K1, K4;
```

7.5　程序调试及故障定位

7.5.1　调试环境

ST2516 的开发调试环境（见图 7.29）基于 Eclipse CDT 的 C 和 C++ 开发调试环境，在此基础上集成了一系列可视化的调试工具。

图 7.29　编码调试环境

7.5.2　调试步骤

1. 编译

在正式调试之前，需要先对编写的测试函数进行编译，如图 7.30 所示，选择菜单栏中的"编译"→"编译工具"命令。

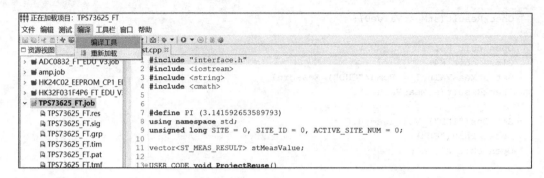

图 7.30   编译菜单栏

如果当前工程中已经包含了编译文件（Makefile，新建工程默认生成），只需要点击"编译"按钮，等待窗口出现如图 7.31 所示的 Successful 信息，表示编译成功，点击"关闭"按钮关闭此窗口。

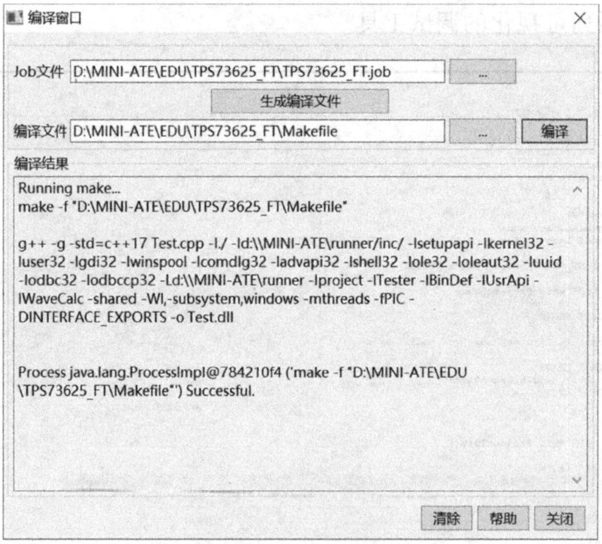

图 7.31   编译成功窗口

如果出现如图 7.32 所示的编译失败信息，表示此时源文件中存在错误，可以根据报错信息提示找到相应的位置进行修正。我们看到这句话没有指定 Signal，改正后重新编译即可。注意，当 cpp 文件有任何改动时，都需要重新编译。

2. 加载

当编译完成后，选择"测试"→"加载"命令（见图 7.33）或者右击当前 Job，选择"加载"命令，即可进行程序加载。加载的目的是将系统设置以及代码下发到内存中。Pattern/Timing 需要另外单独加载。

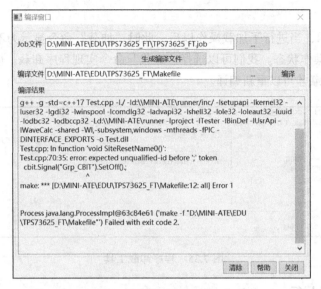

图 7.32　编译失败窗口

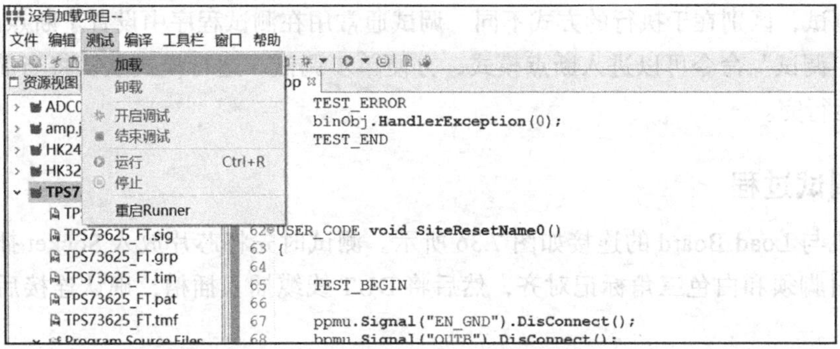

图 7.33　选择"测试"→"加载"命令

当加载完成后，可以看到之前不可用的工具栏已经变为可操作状态，如图 7.34 所示。

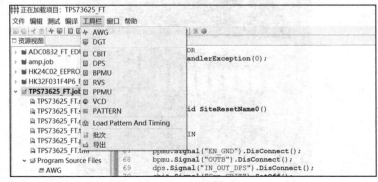

图 7.34　工具栏可用

3. 卸载

如图 7.35 所示，当进行了加载操作以后，此时"加载"命令显示为不可操作状态，而"卸载"命令为可操作状态。我们可以选择"卸载"命令实现程序卸载。修改了 cpp 文件中的内容后，需要卸载才可以重新编译。

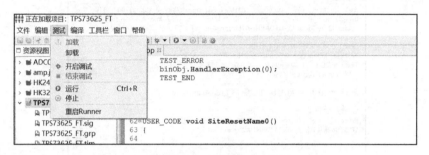

图 7.35　程序卸载工具

4. Start 调试 / 运行

如图 7.35 所示，在"测试"菜单下还有"开启调试"以及"运行"命令。它们的作用都是执行测试，区别在于执行的方式不同。调试通常用在测试程序中设置了断点的情况下，选择"开启调试"命令可以进入断点模式，方便单步调试。运行模式默认将当前选中的测试项全部运行完。

7.5.3　调试过程

测试机与 Load Board 的连接如图 7.36 所示。测试时先将芯片放入 Socket 插座中，芯片的第一引脚须和白色三角标记对齐，然后将 DUT 线缆插入插槽，确认连接后即可开始测试。

图 7.36　TPS73625 与 Load Board 连接

选中测试工程，右击并选择 Load 命令进行加载，加载后的工程如图 7.37 所示。

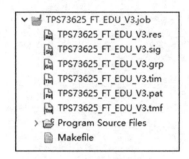

图 7.37　加载后的工程

点击工具栏中的 ⊙ ▾ 按钮启动测试，测试数据如图 7.38 所示。

		Head		Sub Test	IN	OUT	EN	VIN2.7V_10...	VIN4V_10MA	VIN5.5V_10...	VIN2.7V_40...	VIN4V_400MA	VINS
				Unit	V	V	V	V	V	V	V	V	
1				Min	-1.2	-1.2	-1.2	2.475	2.475	2.475	2.475	2.475	
2	Part Id	Soft Bin	SiteTime/ms	Max	-0.3	-0.3	-0.3	2.525	2.525	2.525	2.525	2.525	
3													
4	1	1	324	Pass	-0.476172	-0.475753	-0.603542	2.500508	2.504782	2.504782	2.480359	2.480665	2.
5	2	1	325	Pass	-0.524699	-0.471173	-0.601711	2.501119	2.505088	2.505698	2.480665	2.480665	2
6	3	1	325	Pass	-0.523478	-0.470258	-0.599879	2.501424	2.504782	2.505393	2.480665	2.48097	2
7	4	1	325	Pass	-0.522257	-0.470258	-0.598658	2.501424	2.504782	2.505393	2.480665	2.480665	2
8	5	1	324	Pass	-0.521341	-0.469342	-0.598047	2.501424	2.505088	2.505393	2.480665	2.48097	2
9	6	1	324	Pass	-0.519815	-0.469036	-0.596826	2.501424	2.505393	2.505698	2.48097	2.480665	2
10	7	1	324	Pass	-0.519205	-0.468426	-0.59591	2.501424	2.505088	2.505088	2.480665	2.480359	2.
11	8	1	324	Pass	-0.518289	-0.468121	-0.595299	2.501119	2.505393	2.505088	2.480665	2.480665	2
12	9	1	324	Pass	-0.517679	-0.467815	-0.594668	2.501119	2.505088	2.505088	2.48097	2.480665	2.
13	10	1	324	Pass	-0.517069	-0.46751	-0.593773	2.501424	2.504782	2.505088	2.480359	2.480359	2

图 7.38　测试数据

由图 7.50 可见测试全部通过（Pass），当测试失败时，在失败位置会标红，同时显示 Fail。

7.6　测试总结

有关电源管理芯片的测试总结如下：

1）LDO 带负载输出时通常电流较大，当 ATE 资源本身不满足拉取电流需求时，可以使用合理的电阻负载替代，使用 BPMU 采用 FN 的模式测量输出电压。

2）LDO 的测试过程对测量要求较高，选用 ATE 资源时需要注意精度范围。

第四篇

数字集成电路测试与实践

第 8 章
存储器测试与实践

8.1 EEPROM 原理与基本特征

8.1.1 EEPROM 工作原理

电可擦可编程只读存储器（Electrically Erasable Programmable Read Only Memory, EEPROM）是一种掉电后数据不丢失的存储芯片。EEPROM 可以在计算机上或专用设备上擦除已有信息，重新编程。一般用在即插即用的设备或接口卡中，用来存放硬件设置数据。也常用在防止软件非法复制的"硬件锁"上面。PROM 是可编程器件，主流的 PROM 产品采用双层栅结构，其中有 EPROM 与 EEPROM 等，工作原理大体相同，主要结构如图 8.1 所示。

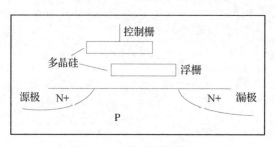

图 8.1 多晶硅浮栅结构

浮栅中没有电子注入时，在控制栅加电压时，浮栅中的电子跑到上层，下层出现空穴。由于感应，便会吸引电子，并开启沟道。当浮栅中有电子注入时，即加大晶体管的阈值电压，沟道处于关闭状态。这样就实现了开关功能。

EEPROM 的写入过程利用了隧道效应，即能量小于能量势垒的电子能够穿越势垒到达另一边。EEPROM 的写入过程如图 8.2 所示，根据隧道效应，包围浮栅的 SiO_2 必须非常薄，以降低势垒。源极和漏极接地，处于导通状态。在控制栅上施加高于阈值电压的高压，以减少电场作用，吸引电子穿越。

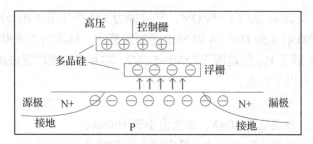

图 8.2　浮栅高压电子电荷运动

　　EEPROM 消去电子的过程也是通过隧道效应完成的。如图 8.3 所示，在漏极加高压，控制栅为 0V，翻转拉力方向，将电子从浮栅中拉出。这个动作如果控制不好，会导致过消去的结果。

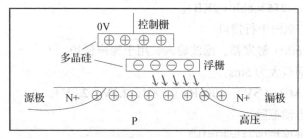

图 8.3　浮栅低电压电子电荷运动

　　在了解了 EEPROM 内部的工作原理后，我们来看看 EEPROM 的外部接口。

　　EEPROM 根据数据总线的不同分为串行和并行两种。本章主要介绍串行 EEPROM，按照串行总线的不同，可以分为 I²C 总线兼容系列、Microwire 总线兼容系列和 SPI 总线兼容系列，如表 8.1 所示。

表 8.1　串行 EEPROM 的分类

项目 / 类型	I²C	Microwire	SPI
代表芯片	24C64	93C46	25C64
容量大小	64Kb	64Kb	64Kb
总线数量	2 线	3 线	4 线

8.1.2　EEPROM 的基本特征

　　本章将以航顺芯片[⊖]设计生产的 HK24C02 为例介绍其适用于生产的测试流程以及测试程序。

　　⊖　航顺芯片在 2014 年成立于深圳，其产品涵盖 MCU、EEPROM、Flash 等。

HK24C02 芯片是 2048 位的 EEPROM，它被编为 256 个字节（Byte），每个字节占 8 位（bit）数据。HK24C02 有 8 脚 DIP、8 脚 SOP 等封装形式。标准的 2 线串行接口用于处理所有读写功能，并且扩展了 V_{CC} 的范围（1.8V～5.5V），芯片可实现广泛应用。

HK24C02 芯片有以下特点：

❑ 低功耗

   ● 待机电流：典型值为 10nA，最大值小于 100nA。

   ● 读取电流：典型值为 200μA，最大值小于 500μA。

   ● 写入电流：典型值为 300μA，最大值小于 500μA。

❑ 电源电压：V_{CC} 为 1.8V～5.5V。

❑ 8B 页写模式。

❑ 允许指定地址进行按页写（Page Write）。

❑ ROM 总大小：256 × 8bit（2KB）。

❑ 标准双线 I²C 双向串行接口。

❑ 施密特（Schmitt）触发器，滤波输入，用于噪声保护。

❑ 数据写入时间最大为 5ms。

❑ 运行速度：1MHz（5V），400kHz（1.8V，2.5V，2.7V）。

❑ 写入操作前自动擦除。

❑ 用于硬件数据保护的写保护引脚。

❑ 高可靠性：通常 100 万次的写入次数。

❑ 100 年数据保存时间。

❑ 工业温度范围：−40℃～85℃。

图 8.4 所示为相应的封装示意图。

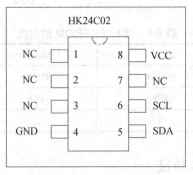

图 8.4 HK24C02 引脚分布

HK24C02 引脚介绍如下：

❑ VCC、GND 为芯片供电端与接地端。

❑ SCL 为 I²C 时钟输入端。

❏ SDA 为 I²C 信号输入输出端。

HK24C02 工作的最大额定值如下：

❏ 工业芯片运行温度：-40℃～85℃。

❏ 存储温度：-50℃～125℃。

❏ 所有输入引脚输入电压：-0.3V～V_{CC}+0.3V。

❏ 最大电压：8V。

❏ 静电保护电压：大于 2000V。

HK24C02 的内部逻辑框图如图 8.5 所示。

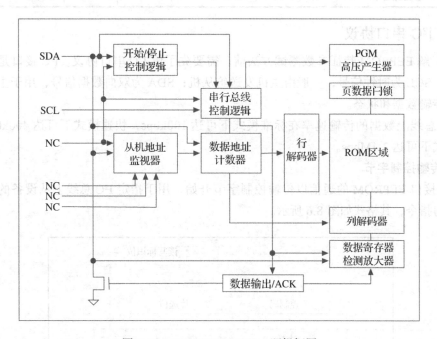

图 8.5　HK24C02 EEPROM 逻辑框图

HK24C02 芯片直流电性参数如表 8.2 所示。

表 8.2　HK24C02 EEPROM 直流电性参数

符　号	参数描述	测试条件	最小值	典型值	最大值	单　位
V_{CCI}	供电电源	—	1.8	—	5.5	V
I_{CCW}	写模式电源电流	V_{CC} @5.0V，SCL=400kHz	—	0.2	0.4	mA
I_{CCR}	读模式电源电流	V_{CC} @5.0V，SCL=400kHz	—	0.3	0.5	mA
I_{SB1}	待机电流	V_{CC} @1.8V，$V_{IN}=V_{CC}$ 或 V_{SS}	—	—	0.1	μA
I_{SB2}	待机电流	V_{CC} @2.5V，$V_{IN}=V_{CC}$ 或 V_{SS}	—	—	0.1	μA
I_{SB3}	待机电流	V_{CC} @5.0V，$V_{IN}=V_{CC}$ 或 V_{SS}	—	0.01	0.1	μA

（续）

符　号	参数描述	测试条件	最小值	典型值	最大值	单　位
I_{IL}	输入漏电流	$V_{IN}=V_{CC}$ 或 V_{SS}	—	—	3	μA
I_{LO}	输出漏电流	$V_{IN}=V_{CC}$ 或 V_{SS}	—	—	3	μA
V_{IL}	输入低电平	—	−0.6	—	$V_{CC}\times0.3$	V
V_{IH}	输入高电平	—	$V_{CC}\times0.7$	—	$V_{CC}+0.5$	V
V_{OL1}	输出低电平	V_{CC} @1.8V, I_{OL}=0.15mA	—	—	0.2	V
V_{OL2}	输出低电平	V_{CC} @3.0V, I_{OL}=2.1mA	—	—	0.4	V

8.1.3　I²C 串口协议

在了解 EEPROM 特征参数测试方法前，需要先了解 I²C 串口协议。I²C 接口是两线通信接口，SCL 为时钟信号，一般由主机发送给从机；SDA 为双向数据信号，用于主机和从机之间传输数据和状态。

I²C 总线上数据的传输速率在标准模式下可达 100kbps，快速模式下可达 400kbps，在高速模式下可达 3.4Mbps。

1. 传输控制字节

I²C 接口 EEPROM 的通信以传输控制字节开始，用于指定 I²C 总线上从设备的设备地址和读写指令，其格式如图 8.6 所示。

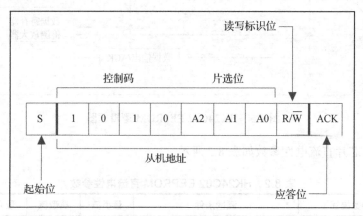

图 8.6　I²C 输入字节格式

传输控制字节的各位的解释如下：

❑ S（Start）：开始传输指示。

❑ 控制码：所有 I²C 接口 EEPROM 统一的控制码，4 位组成 1010。

❑ 片选位：EEPROM 地址识别位，3 位组成 A[2:0]，分别对应器件引脚 A[2:0] 的输入电平，当 Master 器件的 I²C 总线上挂接多片 EEPROM 时，可以由此做片选。但是有的 EEPROM 中 A[2:0] 这 3 个引脚未使用或者用了 1～2 个，那么在此处的地址识别位中，多余的位可以用来选择 EEPROM 内部存储 Block（如果需要）。

❑ R/$\overline{\text{W}}$：读写标识，"1" 为读，"0" 为写。

❑ ACK（Acknowledge Bit）：从机应答 / 响应位，用于指示通信是否成功。

2. I²C 接口字节写操作

I²C 字节写操作（见图 8.7）一次只写 1 个字节，其时序解释如下：

1）主机先发出 Start 指令，接着是控制字节。

2）EEPROM 正常响应，发出应答位。

3）主机再发送要写入的 EEPROM 存储单元地址。

4）EEPROM 正常响应，发出应答位。

5）主机发送数据。

6）EEPROM 正常响应，发出应答位。

7）主机发出 Stop 指令，结束本次写操作。

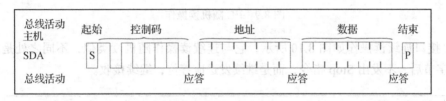

图 8.7　I²C 字节写操作

其中地址（Address）长度视 EEPROM 容量来确定，按目前 HK24C 系列 EEPROM 容量来看，地址不超过 2 字节。如果在任何一个字节传输中，主机在应答位没有收到低电平信号，此时称为无响应或无效响应，即 NACK（No Acknowledge）。通信即视为失败。

3. I²C 接口按页写操作

EEPROM I²C 接口的按页写操作（见图 8.8）时序与字节写相似。不同之处是主机写完 1 字节后不发 Stop 指令，继续发送数据，直到写满 EEPROM 的页写缓存（Page Write Buffer）为止。

EEPROM 内部一般设计有地址循环计数器，每写入 1 字节地址加 1，当地址加到当前页的上界时，如果还继续写的话，地址就会回到当前页的下界。

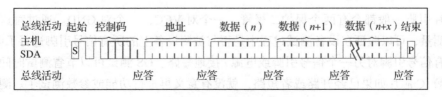

图 8.8　I²C 按页写操作

4. I²C 接口随机读操作

I²C 随机读操作（见图 8.9）时序如下：

1）主机要先发送写操作命令，并且发送地址，地址可以是任意 / 随机的（Random Address）。

2）主机重新发送开始指令（Restart）来结束写操作，然后再发送包含读命令的控制字节。

3）主机接收 1 字节后，会收到无效响应 NACK，并发送 Stop 指令，结束当前读操作。注意，这里的 NACK 是协议规定的正常操作，用于表示读取结束，而不是从机无响应或者操作出错。

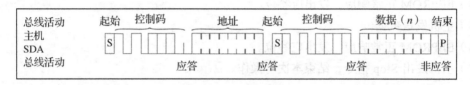

图 8.9 I²C 随机读操作

I²C 接口连续读操作如图 8.10 所示，它与连续读操作随机读类似，不同之处是主机接收到 1 字节后，不发出 Stop 指令，而是继续发送应答位，继续接收。

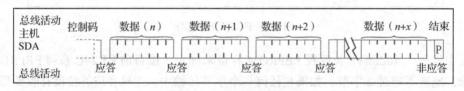

图 8.10 I²C 连续读操作

每读 1 次 EEPROM 地址，计数器加 1。同样是循环计数，读操作地址计数边界为整片 EEPROM 地址边界，不同于页写地址计数边界。因此连续读方式可以读完整片 EEPROM。

8.2 EEPROM 特征参数测试方法

8.2.1 OPEN/SHORT 测试

芯片引脚一般都会有两个保护二极管，一个对 VCC，一个对 GND。通过对这两个二极管的测量，可以验证在设备测试过程中是否与被测设备上的所有信号引脚进行了电接触，并且没有信号引脚对另一个信号引脚或电源 / 接地短路。OS 测试可以节省测试时间，因为如果一颗 IC 芯片如果已经开路或者短路，就没有意义再进行功能或参数测试了。测试方法如下：

1）对电源二极管测试开短路（见图 8.11）：

a）所有引脚（包括 VDD）接地。

b）用 PMU 对被测引脚加载 +100μA 电流并测量电压，每次测量一个引脚。

c）如果测试结果大于 1.5V，说明引脚开路；如果测试结果小于 0.2V，说明引脚短路。

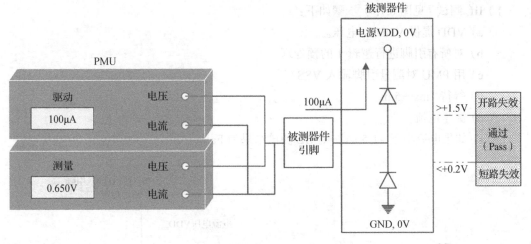

图 8.11　对电源引脚测试开短路

2）对地二极管测试开短路（见图 8.12）：

a）所有引脚（包括 VDD）接地。

b）用 PMU 对被测引脚加载 –100μA 电流并测量电压，每次测量一个引脚。

c）如果测试结果小于 –1.5V，说明引脚开路；如果测试结果大于 –0.2V，说明引脚短路。

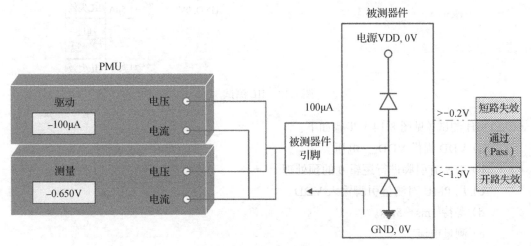

图 8.12　对地测试开短路

8.2.2 Leakage 测试

Leakage 测试分为 IIH 测试和 IIL 测试。IIL 测试测量输入引脚到 VDD 的电阻。IIH 测试测量输入引脚到 GND 的电阻。该测试确保输入电阻符合设计参数，并保证输入电流不会超过规定的 IIL/IIH 电流。这也是识别 CMOS 器件问题的一种方法。测试方法如下。

1）IIL 测试（见图 8.13）步骤如下：

　　a）VDD 提供 VDD_{max} 电压。

　　b）对所有引脚进行逻辑 1 的预处理。

　　c）用 PMU 对测量引脚输入 VSS。

　　d）等待 1ms～5ms。

　　e）测量电流。

　　f）如果电流小于 −1.5μA，则 IIL 测试结果为 Fail。

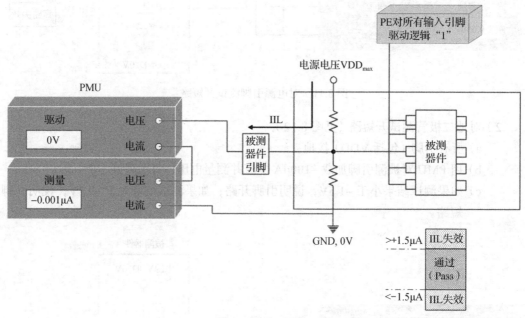

图 8.13　IIL 测试

2）IIH 测试（见图 8.14）步骤如下：

　　a）VDD 提供 VDD_{max} 电压。

　　b）对所有引脚进行逻辑 0 的预处理。

　　c）用 PMU 对测量引脚输入 VDD。

　　d）等待 1ms～5ms。

　　e）测量电流。

　　f）如果电流大于 1.5μA，则 IIH 测试结果为 Fail。

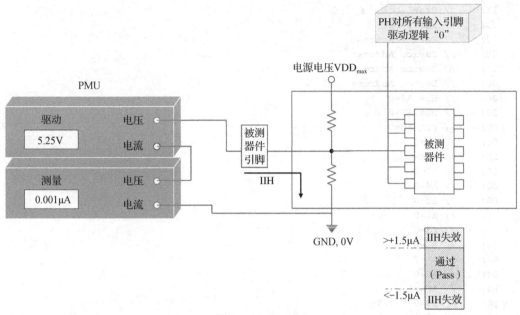

图 8.14 IIH 测试

8.2.3 存储测试

HK24C02 芯片有 2KB 的存储空间，我们还需要对芯片内部所有的存储单元进行读写以确认 ROM 部分的问题。

首先我们简单地说明一下存储单元的概念。以 HK24C02 为例，HK24C02 的容量为 2KB，那么就有 11 位地址位，最小地址为 00000000000，最大地址为 11111111111。每个确定的地址都对应一个存储单元，所以我们要验证所有存储单元的读写功能是否正常。读写方式根据需要有写全 "0" 读全 "0"，写全 "1" 读全 "1"，棋盘格（Check Board，CKBD）等读写验证方式，具体如何选择根据客户要求以及测试时间而定。

存储测试（ROM Test）的具体测试方法（以第一个存储单元为例）如下：

通过 I²C 协议建立如下写入向量（0×55）。HK24C02 芯片比较特殊，在进行 ROM 测试之前需要发送命令进入测试模式。测试代码如下：

```
//SDA, SCL
11;
01;
10;    //测
00;    //试
00;    //模
10;    //式
00;
11; RPT 50;
```

```
11;      // Start bit
01;      // Start bit
10;      // Device Address
00;      // Device Address
10;      // Device Address
00;      // Device Address
00;      // HDA A2=0
00;      // HDA A1=0
00;      // HDA A0=0
00;      // WR=0
L0;      // ACK=L
00;      // A7=0
00;      // A6=0
00;      // A5=0
00;      // A4=0
00;      // A3=0
00;      // A2=0
00;      // A1=0
00;      // A0=0
L0;      // ACK=L
00;      // D7=0    //55
10;      // D6=1
00;      // D5=0
10;      // D4=1
00;      // D3=0
10;      // D2=1
00;      // D1=0
10;      // D0=1
L0;      // ACK=L
01;      // Stop bit
11;      // Stop bit
```

电源上电之后，以向量的方式将对应的电信号送入芯片对应引脚进行存储单元的写入操作，写入之后再进行读操作（0×55）：

```
//SDA, SCL
11;
01;
10;      //测
00;      //试
00;      //模
10;      //式
00;
11; RPT 50;
11;      // Start bit
01;      // Start bit
10;      // Device Address
00;      // Device Address
10;      // Device Address
00;      // Device Address
```

```
00;    // HDA A2=0
00;    // HDA A1=0
00;    // HDA A0=0
00;    // WR=0
L0;    // ACK=L
00;    // A7=0
00;    // A6=0
00;    // A5=0
00;    // A4=0
00;    // A3=0
00;    // A2=0
00;    // A1=0
00;    // A0=0
L0;    // ACK=L
10;    // Start bit
01;    // Start bit
10;    // Device Address
00;    // Device Address
10;    // Device Address
00;    // Device Address
00;    // HDA A2=0
00;    // HDA A1=0
00;    // HDA A0=0
10;    // WR=1
L0;    // ACK=L
L0;    // D7=L      //55
H0;    // D6=H
L0;    // D5=L
H0;    // D4=H
L0;    // D3=L
H0;    // D2=H
L0;    // D1=L
H0;    // D0=H
00;    // ACK=0
01;    // Stop bit
11;    // Stop bit
```

将这两个向量先后送入芯片并且其中的 H、L 比较全部通过，就说明对应地址 00000000000 读写 0×55 是正常的，但是需要注意的是，这只能说明存储单元读写 0×55 是正常的，不能说存储单元是完全没有问题的。

如果需要连续读写多个存储单元，请参照按页写与连续读操作部分。

8.3 EEPROM 测试计划及硬件资源

8.3.1 测试计划

根据 8.2 节所述，本节选取开短路、漏电流及 ROM 读写测试作为实际例子来完成

EEPROM 在 ST2516 上的测试。

1. OS 测试

OS 测试的测试步骤如下：

1）电源 VCC 由 PPMU 供电，电压为 0V。

2）对 SCL 与 SDA 施加 0V 电压。

3）先对 SCL 加载 100μA 的电流再测量其电压，测量完毕之后施加 0V 电压。对 SDA 加载 100μA 电流并测量电压，测量之后再施加 0V。对 SCL 加载 –100μA 电流并测量电压，测量完毕之后施加 0V 电压。向 SDA 加载 –100μA 电流测量电压，测量完毕之后施加 0V 电压。

测试要求：

给正电流时测试结果为 $0.2V < V_{OS} < 1.5V$；给负电流的时候测试结果为 $-1.5V < V_{OS} < -0.2V$。

2. Leakage 测试

Leakage 测试的测试步骤如下：

1）在 VCC 端输入 5.5V 电压。

2）对 SCL 与 SDA 输入 5.5V 电压并测量电流。

3）对 SCL 与 SDA 输入 0V 电压并测量电流。

测试要求：

测量的电流 I 的范围应为 $-1.5μA < I < 1.5μA$。

3. ROM 测试

ROM 测试的测试步骤如下：

1）在 VCC 端输入 5V 电压。

2）向存储单元里面写入 0x55AA。

3）读取所有地址里面的 0x55AA。

测试要求：

ROM 中所有单元的内容应为 0x55AA。

8.3.2   Load Board 设计

HK24C02 有 VCC、SCL、SDA、GND 四个功能引脚，根据其具体的描述做如表 8.3 所示的资源分配。需要注意的是，根据 I²C 总线规范，总线空闲时需要将对应的引脚拉高。

其原理图如图 8.15 所示，VCC 分配 DIO 的 PPMU 以提供电源电压，并连接去耦电容以增加电源稳定性。为 SDA 与 SCL 分配数字 DIO 通道，同时通过上拉电阻与 VCC 相连，如图 8.16 所示。

表 8.3   芯片测试机资源分配

芯片引脚	ATE 资源分配
VCC	DIO
SCL	DIO
SDA	DIO
GND	接地

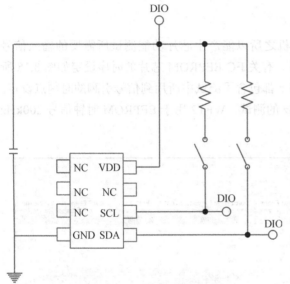

图 8.15   EEPROM 测试原理图

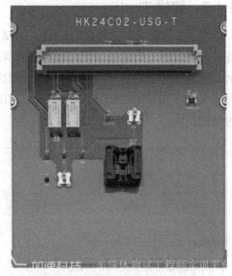

图 8.16   EEPROM Load Board

8.4   测试程序开发

8.4.1   新建测试工程

参照 6.4 节建立测试工程并命名。

8.4.2   编辑 Signal Map

如图 8.17 所示，将测试机第一块资源板的 DIO0 设定为 VCC，将 DIO6 设定为 SCL，将 DIO5 设定为 SDA。

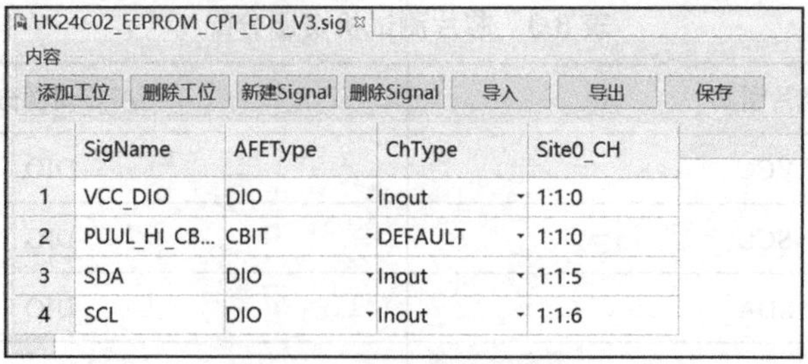

HK24C02_EEPROM_CP1_EDU_V3.sig

内容

添加工位 删除工位 新建Signal 删除Signal 导入 导出 保存

	SigName	AFEType	ChType	Site0_CH
1	VCC_DIO	DIO	Inout	1:1:0
2	PUUL_HI_CB...	CBIT	DEFAULT	1:1:0
3	SDA	DIO	Inout	1:1:5
4	SCL	DIO	Inout	1:1:6

图 8.17 测试机资源分配

8.4.3 编辑 Timing

在 4.1 节和 4.2 节中我们讲过，测试机之所以能产生芯片功能测试所需要的输入信号波形，是时序、格式化数据相结合的结果。有关 I^2C EEPROM 芯片的时序设定如图 8.18 所示，这里我们设定了 2 组时序，每组时序下都包含了测试中所用到信号引脚的时刻点设定。时序 WFT1 用于 EEPROM 时钟信号 1MHz 的测试，WFT2 用于 EEPROM 时钟信号 200kHz 的测试。

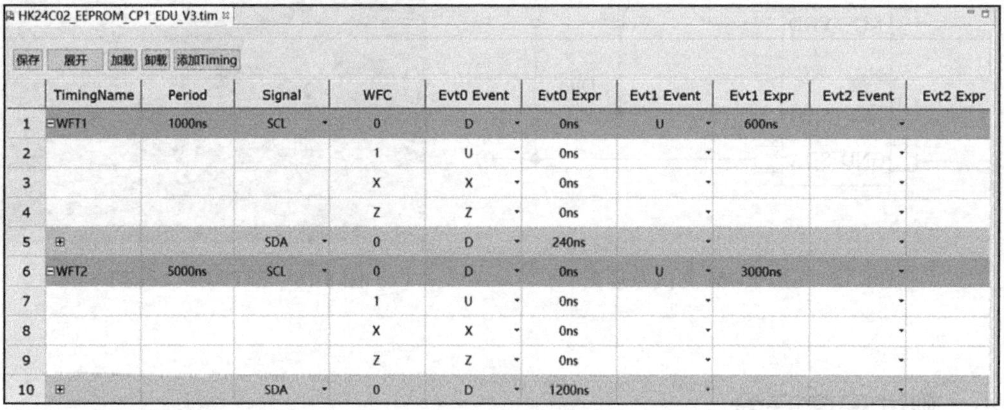

HK24C02_EEPROM_CP1_EDU_V3.tim

保存 展开 加载 卸载 添加Timing

	TimingName	Period	Signal	WFC	Evt0 Event	Evt0 Expr	Evt1 Event	Evt1 Expr	Evt2 Event	Evt2 Expr
1	⊟WFT1	1000ns	SCL	0	D	0ns	U	600ns		
2				1	U	0ns				
3				X	X	0ns				
4				Z	Z	0ns				
5	⊞		SDA	0	D	240ns				
6	⊟WFT2	5000ns	SCL	0	D	0ns	U	3000ns		
7				1	U	0ns				
8				X	X	0ns				
9				Z	Z	0ns				
10	⊞		SDA	0	D	1200ns				

图 8.18 时序设置

8.4.4 新建测试向量

时序设定完成之后，我们需要建立测试向量，测试向量的内容包含了我们需要向 DUT 输入以及期望得到 DUT 输出的逻辑值。参考 8.2.3 节中 ROM 测试的向量，编辑生成如图 8.19 所示的实际测试机格式的测试向量。

8.4.5 新建 tmf 文件以及 cpp 文件

资源分配之后需要先建立测试流程，在建立测试流程时会规定各个测试项目的 Limit，其值根据客户的 Test Plan 来确认，tmf 文件内容如图 8.20 所示。

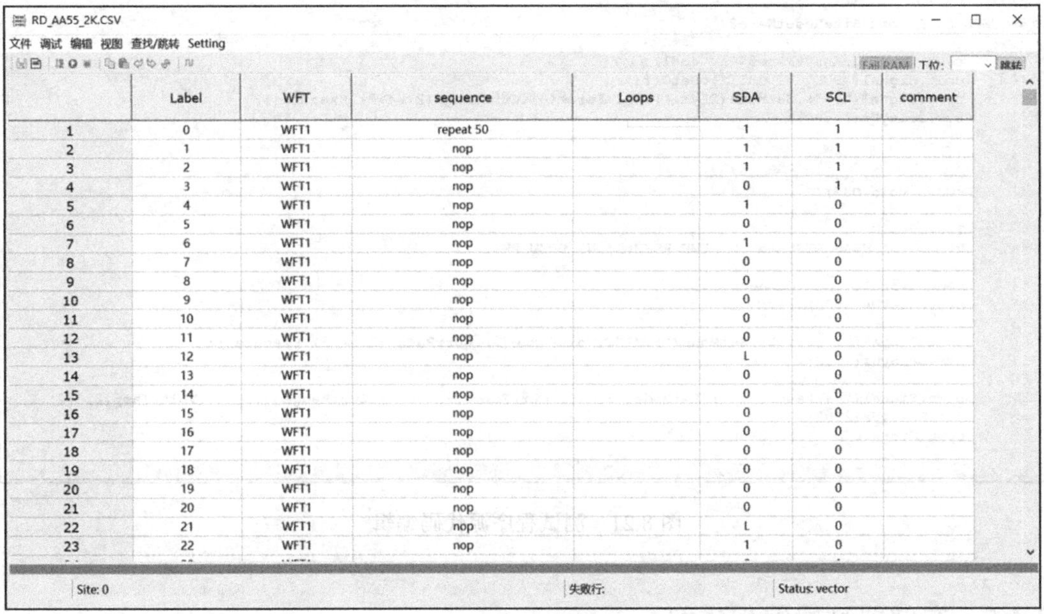

图 8.19　测试向量编辑界面

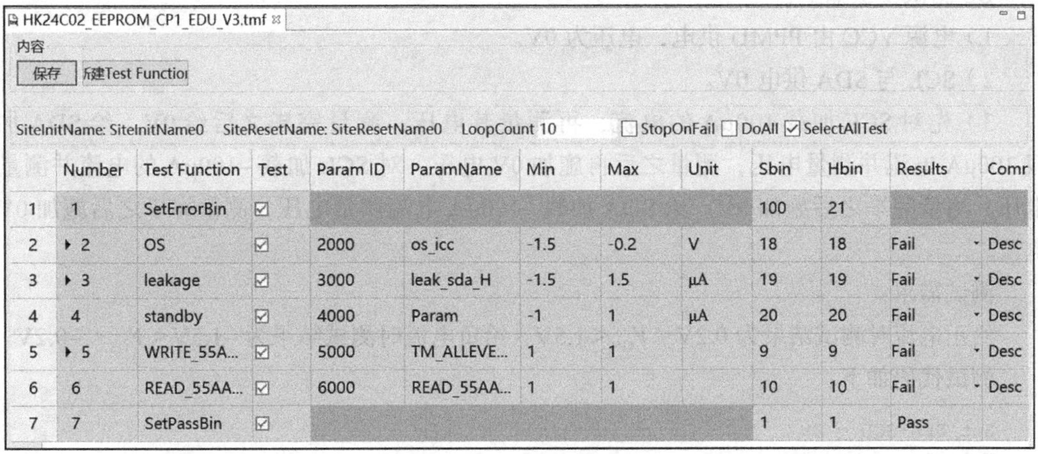

图 8.20　TMF 设置界面

当在 tmf 文件里面建立一个 Function 测试项目时会在 cpp 文件里面产生如图 8.21 所示的程序，具体测试程序需要根据测试项目需求来建立。

```
Test.cpp ⊠
34      cout << "SiteInitName0" << endl;
35 }
36
37⊖USER_CODE void SiteResetName0()
38 {
39      cout << "SiteResetName0" << endl;
40      cbit.Signal("PUUL_HI_CBIT").SetOff();
41      ppmu.Signal("IO").SetMode("FVMI").VoltForce(0).CurrRange(2.0e-2).Execute();
42      sys.DelayUs(10000);
43
44 }
45
46⊖USER_CODE void OS()
47 {
48      TEST_BEGIN
49      vector<ST_MEAS_RESULT> N_PPMU_RESULT, N1_PPMU_RESULT;
50
51      ppmu.Signal("IO").Connect();
52      sys.DelayUs(2000);
53
54      ppmu.Signal("VCC_DIO").SetMode("FVMI").VoltForce(0).CurrRange(2.0e-3).Execute();
55      sys.DelayUs(1000);
56
57      ppmu.Signal("pattern_pins").SetMode("FIMV").CurrForce(-1.0e-4).CurrRange(1.0e-4).VoltClamp(2, -2).E
58      sys.DelayUs(2000);
59      ppmu.Measure(N1_PPMU_RESULT);
60
```

图 8.21   测试程序源代码编辑

8.4.6   存储器测试编程详解

1. OS 测试

OS 测试步骤如下：

1）电源 VCC 由 PPMU 供电，电压为 0V。

2）SCL 与 SDA 供电 0V。

3）先对 SCL 加载 100μA 的电流，再测量其电压，测量完毕之后给 0V。给 SDA 加载 100μA 电流并测量电压，测量之后再施加 0V 电压。对 SCL 加载 –100μA 的电流并测量电压，测量完毕之后施加 0V。给 SDA 加载 –100μA 电流测量电压，测量完毕之后施加 0V 电压。

测试需求：

给正电流时测试结果为 0.2V$<V_{OS}<$1.5V，给负电流时测试结果为 –1.5V$<V_{OS}<$–0.2V。

测试代码如下：

```
Set SDA+SCL = 0V
Wait 1ms
ForceVCC_DIO = -300μA
Set VCC_DIO_clamp_voltage = 2V
Wait 10ms
Measure VCC_DIO
Check Result And Bin
Force VCC_DIO 0V
ForceSDA+SCL = -100μA
```

```
Set SDA+SCL Voltage Clamp = 2V
Wait 3ms
Measure SDA+SCL
Check Result And Bin
```

2. Leakage 测试

Leakage 测试步骤如下：

1）在 VCC 端输入 5.5V 电压。

2）为 SCL 与 SDA 输入 5.5V 电压并测量电流。

3）为 SCL 与 SDA 输入 0V 电压并测量电流。

测试需求：

测量的电流 I 的范围应为 $-1.5\mu A < I < 1.5\mu A$。

测试代码如下：

```
Set VCC = 5.5V
Set SDA+SCL:Vih=0V Vil=0V
Run Pattern(DUMMY)
Set VCC_clamp_current = 2mA
Wait 5ms
Set SDA+SCL = 5.5V
Set SDA+SCL Current Clamp = 8μA
Wait 5ms
Measure SDA+SCL
Check Result And Bin
ForceSDA+SCL = 0V
Wait 5ms
Measure SDA+SCL
Check Result And Bin
```

3. Function 测试

Function 测试步骤如下：

1）在 VCC 端输入 5V 电压。

2）通过 I²C 协议向所有 Cell 中写入逻辑 0。

3）通过 I²C 协议读取所有 Cell 中的逻辑 0。

4）向所有的 Cell 中写入逻辑 1。

5）读取 Cell 中的逻辑 1。

6）往 Cell 中写入 0x55AA。

7）读取所有 Cell 中的 0x55AA。

测试代码如下：

```
Close cbit PULL_HI_CBIT
Set VCC = 5.5V
Set VCC_clamp_current = 2mA
Wait 1ms
```

```
Set SDA+SCL:Vih=5.5V Vil=0V Voh=2.75V Vol=0.6V
Run Pattern(WRITE_55AA)
Check Result And Bin
Run Pattern(READ_55AA)
Check Result And Bin
Set VCC = 0V
Wait 1ms
Open cbit PULL_HI_CBIT;
```

8.5　程序调试及故障定位

8.5.1　测试程序加载及运行

参考 6.5 节启动测试系统软件并加载 EEPROM 测试程序，加载成功后打开 cpp 与 tmf
文件，当程序建立完成之后，后续调试主要就是针对这两个文件进行，如图 8.22 所示，我
们选择 OS、Standby、Leakage 以及写 0x55AA 测试。

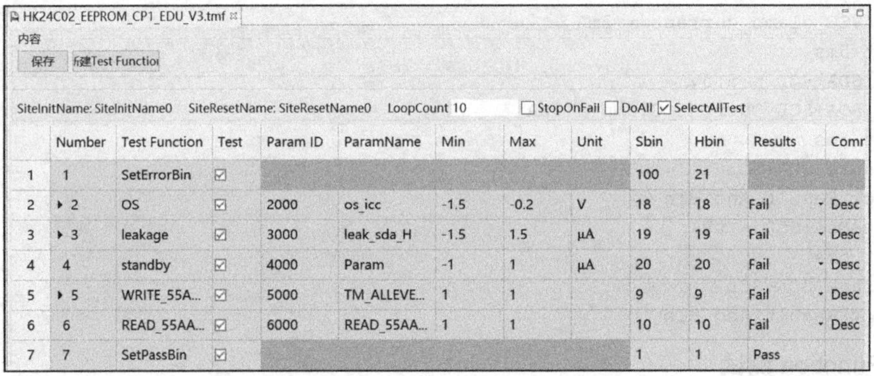

图 8.22　编辑 TMF 选择执行测试项目

选择菜单栏中"测试"→"运行"命令，软件就会按顺序运行勾选的测试项目，如
图 8.23 所示。

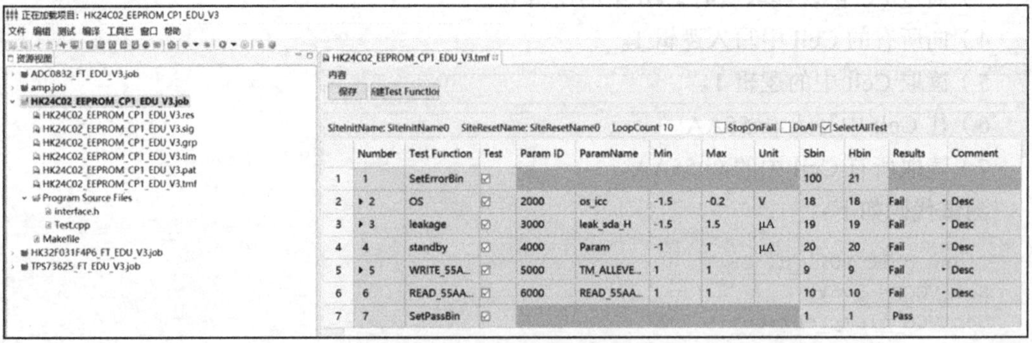

图 8.23　程序加载运行

待程序运行结束之后会输出如图 8.24 所示的测试结果。

Datalog View ✕	Test.cpp	eeprom_2k_cp1.tmf									WRITE_FF...	READ_FF_LV	
All Sites	Site0												
	Head			OS			leakage				WRITE_FF...	READ_FF_LV	
			Sub Test	OS_VCC	OS_SCL	OS_SDA	leakage_SCL	leakage_SDA	leakageH_SCL	leakageH_SDA	WRITE_FF_LV	READ_FF_LV	
			Unit	V	V	V	μA	μA	μA	μA			
			Min	-1.2	-1.2	-1.2	-1.5	-1.5	-1.5	-1.5	0	0	
Part Id	Soft Bin	SiteTime/ms	Max	-0.2	-0.2	-0.2	1.5	1.5	1.5	1.5			
							Site 0						

TMF文件
中规定的
上下限

图 8.24　测试结果

8.5.2　调试步骤及工具介绍

调试过程中一般先进行单项目调试，所以我们会按照 OS 测试、Leakage 测试、Standby 测试、读写测试（写入 0x55AA，读取 0x55AA）的顺序逐步调试测试程序，以找到并消除每个项目中的 Bug，在保证每个项目都能调试通过之后再进行整体项目调试。

在调试过程中对于有问题的测试项目，我们会使用示波器来确认芯片的输入输出状态。对于有问题的位置进行对应的分析，然后调整程序，消除程序内部的一些 Bug。

8.5.3　上机调试过程

接下来就是具体的调试过程了，硬件的连接图如图 8.25 所示。

图 8.25　EEPROM Load Board 说明

图中框 1 处为 Socket，用于放置以及固定芯片；测试机和 Load Board 使用线缆通过框 2 所示部分完成硬件连接；在调试过程中可以通过框 3 来用外部示波器确认输入输出波形。

测试过程及测试结果如图 8.26 所示。

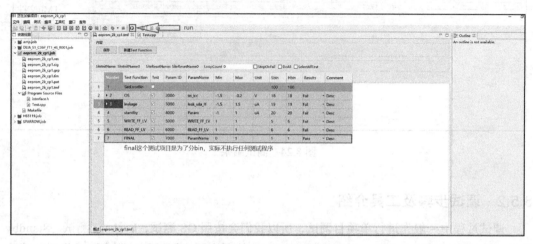

图 8.26　程序项目选择及运行

当点击 Run 按钮之后，测试机会按照 Number 列 2～7 的顺序执行测试程序。运行结束之后会输出测试结果，如图 8.27 所示。

siteNumber	partId	passFlag	softBin	siteTime	os_icc	OS_SCL	OS_SDA	leak_scl_H	leak_scl_L	Param	WRITE_FF_L	READ_FF_L	ParamName
Unit					V	V	V	µA	µA	µA			
Max					-0.2	2	2	1.5	1.5	1	1	1	-1
Min					-1.5	-3	-3	-1.5	-1.5	-1	1	1	0
0	1	Pass	1	1621	-0.507064	-0.429913	-0.439699	0.004542	0.003239	-0.029065	1	1	null
0	2	Pass	1	1610	-0.469486	-0.422273	-0.432061	0.004542	0.002978	0.164341	1	1	null
0	3	Pass	1	1556	-0.468264	-0.421356	-0.431144	0.004196	0.002196	-0.029245	1	1	null
0	4	Pass	1	2044	-0.471013	-0.422884	-0.432977	0.004542	0.002717	0.03145	1	1	null
0	5	Pass	1	1550	-0.471624	-0.423495	-0.432366	0.004281	0.002717	-0.046456	1	1	null
0	6	Pass	1	1588	-0.470402	-0.422579	-0.432977	0.004021	0.002717	0.089663	1	1	null
0	7	Pass	1	1691	-0.46918	-0.42319	-0.432061	0.004803	0.002717	0.063747	1	1	null
0	8	Pass	1	1747	-0.468569	-0.422273	-0.433588	0.004542	0.002978	-0.12602	1	1	null
0	9	Pass	1	1703	-0.467347	-0.423801	-0.431144	0.004542	0.002978	0.087804	1	1	null
0	10	Pass	1	1922	-0.467653	-0.422579	-0.432977	0.004281	0.002717	-0.001834	1	1	null
0	11	Pass	1	1628	-0.468875	-0.422273	-0.43145	0.004281	0.002457	-0.037728	1	1	null
0	12	Pass	1	1779	-0.470402	-0.422273	-0.432366	0.004542	0.002457	-0.024877	1	1	null
0	13	Pass	1	1726	-0.468875	-0.42319	-0.430533	0.004542	0.002717	-0.078857	1	1	null
0	14	Pass	1	1777	-0.469486	-0.419523	-0.433588	0.004021	0.002457	-0.053281	1	1	null
0	15	Pass	1	1675	-0.470708	-0.421356	-0.430839	0.004021	0.002457	-0.075441	1	1	null
0	16	Pass	1	1720	-0.468264	-0.420745	-0.429617	0.004542	0.002457	-0.243443	1	1	null
0	17	Pass	1	1698	-0.467653	-0.423495	-0.43145	0.004021	0.002717	-0.057553	1	1	null
0	18	Pass	1	1687	-0.467653	-0.421051	-0.428394	0.004281	0.002717	-0.063134	1	1	null
0	19	Pass	1	2330	-0.46918	-0.421356	-0.429311	0.004542	0.002717	-0.0411	1	1	null
0	20	Pass	1	1689	-0.47193	-0.420439	-0.429617	0.004542	0.002457	-0.065039	1	1	null
0	21	Pass	1	1799	-0.46918	-0.423449	-0.434199	0.004281	0.002717	-0.049122	1	1	null
0	22	Pass	1	1848	-0.472235	-0.42319	-0.432061	0.004281	0.002457	-0.01588	1	1	null
0	23	Pass	1	1865	-0.471013	-0.422579	-0.433588	0.004542	0.002457	-0.034364	1	1	null
0	24	Pass	1	1899	-0.470708	-0.425023	-0.431755	0.004281	0.002196	-0.14613	1	1	null
0	25	Pass	1	1857	-0.475291	-0.422579	-0.432672	0.004542	0.002457	0.022835	1	1	null
0	26	Pass	1	1796	-0.469486	-0.422884	-0.433283	0.004542	0.002717	-0.146611	1	1	null
0	27	Pass	1	1784	-0.46918	-0.424107	-0.433283	0.004542	0.002717	-0.077955	1	1	null
0	28	Pass	1	1836	-0.470708	-0.421967	-0.432672	0.004542	0.002717	-0.005408	1	1	null
0	29	Pass	1	1799	-0.470708	-0.42319	-0.430533	0.004542	0.002717	-0.010453	1	1	null
0	30	Pass	1	1932	-0.473152	-0.421662	-0.43145	0.004542	0.002717	0.000599	1	1	null
0	31	Pass	1	1710	-0.471319	-0.422884	-0.432061	0.00376	0.002457	-0.155062	1	1	null
0	32	Pass	1	1720	-0.471013	-0.42319	-0.432672	0.004542	0.002717	0.014365	1	1	null

图 8.27　测试结果

8.6　测试总结

在测试过程中会或多或少遇到一些问题，下面对调试过程中遇到的一些问题以及解决方案做一下总结：

1）因为 I²C 引脚 SDA 本身没有输出高电平的能力，所以测试时需要通过电阻上拉，但接入上拉电阻后，会影响到开短路及漏电流的测试。通过继电器物理断开或连接上拉电阻即可满足功能测试需求，也可以满足 DC 的测试需求。

2）这里我们使用了 DIO 的 PPMU 替代 DPS 给芯片供电，在一些电源电流消耗不大的情况下是提高并测数的一种方式。

3）因为 VDD 引脚上连接了电容，当容值较大，超过 1μF 时，其充放电效应会影响DC 测试的稳定时间，当结果不稳定时，可适当增加等待时间以达到使测试稳定的效果。

第 9 章
MCU 测试与实践

9.1 MCU 原理与基本特征

9.1.1 MCU 类型与结构

MCU（Micro Controller Unit，微控制器）俗称单片机，是把 CPU 的频率与规格做适当缩减，并将内存（Memory）、计数器（Timer）、USB、A/D 转换、通用异步收发传输器（Universal Asynchronous Receiver/Transmitter，UART）、可编程控制器件（Programmable Logic Controller，PLC）、直接内存访问（Direct Memory Access，DMA）等周边接口，甚至液晶显示器（Liquid Crystal Display，LCD）驱动电路都整合在单一芯片上，形成芯片级的"计算机"。

MCU 按其存储器类型可分为无片内 ROM 型和带片内 ROM 型两种。对于无片内 ROM 型的芯片，必须外接 EEPROM 才能应用（典型为 8031）；含片内 ROM 型的芯片又分为片内 EPROM 型（典型芯片为 87C51）、片内掩模 MASK ROM 型（典型芯片为 8051）、片内闪存 Flash 型（典型芯片为 89C51）等。按用途可分为通用型和专用型；根据数据总线的宽度和一次可处理的数据字节长度可分为 8 位、16 位、32 位 MCU。

MCU 为不同的应用场景做相应的组合控制，是智能控制的核心，主要功能是进行信号处理和控制，在诸如手机、计算机外围设备、遥控器等消费电子产品，到汽车上的娱乐系统和底盘控制、工业上的步进马达和机器手臂的控制等领域都有应用，目前应用最广的领域是汽车电子，其次是工业控制 / 医疗、计算机、消费电子等。MCU 的基本结构如图 9.1 所示，主要部件及其功能见表 9.1。

表 9.1　MCU 主要部件机器及功能

主要部件	相应功能
CPU	主要包括运算器、控制器和寄存器组，是 MCU 内部的核心部件，可完成运算和控制功能，与通用 CPU 基本相同，只是增加了面向控制的处理功能
程序存储器（ROM、EPROM 或 Flash 等）	存储程序和原始数据表格，如果片内存储器容量不够，在其片外可扩展程序存储器

（续）

主要部件	相应功能
数据存储器（RAM、EEPROM）	存储工作变量、中间结果、最终结果、数据暂存或缓冲、标志位等，在程序运行过程中可以随时写入数据，又可以随时读出数据，分片内数据存储器和片外（扩展）存储器两种
I/O 端口	用于数据输入或输出
串行口（UART）	能一位一位地实现 MCU 与外设之间的串行数据传输
定时器 / 计数器	对外部脉冲进行计数
中断系统	中断处理流程
特殊功能寄存器（SFR）	辅助 CPU 对各功能部件进行控制管理

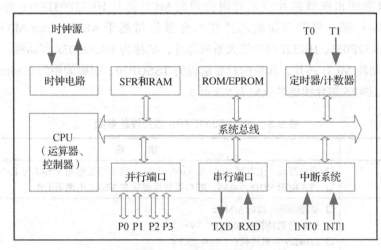

图 9.1　MCU 基本结构

9.1.2　MCU 的应用

MCU 的应用领域广泛，是信息产业和工业控制的基础。MCU 可以构成各种工业控制系统、过程控制系统、自适应控制系统、实时控制系统和数据采集系统，以达到测量与控制目的，具体用于各类智能仪器仪表（温度表、压力表、流量表、浓度表）、消费类电子产品（录像机、摄像机、洗衣机、电冰箱等）、机电一体化产品（数控机床、医疗器械、机器人）及武器装备的控制仪表和导航装置等，此外，各类终端及外部设备智能接口，如大型工业自动化控制系统都会采用 MCU 进行接口的控制与管理，这可以大大提升系统的运行速度。

随着物联网、汽车电子领域的迅速发展，对微控制器的需求增加，这是未来 MCU 市场的主要增长点。MCU 是物联网的核心零部件，其价值占到物联网终端模组的 35%～45%，而物联网是万亿级市场，其设备接入量以数百亿计。未来随着物联网应用的进一步落地，在终端模组方面的需求庞大，必将驱动 MCU 行业快速发展。表 9.2 中展示了 MCU 的主要应用领域。

表 9.2　MCU 的主要应用领域

MCU 位数	相应应用
4 位	计算器、车载仪表、无线电话、CD 播放器、LCD 驱动控制器、儿童玩具、计量秤、充电器、汽车胎压计、温湿度计、遥控器等
8 位	马达控制器、电动玩具、呼吸机、传真机、电话录音机、键盘及 USB 等
16 位	移动电话、数字相机及摄录放影机等
32 位	智能家居、物联网电机驱动、安防、指纹识别、屏幕触控、打印机等
64 位	高阶工作站、多媒体互动系统、高级电视游乐器、高级终端机等

9.1.3　MCU 基本特征

本小节以深圳市航顺芯片技术有限公司的 MCU 芯片 HK32F031F4P6 为例，详细介绍 MCU 的基本特征。深圳市航顺芯片技术有限公司基于 ARM Cortex-M0 研发设计了 HK32F030、HK32F031、HK32F03X 三大系列芯片，统称为 HK32F03x 产品线。HK32F031x 系列芯片是低功耗 MCU 芯片，典型的封装结构为 TSSOP20，引脚间距为 0.65mm。

HK32F031F4P6 芯片性能参数如表 9.3 所示。

表 9.3　HK32F031F4P6 芯片性能参数

功　　能	说　　明
工作电压范围	☐ 双电源域：主电源 VDD 为 2.0V～5.5V、备份电池电源 VBAT 为 1.8V～5.5V ☐ 当主电源 VDD 掉电时，RTC 模块可继续在 VBAT 电源下工作
典型工作电流	☐ 动态功耗：120μA/MHz ☐ Stop 待机功耗：10μA@3.3V ☐ Standby 待机功耗：1.6μA@3.3V ☐ VBATRTC 功耗：1.5μA@3.3V
工作温度范围	−40℃～105℃
芯片时钟源	☐ 外部高速时钟（HSE）：支持 4MHz～16MHz 晶振，典型值为 8MHz ☐ 外部低速时钟（LSE）：32.768kHz 晶振 ☐ 芯片上的 RC 振荡器时钟：8MHz/14MHz/56MHz 可配置 ☐ 芯片上的低速内部时钟（LSI）时钟：40kHz ☐ 锁相环（PLL）时钟 ☐ 芯片引脚输入时钟
芯片内部系统时钟源	芯片所有时钟源都可选择为系统时钟，包括慢速时钟 LSI 和 LSE。用户可根据应用的功耗和性能要求灵活选择系统时钟
复位	☐ 外部引脚复位 ☐ 电源上电复位 ☐ 软件复位 ☐ 独立看门狗定时器（IWDT）和窗口看门狗定时器（WWDT）计时器复位 ☐ 低功耗模式复位

（续）

功　能	说　明
低电压检测（PVD）	❑ 级检测电压门限可调 ❑ 上升沿和下降沿可配置
ARM Cortex-M0 Core	❑ 最高时钟频率：72MHz ❑ 24 位系统节拍（System Tick）计时器 ❑ 支持 CPU Event 信号输入至 MCU 引脚，实现与板级其他 SOC CPU 的联动
存储器	❑ 高达 32KB 的 Flash 存储器。CPU 主频不高于 24MHz 时，支持 0 等待总线周期。具有代码安全保护功能，可分别设置读保护和写保护；可以加密 Flash
一个 12 位 ADC 转换器	❑ 10 个外部模拟信号输入通道 ❑ 最高转换器频率：1Mbps ❑ 支持自动连续转换、扫描转换
温度传感器	模拟输出内部连接到 A/D 转换器独立通道
调试接口	串行调试端口（Serial Wire Debug，SWD）
通用串行通信接口	❑ 一个 UART，支持主同步 SPI 和调制解调器控制，具有 ISO7816 接口 ❑ 一个高速 SPI，有 4～16 个可编程比特帧 ❑ 一个 I²C，支持极速模式（1Mbps）
定时器	❑ TIM1 高级控制定时器，有 6 通道脉冲宽度调制（PWM）输出，以及死区生成和紧急停止功能 ❑ TIM2/TIM3/TIM14/TIM16/TIM17 通用定时器
通用输入输出	❑ 高达 39 个 GPIO 引脚 ❑ 所有 GPIO 引脚可配置为外部中断输入 ❑ 提供最高 20mA 驱动电流

　　HK32F031F4P6 封装引脚定义如图 9.2 所示。表 9.4 则给出了 HK32F031F4P6 引脚信号的详细说明。

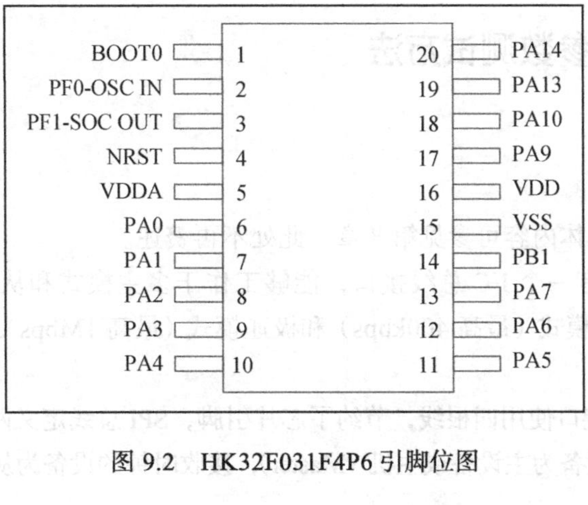

```
        BOOT0 ⊏  1        20  ⊐ PA14
   PF0-OSC IN ⊏  2        19  ⊐ PA13
  PF1-SOC OUT ⊏  3        18  ⊐ PA10
         NRST ⊏  4        17  ⊐ PA9
         VDDA ⊏  5        16  ⊐ VDD
          PA0 ⊏  6        15  ⊐ VSS
          PA1 ⊏  7        14  ⊐ PB1
          PA2 ⊏  8        13  ⊐ PA7
          PA3 ⊏  9        12  ⊐ PA6
          PA4 ⊏ 10        11  ⊐ PA5
```

图 9.2　HK32F031F4P6 引脚位图

表 9.4　HK32F031F4P6 引脚位信号说明

引　脚 TSSOP20	名　称	类　型	功　能	复用功能
1	BOOT0	I	启动内存选择	—
2	PF0	I/O	I2C1_SDA	晶振输入
3	PF1	I/O	I2C1_SCL	晶振输出
4	NRST	I/O	复位，低电平有效	—
5	VDDA	S	模拟电源电压	—
6	PA0	I/O	计时器 2 通道 1	ADC 输入 0
7	PA1	I/O	计时器 2 通道 2	ADC 输入 1
8	PA2	I/O	计时器 2 通道 3	ADC 输入 2
9	PA3	I/O	计时器 2 通道 4	ADC 输入 3
10	PA4	I/O	SPI1_NSS	ADC 输入 4
11	PA5	I/O	SPI1_SCK	ADC 输入 5
12	PA6	I/O	SPI1_MISO	ADC 输入 6
13	PA7	I/O	SPI1_MOSI	ADC 输入 7
14	PB1	I/O	TIM3_CH4	ADC 输入 9
15	VSS	S	地	—
16	VDD	S	数字电源	—
17	PA9	I/O	I2C1_SCL	—
18	PA10	I/O	I2C1_SDA	—
19	PA13	I/O	SWDIO	—
20	PA14	I/O	SWCLK	—

9.2　MCU 特征参数测试方法

9.2.1　接口协议

1. I²C 总线接口

I²C 总线协议的具体内容可参见第 8 章，此处不再赘述。

HK32F031F4P6 有一个 I²C 总线接口，能够工作于多主模式和从模式，支持标准模式
（最高 100kbps）、快速模式（最高 400kbps）和极速模式（最高 1Mbps），有 20mA 输出驱动。

2. SPI 总线接口

常规的 SPI 总线接口使用四根线，节约了芯片引脚，SPI 总线定义两个及以上设备间的数
据通信，提供时钟的设备为主设备或主机（Master），接收时钟的设备为从设备或从机（Slave）。

SPI 总线规定了 4 个保留逻辑信号接口：

❑ SCLK（Serial Clock）：串行时钟，由主机发出。

❑ MOSI（Master Output，Slave Input）：主机输出从机输入信号，由主机发出。

❑ MISO（Master Input，Slave Output）：主机输入从机输出信号，由从机发出。

❑ $\overline{SS}$（Slave Selected）：选择信号，由主机发出，一般是低电位有效。

SPI 总线可以在有单个主设备与一个或多个从设备的情况下运行，如图 9.3 和图 9.4 所示。主机产生待读或待写的帧数据，多个从机通过一个片选线路决定哪个来响应主机的请求。

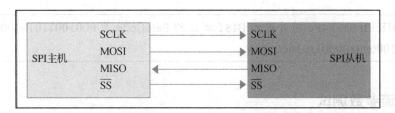

图 9.3　单一主机对单一从机通信

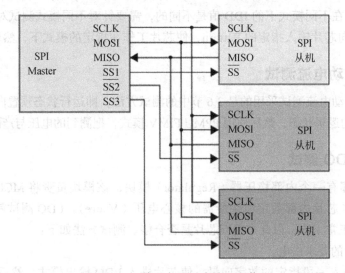

图 9.4　单一主机对多从机通信

有多个从设备时，主设备通过片选信号 SS 来控制与哪个从设备进行数据传输。

HK32F031F4P 的 SPI 能够以高达 18Mbps 的速率通信，支持主 / 从模式、全双工和半双工通信模式。

接口协议的测试都需要测试机以数字向量的方式，以对应接口协议的规范，模拟与被测器件通信，通过比较被测器件是否按预设的应答反馈来判断被测器件是否符合功能标准。

9.2.2 测试模式

一般在设计开发芯片时，由设计人员去设计芯片的可测性，以在后续测试过程中提高测试覆盖率。然而从芯片的功能设计上考虑，不可能专门为测试保留足够多的引脚，芯片仅能从内部引出固定数量的引脚，导致引脚资源有限。为了仅通过芯片引出的引脚来完成内部所有模块的测试，就需要设计测试模式以提高芯片测试覆盖率。

不同芯片进入设计模式的方法不同，主要方法如下：

❑ 使用测试机向芯片输入指定的 PassCode。

❑ 某些芯片需要向指定引脚施加高 / 低电平。

提示 HK32F031F4P6 芯片进入 BIST 测试的 PassCode 是 000100110101001011001 10000010000110100011100。

9.2.3 直流参数测试

MCU 的直流参数测试除通用的开短路及漏电流外，其 IDD 测试可分为多个模式：Run（正常工作模式）、Sleep（睡眠模式）、Standby（待机模式）、Stop（停机模式）、VBAT（电池供电模式）。芯片在不同模式下的 IDD 值是不同的，需要针对不同模式测试对应的 IDD。

使用测试机向芯片输入指定的 Pattern，使芯片工作在指定的模式下，然后测量。

9.2.4 输出驱动电流测试

MCU 输出驱动电流测试采用的是 3.6 节中的测试方法，即运行状态预置向量后，使被测量引脚输出预定的逻辑状态，然后使用 PPMU FIMV 模式，把测到的电压与产品手册做对比。

9.2.5 内部 LDO 测试

一般 MCU 都有一个内部稳压器（Regulator）模块，该模块负责将 MCU 的 VDD 输入电压转化为 MCU 芯片内部数字模块所需的核心电压（Vcore）。LDO 测试就是测试 Vcore 能否让校准模块正常工作，以此来判断芯片是否合格。测试方法如下：

1）按照芯片的要求供电。

2）向芯片输入一段指定的数字向量，使芯片进入 LDO 输出模式，然后测量指定引脚的电压，即 LDO 输出电压。

例如，某款芯片测试规格书中的 LDO 测试的要求如表 9.5 所示。

表 9.5 LDO 测试规格要求

测试项	测试引脚	Min	Max	Unit
LDO	P04	1.78	2.22	V

根据表 9.5 中的定义可以看出，在进行 LDO 测试时，应当测试该芯片的 P04 引脚。如果测试结果在 1.78V～2.22V 之间，则 LDO 测试通过。

9.2.6　V_{ref} 测试

内部参考电压（Internal Reference Voltage，常写作 VREFINT 或 V_{ref}）为 ADC 和比较器提供了一个稳定的电压输出。

V_{ref} 测试就是测试芯片内部的 ADC 参考电压，这个电压对于芯片内部 ADC 是十分重要的。测试方法如下：

1）按照芯片的要求供电。

2）运行一段数字向量，使芯片进入测试模式，然后使用直流单元测量指定引脚的电压，这个电压就是 ADC 参考电压。

例如，某款芯片测试规格书中的 V_{ref} 测试的要求如表 9.6 所示。

表 9.6　V_{ref} 测试规格要求

测试项	测试 Pin	MIN	MAX	Unit
VERF END	P04	1.78	2.22	V

根据表 9.6 可以看出，进行该芯片的 V_{ref} 测试时，应测试芯片的 P04 引脚。如果测试结果在 1.78V～2.22V 之间时，V_{ref} 测试项合格。

9.2.7　修调测试

修调（Trimming）测试是一种在芯片制造完成之后，通过外部向芯片内部写入数据，来调整芯片的某些参数的测试。

Trimming 测试作用就是通过配置不同的熔丝（Fuse）或控制位，对应相应的补偿电路，以达到调整功能参数的目的，MCU Trimming 通常以修改寄存器的方式达到调整电路输出的效果。我们以一个八位的寄存器为例进行测试，测试方法如下：

1）修改寄存器初始值，让其处于中心值（假设为二进制数 0b10000000，即 0x80）。

2）先校准最高位，测量指定引脚的电压，若大于规定值 V_0，就把最高位设为 0。

3）把次高位值置 1，按照同样的逻辑校准次高位。

4）依次类推，得到五位校准位 P1（假设为 0b11110000，即 0xF0）。

5）将此时的五位校准位 P1 作为 Pattern 输入芯片，测量指定引脚的电压值 V_1。

6）将得到的校准位 P1 加上 1（0b11110001），作为 Pattern 输入芯片，测量指定引脚的电压值 V_2。

7）比较 V_1 和 V_2，取接近 V_0 的电压为 V_m。

8）将 V_m 与芯片规格书中的值进行比较。

9.2.8　功能测试

功能测试本质上就是验证芯片内部一系列逻辑功能操作的正确性。

设计一款芯片是为了完成某些特定的功能，所以测试芯片的某个具体功能时，必须向芯片输入一段激励信号（Pattern），然后测试机接收到经芯片处理后的输出响应，并按照Pattern 中的预期输出去比较，若实际输出与期望输出不匹配，就说明该项测试失败了。

Pattern 是芯片中所设计的逻辑功能的输入输出状态的描述，Pattern 实际上是一个二维的真值表，包含芯片输入的逻辑状态和期望输出的逻辑状态。进行功能测试时，Pattern 为芯片提供激励并监测芯片的输出，当监测到芯片的输出与预期的状态不符时就判定为 Fail。表 9.7 所示是某款芯片的测试 Pattern 部分片段。

表 9.7　芯片测试的 Pattern 部分片段

BOOT0	NRST	PA5	PA4	PA3	PA6
0	A	0	0	0	X
0	0	0	0	0	X
1	0	0	0	0	X
0	0	0	1	0	X
1	0	0	1	0	X
0	1	0	0	0	X

仔细观察上述 Pattern 结构，可以发现 Pattern 就是一系列与引脚关联的 0/1 组合（其中 X 表示此时不关注该引脚），这些 0/1 其实是输入芯片的高 / 低电平，是与实际的电压值对应的，通常会通过软件设置参考电压来判断电平高低。例如，3.3V 为高电平，表示为 1，0V 为低电平，表示为 0。

在定义 Pattern 之前都会有一个 Timing Set 文件来定义芯片各引脚的状态值，Pattern 中的所有引脚状态值都是根据 Timing Set 文件来编辑的。

表 9.8 中是一段芯片的 Timing Set 文件。

表 9.8　Timing Set 文件芯片引脚状态说明

Period	芯片引脚	芯片引脚状态值	芯片引脚状态	说明	开始时间
500ns	BOOT0	0	D	低	0ns
		1	U	高	0ns
		X	X	任意状态	0ns
	NRST	0	D	低	0ns
		A	D	低	0ns
		1	U	高	0ns
		X	X	任意状态	0ns

（续）

Period	芯片引脚	芯片引脚状态值	芯片引脚状态	说明	开始时间
500ns	PA4	0	D	低	0ns
		1	U	高	0ns
		H	H	期望输出高	300ns

将 Pattern 文件和 Timing Set 文件对比，生成波形。图 9.5 和图 9.6 所示是测试机向芯片输入一段 Pattern 的示意。

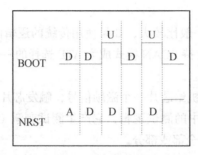

图 9.5　Pattern 转化为波形

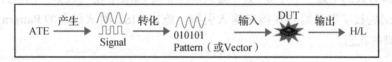

图 9.6　测试机向芯片输入 Pattern

Pattern 将对应时序组合转换为激励输入芯片中，芯片接收到这个激励后，根据其功能要求进行一系列处理后输出逻辑高 / 逻辑低。功能测试主要通过运行指定的 Pattern 序列，然后通过测试机比较经芯片处理后输出的 Pattern 完成。测试方法如下：

1）按照芯片的要求供电。

2）使用测试机给芯片施加指定的 Pattern 序列。

3）设置芯片高低电平的参考电压。

4）测试机比较经芯片处理后的 Pattern。

9.2.9　DFT

当被测电路的功能复杂度增加时，运用传统的功能测试方法将极大地拉长测试时间，甚至变得不可接受。为了提高故障检出率并提高芯片的可测试性，可测试性设计应运而生。可测试性设计（Design For Test，DFT）是一种在设计阶段将可测试性置入集成电路的方法，可以降低测试成本并提高制造良率，减少测试开发相关的成本和时间，以及减少测试芯片所需的实际时间，多年来以不同方式得到广泛应用。

其中，功能链扫描（Scan）和内建自测试（Built In Self Test，BIST）是两种最常用的 DFT 实现方式。

1. SCAN 测试

SCAN 测试用于检测芯片在制造过程中常出现的失效问题，通常是用自动向量生成（Automatic Test Pattern Generation，ATPG）的工具，依据晶圆的制造中常见的失效模型产生测试向量。基本思路是把芯片中的触发器都串联起来，把数据从整个链路上位移过去，即可控制和观察电路中每个节点的输入输出的状态，实现测试目的。其测试方法为依据芯片测试规范，配置芯片为 SCAN 测试模式，根据 SCAN IN 输入信号，检测 SCAN OUT 信号是否符合输入。

SCAN 测试的向量深度一般比较大，如果使用传统的逻辑向量格式，对于 ATE 的向量深度指标是一个挑战。是否支持 SCAN 模式成为 ATE 选择的一个衡量指标。

2. BIST 测试

BIST 测试的本质是测试机给芯片一个激励信号，触发芯片内部的电路运行内部的测试 Pattern。BIST 是包含在电路中的测试逻辑，它产生测试刺激（输入）并捕获设备响应数据（输出），用于测试电路设计的全部或部分。

BIST 的测试时间较长，但它通常会降低 ATE 设备对向量深度的需求，因为内置的 Pattern 发生器为被测电路，而不是 ATE 测试系统提供 Pattern 输入数据。测试方法如下：

通过测试机数字资源给芯片指定输入引脚，施加 BIST 测试所需的 Pattern，然后测试指定输出引脚的状态。

9.2.10 频率测试

频率测试用于测量内部锁相环（PLL）以及其他振荡电路产生的频率是否符合预期。PLL 是一种控制系统，它生成输出信号，该输出信号的相位与输入信号的相位有关，其结构如图 9.7 所示。

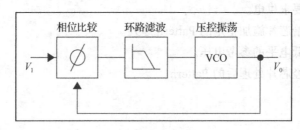

图 9.7 PLL 结构

测试方法如下：

1）通过测试模式配置产品为频率输出模式。

2）使用测试机的 TMU，设置 TMU 的模式为频率测量模式。

3）设置阈值电压和触发模式。

4）测量频率。

9.3　MCU 测试计划及硬件资源

9.3.1　测试计划

HK32F031F4P6 的测试是在 FT 测试阶段进行的。在 FT 测试阶段，芯片已完成封装，将一些需要的 Pin 从内部引出来，只需要对这些 Pin 进行 DC 参数测试和芯片的功能性测试即可。

针对航顺公司的 HK32F031F4P6 芯片，主要进行以下测试，测试顺序见表 9.9。

表 9.9　HK32F031F4P6 芯片的测试项

测　试　项	测试说明
OS	需要进行 OSP、OSN（上二极管和下二极管测试）
VOHT	测试芯片所有 IO 引脚（除 NRST 和 BOOT）输出高电平
VOLT	测试芯片所有 IO 引脚（除 NRST 和 BOOT）输出低电平
VOPUT	测试芯片所有 IO 引脚（除 NRST 和 BOOT）上拉模式输出高电平
VOPDT	测试芯片所有 IO 引脚（除 NRST 和 BOOT）下拉模式输出低电平
NFLT	测试芯片的噪声滤波（Noise Filter）功能
HSE_OSCT2	测量 HSE 时钟输入引脚漏电流
LSE_OSCT2	测量 LSE 时钟输入引脚漏电流
PVDT	测试芯片掉电工作模式
BIST	芯片内部自建测试模式
HSIT	测量高速晶振电路频率
LSIT	测量低速晶振电路频率
PLLT	测量 PLL 频率

1. 测试 PassCode

某些测试项需要先进入测试模式后再进行测试。图 9.8 所示是进入测试模式的 PassCode。在后续测试中如果需要输入 PassCode，请在这里查看。

2. OS 测试

OS 测试的相关内容可参见第 7 章。

3. VOHT/VOLT 测试

按照 VOHT 和 VOLT 测试模式，输入 PassCode 进入相应的测试模式，检查输入的 Pattern 中期望输出高电平的引脚是否为高电平或者低电平。

PWDATA Bit	Command Pass Code																									MOD			LDOCTRL															
	1	2	3	4	5	6	7	8	9	10	11	12	13	14	15	16	17	18	19	20	21	22	23	24	25	26	27	28	29	30	31	32	33	34	35	36	37	38	39	40	41	42	43	44
BIST	0	0	0	1	0	0	0	1	1	0	1	0	1	0	0	1	0	1	1	1	0	0	1	1	0	0	0	0																
ROMT	0	0	0	1	0	0	1	1	0	1	0	1	1	1	0	1	0	1	0	0	0	1	1	0	0	0	0	0																
VOHT	0	0	1	0	0	1	0	1	0	0	1	1	0	0	1	0	1	1	0	1	1	1	1	0	0	0	0	0																
VOLT	0	0	1	0	0	1	0	1	0	0	1	1	0	0	0	1	0	1	1	1	1	1	1	0	0	0	0	1																
VOPUT	0	0	1	0	0	1	0	1	0	0	1	1	0	0	0	1	1	0	1	1	1	1	1	0	0	0	1	0																
VOPDT	0	0	1	0	0	1	0	1	0	0	1	1	0	0	0	1	1	0	1	1	1	1	1	0	0	0	1	1																
VIHLT	0	0	1	0	0	1	0	1	0	0	1	1	0	0	0	0	0	0	0	1	1	1	1	0	0	0	0	0																
ADC1T	0	1	0	0	1	0	1	0	1	0	1	1	0	1	0	1	1	0	1	1	1	1	1	0	0	0	0	0																
PLLT	0	1	0	0	1	0	1	0	1	0	0	0	1	0	0	0	0	0	1	0	1	1	0	0	0	0	0	0																
FLASHT	0	1	0	0	1	0	1	0	1	1	0	0	1	0	0	1	0	0	1	0	1	0	0	0	0	0	0	0																
LSIT	1	0	0	0	1	0	1	0	0	1	0	0	0	1	0	0	0	0	1	1	1	1	1	0	0	0	0	0																
LSE_OSCT2	1	0	0	0	1	0	1	0	0	1	0	0	0	1	0	1	0	1	1	0	1	1	1	0	0	0	1	0																
HSE_OSCT2	1	0	0	0	1	0	1	0	0	1	0	0	1	0	0	1	0	1	1	0	1	1	1	0	0	0	0	1																
PVDT	0	1	0	0	1	0	1	0	0	1	0	0	0	1	0	1	1	0	1	0	0	0	0	0	0	0	0	0																
HSIT	0	1	0	0	1	1	0	1	1	0	0	0	1	0	1	1	0	1	1	0	0	0	0	0	0	0	0	0																
NFLT	0	0	0	1	0	0	1	1	1	0	0	0	1	0	0	1	0	0	1	0	0	0	0	0	0	0	0	0	1	0	0	0	0	1	1	0	1	0	0	0	1	1	0	0

图 9.8　进入测试模式的 PassCode

4. VOPUT 测试

按照 VOPUT 测试模式，输入 PassCode 进入相应的测试模式，在该模式下，芯片所有 IO 被配置为输出无效（Output Disable），同时打开内部上拉电阻（30kΩ～50kΩ）。

测试机在每一个 IO 通道上施加低电平，并判断电流。判定条件如下：

❑ 通过：所有 IO 电流小于 0.1mA。

❑ 失败：任何一个 IO 电流大于 0.2mA。

5. VOPDT 测试

按照 VOPDT 测试模式，输入 PassCode 进入相应的测试模式，在该模式下，芯片所有 IO 被配置为 Output Disable，同时打开内部下拉电阻（30kΩ～50kΩ）。

测试机在每一个 IO 通道上施加高电平，并判断电流。判定条件如下：

❑ 通过：所有 IO 电流大于 -0.1mA。

❑ 失败：任何一个 IO 电流小于 -0.2mA。

6. NFLT 测试

将 NRST 拉低，重新输入 PassCode，进入 Noise Filter 测试模式，在该模式下，芯片内部所有 Noise Filter 被串联在一起。判定条件如下：

❑ 在 PA4 输入高电平时，PA5 输出低电平则通过，否则失效。

❑ 在 PA4 输入低电平，PA5 输出低电平则通过，否则失效。

7. HSE_OSCT2 测试

因 MCV 芯片存在引脚功能复用，在不同的模式下，其引脚对应的功能不同。如表 9.10 所示，物理引脚 PF0、PF1 在 HSE_OSC2 的测试中，其对应功能分别是 HSC_OSCI、HSE_OSCO。

表 9.10　HSE_OSC2 测试引脚功能

Name	Pin	输入 / 输出
HSE_OSCI	PF0	输入
HSE_OSCO	PF1	输入 / 输出

NRST 拉低，重新输入 PassCode，进入测试模式；向 HSE_OSCI 施加 3.3V 电压，向 HSE_OSCO 施加 0V 电压，判断 HSE_OSCI 电流是否在范围内。

Limit 电流根据统计结果给出，测试结果为 Pass 时，典型电流约为 1μA。

8. LSE_OSCT2 测试

NRST 拉低，重新输入 PassCode，进入测试模式，此时如表 9.11 所示，引脚 PF0 对应 LSE_OSCI 功能，PF1 对应 LSE_OSCO 功能。向 LSE_OSCI 施加 3.3V 电压，向 LSE_OSCO 施加 0V 电压，判断 LSE_OSCI 电流是否在范围内。

Limit 电流根据统计结果给出，测试结果为 Pass 时的典型电流约为 0.11μA。

表 9.11　HSE_OSCT2 测试引脚功能

Name	Pin	输入 / 输出
LSE_OSCI	PF0	输入
LSE_OSCO	PF1	输入 / 输出

9. PVDT 测试

NRST 拉低，重新输入 PassCode，进入 PVDT 模式后，物理引脚与功能引脚的对应关系如表 9.12 所示。设置 PVDLVL[2:0]=0x7（Pattern 中 PA4、PA5、PA6 都设置为高），PVDPD（PA3）拉低后，测量 PVDO（PA7）的电压。按照图 9.9 所示的要求进行判断。

表 9.12　PVDT 引脚功能

Name	Pin	输入 / 输出
PVDPD	PA3	输入
PVDLVL0	PA4	输入
PVDLVL1	PA5	输入
PVDLVL2	PA6	输入
PVDO	PA7	输出

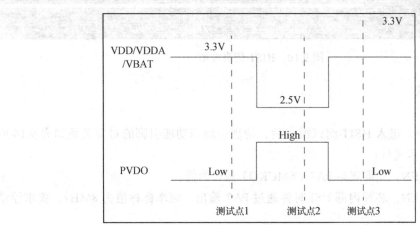

图 9.9　PVDT 测试需求示意图

若在三个检查点测的电压都符合要求，则测试通过。

10. BIST 测试

输入 PassCode 进入相应的 BIST 测试模式之后，物理引脚与功能引脚的对应关系如表 9.13 所示。BISTRSTN（PA5）拉高，输入 BIST 时钟信号（PA4）频率（最大时钟频率 20MHz）；RAM1BEN（PA3）输入高电平后，等待 36 100 个 BISTCK 时钟周期，观察 RAM1B_DONE（PA7）和 RAM1B_FAIL（PA6）以判定 BIST 是否通过测试。

PA4 在输入 PassCode 阶段是 PWCLK（BOOT0）作为时钟，在进入 BIST 测试模式后，是 BISTCK（PA4）作为时钟。

表 9.13　BIST 测试引脚功能

Name	Pin	输入 / 输出
RAM1BEN	PA3	输入
BISTCLK	PA4	输入
BISTRSTN	PA5	输入
RAM1B_DONE	PA7	输出
RAM1B_FAIL	PA6	输出
LDO_VDDL_RDY	PB1	输出

当 DONE 信号为高时，作为判定通过或失败的时间点。LDO_VDDL_RDY（PB1）不用测试。判定条件如下：

❏ 通过：DONE=High，同时 FAIL=Low。
❏ 失败：DONE= High，同时 FAIL= High。

BIST 的仿真波形如图 9.10 所示。

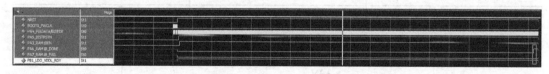

图 9.10　BIST 仿真波形

11. HSIT 测试

测试方法如下：

输入 PassCode，进入 HSIT 测试模式后，物理引脚与功能引脚的对应关系如表 9.14 所示。测试过程分 2 步进行：

1）拉低 HSI_EN，立即观察 PA7（8MCKO）是否为低。

2）拉高 HSI_EN，芯片内部 HSI 时钟通过 PA7 输出，频率标称值为 8MHz，要求浮动范围在 2% 以内。

表 9.14　HIST 测试引脚功能

Name	Pin	输入 / 输出
HSI_EN	PA3	输入
8MCKO	PA7	输出

12. LSIT 测试

将 NRST 拉低，重新输入 PassCode，进入 LSIT 模式后，物理引脚与功能引脚的对应关系如表 9.15 所示。设置 LSIPD 为低，等待 80μs；测量 LSICKO 的输出频率是否在 20kHz～40kHz 范围内。

表 9.15　LSIT 测试引脚功能

Name	Pin	输入 / 输出
LSIPD	PA3	输入
LSICKO	PA4	输出

13. PLLT 测试

在 PLLT 模式下，物理引脚与功能引脚的对应关系如表 9.16 所示。

表 9.16　PLLT 测试引脚功能

Name	Pin	输入 / 输出
PLLCKI	PA3	输入
SDI_SCK	PA4	输入
SDI	PA5	输入
PLLLOCK	PA6	输出
PLLCKO	PA7	输出
PLLPD	PB1	输入

进行本测试模式的目的是测试芯片内部 PLL 模块的功能。如图 9.11 所示，PA3 输入 PLL 的参考时钟；PB1 输入 PLL 的 PD 信号；PLL 的其他控制信号由 PA5、PA4 串行输入，一共需要串行输入 37bit 的数据。PA6 输出 PLL 的 Lock 信号，PA7 输出 PLL 的时钟。

当 PA3 提供 8MHz 的参考时钟，PA5 和 PA4 提供 37bit 串行序列 0x04_4C48_412 时，等到 PB1 输入变低，PLL 应该输出 20MHz 的时钟。Pattern 有两个检测点，一个是在串行序列输入完成后，PB1 还没有变低时，检查 PA6 和 PA7，这时 PA6 和 PA7 输出应该都为低电平。然后把 PB1 输入低电平，等待 100μs，检测 PA6 和 PA7，此时 PA6 输出应该为高电平，PA7 输出 20MHz 的时钟。

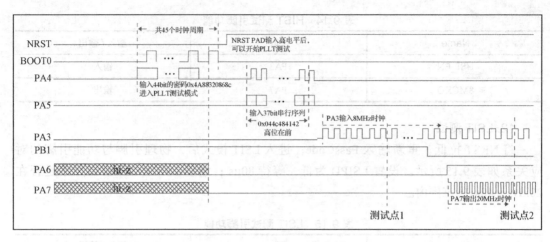

图 9.11 PLLT 测试时序图

具体测试步骤如下：

1）输入 PassCode，进入 PLLT 测试模式。

2）串行输入 PLL 的参数。

3）输入 PLLCKI 参考时钟，频率为 8MHz（125ns），PLLPD 拉高，检测 PLLLock 是否为低。

4）拉低 PLLPD，检测 PLLLock 是否为高。如果是高，则进行 PLLCKO 测量频率。测量频率范围是 19.6MHz～20.04MHz。

9.3.2 Load Board 设计

HK32F031F4P6 芯片教学测试负载板（Load Board）的原理图如图 9.12 所示。

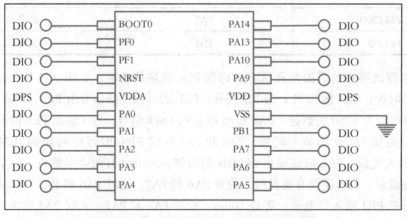

图 9.12 HK32F031F4P6 Load Board 原理图

HK32F031F4P6 芯片教学测试负载板（Load Board）的芯片引脚与测试机连接如图 9.13 所示。

图 9.13　HK32F031F4P6 Load Board

Load Board 模块上方的插槽通过 DUT 线缆连接到测试机，Socket 插座用于安装待测芯片。其余的连接通道均为调试测量点，用于测量芯片引脚信号，或者使用示波器采波形。

Socket 插座一侧带有倒三角的为芯片第一引脚，将芯片放入插座时，需要将芯片第一引脚与之对应。HK32F031F4P6 芯片使用的测试机资源有 DPS、DIO、TMU。其中，DPS 连接芯片电源引脚，VDDA 引脚使用 DPS0 通道，VDD 引脚使用 DPS1 通道。

DIO 资源连接芯片所有 I/O 引脚，其中 PA4 和 PA7 使用 TMU 资源，但 TMU 资源（0、1、2、3）使用 DIO（0、1、16、17）通道。

DIO 资源分配见表 9.17。

表 9.17　芯片 DIO 资源分配

芯片引脚（左）	DIO 资源	芯片引脚（右）	DIO 资源
BOOT0	DIO1	PA14	DIO20
PF0	DIO2	PA13	DIO19
PF1	DIO3	PA10	DIO18
NRST	DIO4	PA9	DIO17
PA0	DIO6	PB1	DIO14

（续）

芯片引脚（左）	DIO 资源	芯片引脚（右）	DIO 资源
PA1	DIO7	PA7	DIO16（TMU2）
PA2	DIO8	PA6	DIO12
PA3	DIO9	PA5	DIO11
PA4	DIO0（TMU0）	—	—

DPS 供电设置如下：

❑ VDD 引脚电压为 2.0V～5.5V：VDD 引脚为 I/O 引脚和内部 LDO 供电。

❑ VDDA 引脚电压为 2.0V～5.5V：VDDA 引脚为 ADC、温度传感器模拟部分供电。

9.4　测试程序开发

9.4.1　测试流程

在开始测试之前，先简单描述一下基于软件的测试芯片的测试流程，以便于后续理解。测试开发主要按照以下流程进行：

1）打开测试软件，进入开发界面。

2）编辑 sig/grp 文件，定义相关信号 / 信号组。通过 sig 文件配置芯片引脚使用的资源。

3）编写 tmf 文件，编写测试项，MCU 芯片需要进行很多项测试，在 tmf 文件里定义这些测试项。

4）通过 Pattern 工具编写相关测试所需的 Pattern。

5）编写 cpp 测试程序，tmf 文件中定义的测试项会在 cpp 文件中生成对应的测试项函数，一个测试项就是一个测试项函数。通过这些函数控制芯片的资源。

6）编译 cpp 文件。选择加载项目，勾选 tmf 文件中的指定测试项，将该测试项加入测试。选择"运行"命令开始调试测试。

9.4.2　新建测试

我们把 MCU 芯片测试按测试工程来处理，通过该工程来进行列操作。首先参考 2.5 节新建一个测试工程并命名。

9.4.3　编辑 Signal Map

接下来我们将根据 Load Board 原理图来定义芯片引脚所使用的资源。

如图 9.14 所示，HK32F031F4P6 芯片共有 20 个引脚，先在 sig 文件中定义对应引脚所使用的测试机资源。

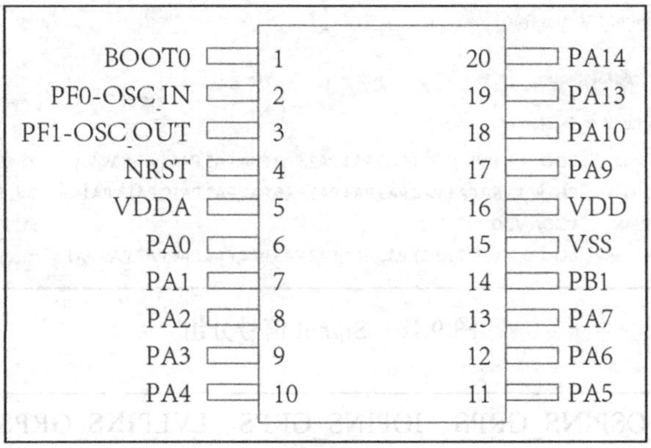

图 9.14　HK32F031F4P6 的引脚

根据芯片的 Load Board 原理图，新建图 9.15 中所有 Signal 信号，新建完成后点击“保存”按钮保存。

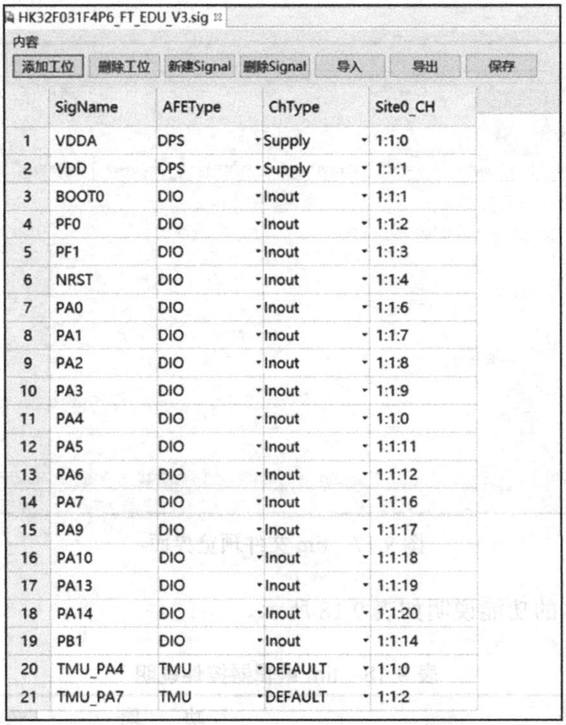

	SigName	AFEType	ChType	Site0_CH
1	VDDA	DPS	Supply	1:1:0
2	VDD	DPS	Supply	1:1:1
3	BOOT0	DIO	Inout	1:1:1
4	PF0	DIO	Inout	1:1:2
5	PF1	DIO	Inout	1:1:3
6	NRST	DIO	Inout	1:1:4
7	PA0	DIO	Inout	1:1:6
8	PA1	DIO	Inout	1:1:7
9	PA2	DIO	Inout	1:1:8
10	PA3	DIO	Inout	1:1:9
11	PA4	DIO	Inout	1:1:0
12	PA5	DIO	Inout	1:1:11
13	PA6	DIO	Inout	1:1:12
14	PA7	DIO	Inout	1:1:16
15	PA9	DIO	Inout	1:1:17
16	PA10	DIO	Inout	1:1:18
17	PA13	DIO	Inout	1:1:19
18	PA14	DIO	Inout	1:1:20
19	PB1	DIO	Inout	1:1:14
20	TMU_PA4	TMU	DEFAULT	1:1:0
21	TMU_PA7	TMU	DEFAULT	1:1:2

图 9.15　配置芯片引脚使用的资源

然后编辑 grp 文件，以便于编写测试代码时控制相同类型的多个 Signal 信号。

新建图 9.16 所示的所有信号组，新建完成后点击“保存”按钮。

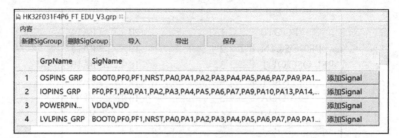

图 9.16 Signal 信号分组

说明 图 9.16 中 OSPINS_GRPS、IOPINS_GRPS、LVLPINS_GRPS 信号组中都是 DIO 信号，POWERPINS_GRPS 信号组中都是 DPS 信号。

9.4.4 新建 Timing 文件

Timing（tim）文件提供芯片引脚的状态定义，tim 文件的预览界面如图 9.17 所示。

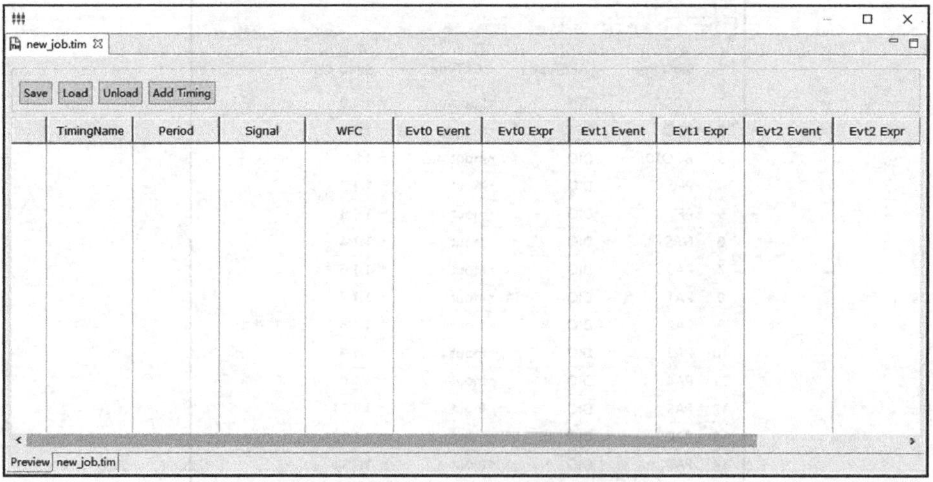

	TimingName	Period	Signal	WFC	Evt0 Event	Evt0 Expr	Evt1 Event	Evt1 Expr	Evt2 Event	Evt2 Expr

图 9.17 tim 文件预览界面

tim 文件可用控件的功能说明如表 9.18 所示。

表 9.18 tim 编辑器控件说明

控 件	功 能
保存	保存编辑
加载	加载当前 tim 文件
卸载	卸载当前 tim 文件
添加 Timing	在下方表格区添加一个 Timing（一个 Timing 对应一组芯片参考时钟）

Timing 表格的表头字段说明如表 9.19 所示。

表 9.19 表头字段说明

控　件	功　能
Timing Name	新增的 Timing 名，对应 Pattern 文件中的 WFT 列，一个 Timing 对应一组波形序列
Period	Pattern 中 Vector 的执行周期，编辑时必须带有单位
Signal	选择芯片的引脚，通过下拉菜单选择
WFC	当前芯片引脚的状态值，手动编辑
Evtn_Event	当前芯片引脚的 WFC 值对应的状态，通过下拉菜单选择
Evtn_Expr	当前状态变化的时间，编辑时必须带有单位

点击添加 Timing 按钮，在下方表格区添加一组 Timing，如图 9.18 所示。输入 Timing 名、周期，以及需要操作的芯片引脚，这些引脚都是在 sig 文件中定义的，通过 Signal 下拉菜单选择。

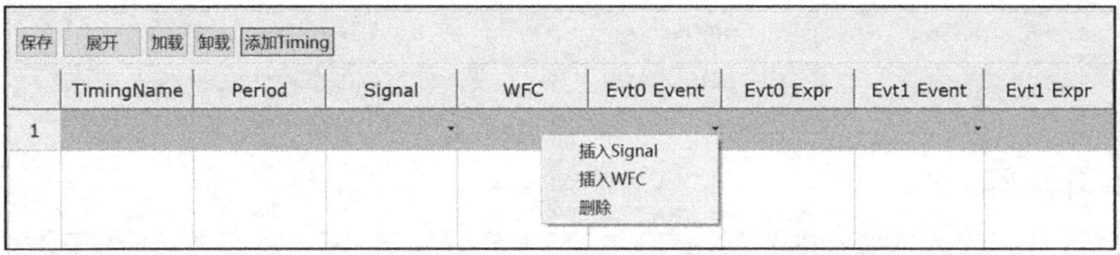

图 9.18 添加 Timing

右击新增的 Timing 行，选择插入 Signal 选项，添加多个芯片的引脚，通过下拉菜单选择芯片的引脚信号。

选择插入 WFC 选项添加多个 WFC 行。选择删除选项删除当前行。然后在 Evt Event 列编辑芯片引脚状态，可用状态值说明如表 9.20 所示。

表 9.20 Evt Event 状态值说明

状　态　值	说　明
D	代表低电平
U	代表高电平
H	期望输出高电平
L	期望输出低电平
X	不关注，任意状态都可以
Z	高阻态
P	保持状态
M	中间态

图 9.19 在一组 Timing 中定义了多个引脚状态，各列说明如下：

- □ 在 TimingName 列输入当前的 Timing 的 Name。
- □ 在 Period 列设置 Pattern 中执行一行 Vector 的时间。
- □ 在 Signal 列下拉列表中选择信号。
- □ 在 WFC 列填入 Evt Event 状态值索引，Pattern 中通过该索引识别 Timing 中的 Evt Event 状态值。
- □ 在 Evt Expr 列填入期望该状态出现的时间。

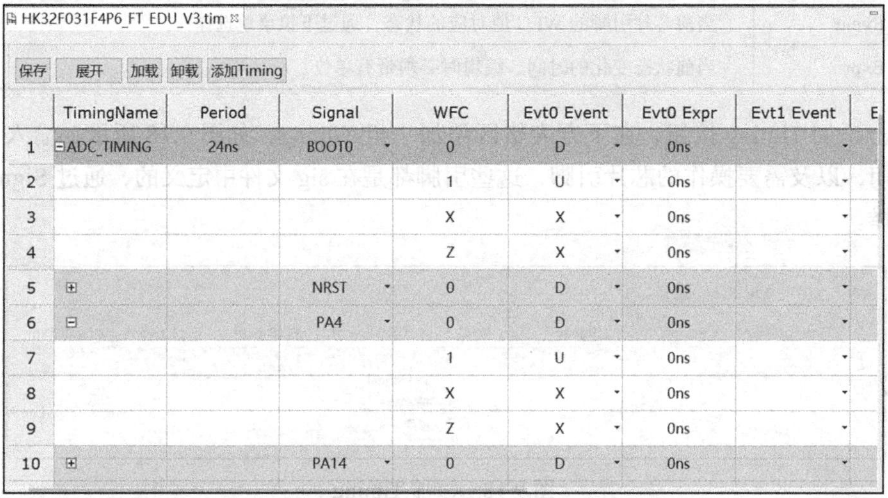

	TimingName	Period	Signal	WFC	Evt0 Event	Evt0 Expr	Evt1 Event	E
1	⊟ADC_TIMING	24ns	BOOT0	0	D	0ns		
2				1	U	0ns		
3				X	X	0ns		
4				Z	X	0ns		
5	⊞		NRST	0	D	0ns		
6	⊟		PA4	0	D	0ns		
7				1	U	0ns		
8				X	X	0ns		
9				Z	X	0ns		
10	⊞		PA14	0	D	0ns		

图 9.19 在 Timing 中添加多个芯片引脚状态

> **注意** 编写 Pattern 文件之前必须在 Timing 文件中预先定义 Pattern 中使用的芯片引脚，才能在 Pattern 文件中正常添加。

当一个芯片测试项需要多个波形时，通过新增 Timing 行来增加波形，在 Pattern 中根据 TimingName 来识别波形。

下面我们以 PLLT 测试项目为例来描述使用 PLLT 的时序设定方法。

如 9.2 节所述，PLLT 测试中将以信号功能的方式描述引脚，我们需要按照表 9.21 把功能引脚与物理引脚对应起来。除了需要用到表 9.21 中的所有引脚外，还需要用到 BOOT0 和 NRST 引脚。分别在 tim 文件中新增上述所有引脚的 Signal 信号。

表 9.21 测试使用引脚

信号名称	芯片引脚	输入 / 输出
PLLCKI	PA3	输入
SDI_SCK	PA4	输入

（续）

信号名称	芯片引脚	输入 / 输出
SDI	PA5	输入
PLLLOCK	PA6	输出
PLLCKO	PA7	输出
PLLPD	PB1	输入

新建 PLLT 测试的 Timing。PLLT 测试需要两组 Timing，这里以第一组输入 PassCode 时的 Timing 为例说明，输入 PassCode 时是以 BOOT0 作为时钟信号，输入串行数据时是以 PA4 作为时钟信号（芯片时序周期为 125ns），频率测试时以 PA3 作为时钟信号（芯片时序周期为 125ns）。

新建 PLLT 测试的步骤如下：

1）首先点击 Add Timing 按钮增加一组 Timing，在 TimingName 列输入 Name，这里输入 PLLTIMING1，并在 Period 列输入当前这组 Timing 的周期 500ns。芯片时序周期是 1000ns，在 Pattern 中需要用 0 和 1 组合成一个时序周期，在后面会介绍不使用 0、1 组合成一个时序周期的操作。

2）选中新建的 Timing 行并右击，在弹出的菜单中选择插入 Signal 信号命令，会弹出新建 Signal 信号的数量，这里输入 6 即可（PA7 引脚用于频率测量），并通过 Signal 列的下拉列表选择需要的信号，如图 9.20 所示。

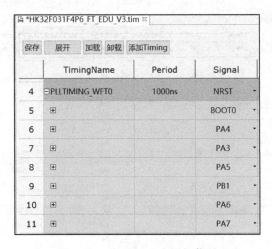

图 9.20　在 Timing 中添加信号

3）选中 NRST 信号所在行右击，在弹出的菜单中选择插入 WFC 信号命令，在这里会弹出新建 WFC 信号的数量，这里输入 4 即可（输入引脚只需要用到 0、1、X，输出引脚还需要用到 H、L），并输入需要的 WFC 值，在 Evt0 Event 列选择该 WFC 值对应的状态，并在后续 Evt0 Expr 列输入期望出现的时间，如图 9.21 所示。

	TimingName	Period	Signal	WFC	Evt0 Event	Evt0 Expr	Evt1 Event	E
4	⊟PLLTIMING _	1000ns	NRST ▾	0	D ▾	0ns		▾
5				1	U ▾	0ns		
6				X	X ▾	0ns		
7				Z	Z ▾	0ns		▾
8	⊞		BOOT0 ▾	0	D	0ns		
9	⊞		PA4	0	D	0ns		
10	⊞		PA3	0	D	0ns		
11	⊞		PA5	0	D	0ns		
12	⊞		PB1	0	D	0ns		
13	⊞		PA6	0	D	0ns		

图 9.21 添加 WFC 及状态

Evt0 Event 列中 D 代表低电平，U 代表高电平，X 代表不关注，H 代表期望高电平，L 代表期望低电平。按照上述操作依次补充第一组剩下的几个 Signal 信号的 WFC 值及状态。完整的 WFC 及状态列表如图 9.22 所示。

	TimingName	Period	Signal	WFC	Evt0 Event	Evt0 Expr	Evt1 Event	Evt1 Expr	Evt2 Event	Evt2 Ev
4	⊟PLLTIMING _	1000ns	NRST ▾	0	D ▾	0ns	▾		▾	▾
5				1	U ▾	0ns	▾			▾
6				X	X ▾	0ns	▾			▾
7				Z	Z ▾	0ns	▾			▾
8	⊟		BOOT0 ▾	0	D	0ns	▾			
9				1	D	0ns				
10				X	X	0ns				
11				Z	Z	0ns				
12	⊟		PA4 ▾	0	D	0ns	▾			▾
13				1	D	0ns	U	500ns		
14				X	X	0ns				
15				Z	Z	0ns				
16	⊟		PA3 ▾	0	D	0ns	▾			▾
17				1	U	0ns				
18				X	X	0ns				
19				Z	Z	0ns				
20	⊟		PA5 ▾	0	D	0ns	▾			▾
21				1	U	0ns				
22				X	X	0ns				

图 9.22 完整 WFC 及状态列表

9.4.5　新建 Pattern

pat 文件用于配置 Pattern Set，通过 pat 文件可以使用 Pattern Tool 工具编辑 Pattern 文件。pat 文件的预览界面如图 9.23 所示。

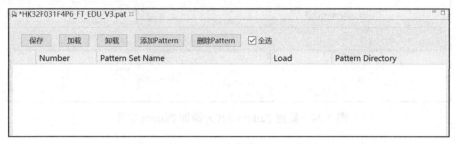

图 9.23　PAT 文件的预览界面

pat 文件可用控件解释如表 9.22 所示。

表 9.22　PAT 文件按钮说明

控　件	功　能
保存	保存编辑
加载	加载勾选 Load 的 Pattern Set
卸载	卸载勾选 Load 的 Pattern Set
添加 Pattern	在表格中添加一个 Pattern Set
删除 Pattern	删除选中的 Pattern Set
全选	选中所有的 Pattern Set，勾选 Load 列复选框
打开 Pattern Tool	右击 Pattern Set 的 PatternDirectory 列可进入 Pattern Tool

pat 表格的表头字段说明如表 9.23 所示。

表 9.23　Pattern 表格表头字段说明

控　件	功　能
Number	Pattern Set 编号，自动生成 / 无法编辑
Pattern Set Name	Pattern Set 名，手动编辑
Load	复选框勾选测试
Pattern Directory	Pattern 文件的路径，双击添加
Comment	添加注释

点击添加 Pattern 按钮在编辑区添加一个 Pattern Set，在 Pattern Set Name 列输入当前 Pattern Set 的名称，双击 Pattern Directory 列添加 Pattern 文件的路径。Comment 列可以添加注释，如图 9.24 所示。

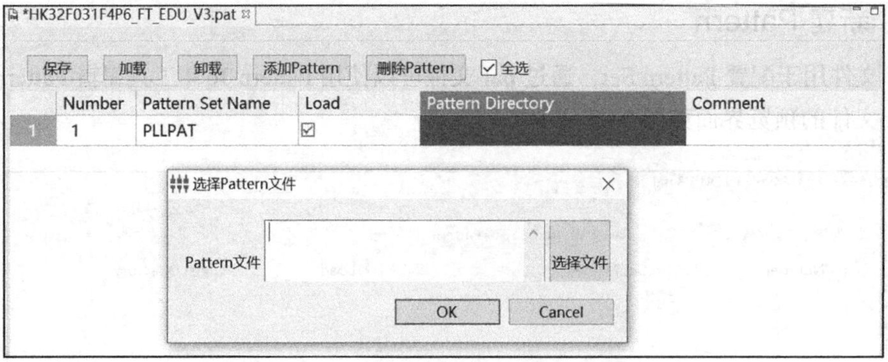

图 9.24　新建 Pattern Set 并添加 Pattern 文件

　　需要注意的是，添加的 Pattern 文件必须在当前工程项目文件夹中。并且添加的 Pattern 文件中引脚必须和 tim 文件中定义的一致，否则无法通过 Pattern Tool 编辑 Pattern 文件。

　　添加 Pattern 文件的路径后（此时是没有 Pattern 文件的），才可以使用 Pattern Tool 工具。必须先选中 Pattern 文件路径，然后右击，选择打开 Pattern Tool 命令或者点击工具栏中的 █ 按钮进入 Pattern 文件编辑界面。

　　当没有指定 Pattern 文件路径时，会自动进入新建 Pattern 模式。也可以点击新建按钮 █ 生成一个空表格，可以在表格中编辑 Pattern。新建的空 Pattern 如图 9.25 所示。

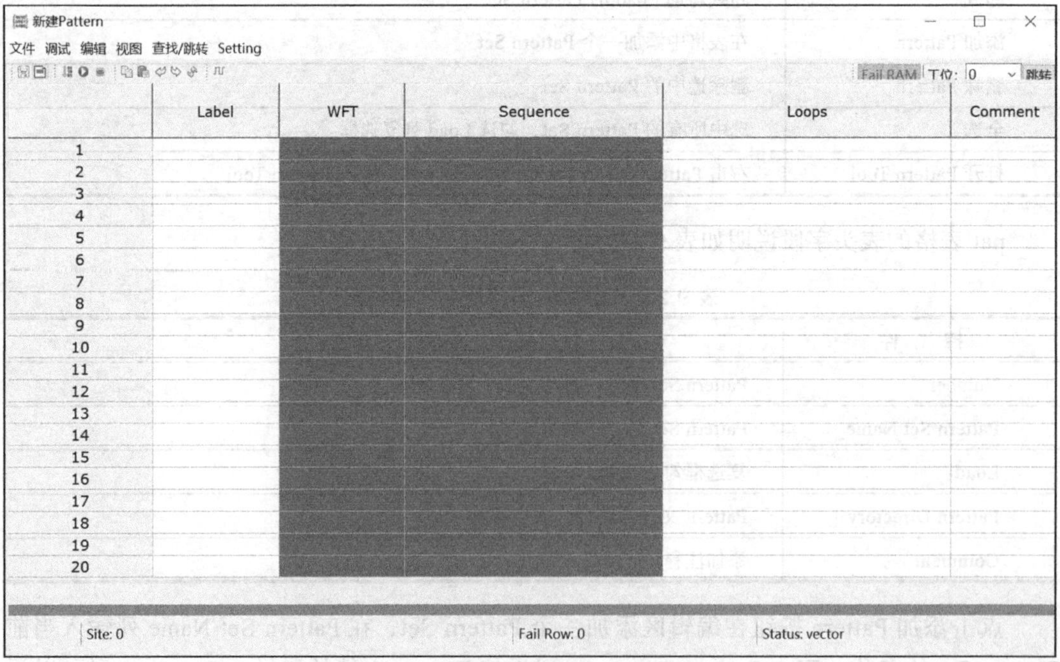

图 9.25　新建的 Pattern 空表格

图 9.45 中的表格中相关字段的说明如表 9.24 所示。

表 9.24　Pattern 表格内容说明

选　　项	说　　明
Lable	Label 标签，表示当前 Vector 的索引，双击单元格，可以进行编辑（Label 标签不可以重复）
WFT	当前 Vector 对应的 TIM 文件中的 TimingName
Sequence	执行微指令，详见 Sequence 指令列表，右击鼠标进行编辑
Loops	图形化显示 Sequence 指令，无法编辑
Comment	添加说明，可以编辑

其中，Sequence 列可以添加微指令，使 Vector 可以循环、重复，支持的微指令如图 9.26 所示。

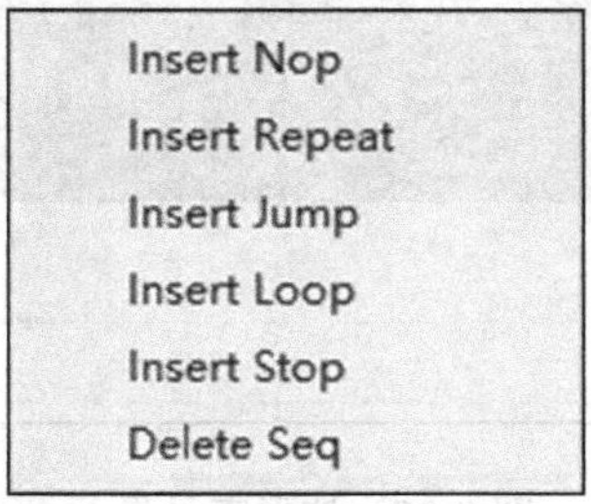

图 9.26　Sequence 列指令

指令说明如表 9.25 所示。

表 9.25　Sequence 指令说明

指　　令	功　　能
Insert Nop	在右击的位置插入 Nop 指令，Nop 指令什么都不做
Insert Repeat	插入 Repeat 指令，填写重复次数，Repeat 指令相当于开始 Lable 行和结束 Lable 行之间的行都为当前 Lable 行的 Loop
Insert Loop	插入 Loop 指令，填写循环次数、循环的 Lable 标签，默认从当前插入 Loop 指令行的下一行开始，到指定的 Label 标签结束（注意 Loop 只可以内部嵌套，Loop 线不可以交叉），单击确定按钮插入 Loop
Insert Jump	插入 Jump 指令，填写需要跳转到到 Label 标签
Insert Stop	在右击的位置插入 Stop 指令
Delete Seq	删除当前位置的指令

Pattern 工具中集成了波形预览工具，该工具用于 Pattern 波形化显示，在无误数据的 Pattern Tool 界面选择"视图"菜单中的波形工具，打开波形工具窗口，如图 9.27 所示。

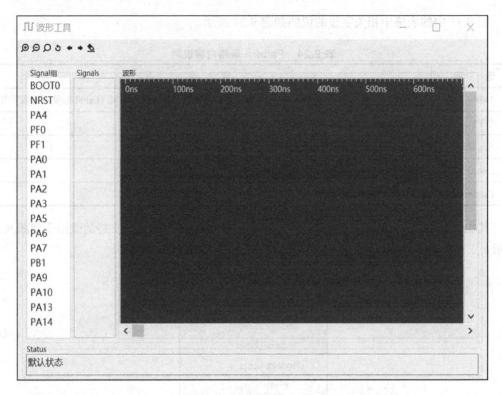

图 9.27　波形工具界面

　　双击左侧信号，将其添加到右侧波形预览区，可通过 Ctrl 键和鼠标滚轮放大、缩小预览区中的波形，通过此工具可分析 Pattern 波形是否与期望相符。

　　在 Pattern Tool 中编写 Pattern，新建的 Pattern 表格中一行内容就表示一个 Vector。

　　Pattern 文件中必须含有如下信息：

❑ 芯片引脚名及其对应的参考时钟。

❑ Pattern 中执行一行 Vector 所需的时间（Period）。

❑ 每行 Vector 对应的电平信息。

❑ 每行 Vector 的值（例如 0/1X/Z/M/L/H），这个值可随意定义，但是必须在 Timing 文件中有对应说明。

　　有了上述几条信息后，再结合芯片的时序就可以组成 Pattern。

　　PLLT 测试 Pattern 的示例如下：

　　我们使用 Pattern Tool 写一个 PLLT 测试项需要的 Pattern 文件。

　　进行 PLLT 测试时需要用到的功能引脚与芯片引脚的对应关系如表 9.26 所示。

表 9.26　PLL 测试关联引脚

Name	芯片引脚	输入 / 输出
PLLCKI	PA3	输入
SDI_SCK	PA4	输入
SDI	PA5	输入
PLLLOCK	PA6	输出
PLLCKO	PA7	输出
PLLPD	PB1	输入

现在根据前面定义的 Timing Set 文件和 PLL 的测试时序图（见图 9.28）来写一段 PLLT 测试的 Pattern。

编辑 PLLT 测试 Pattern 时需要注意图 9.28 中的设定：

1）PWDATA Bit1 先输出，Bit44 后输出。

2）需要多输出 1 个 PWCLK。

3）PWCLK 最大频率为 1MHz（芯片周期为 1000ns）。

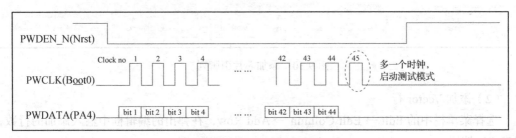

图 9.28　芯片测试时序

图 9.29 为 PLLT 测试项目中各个信息的完整时序图，其中 NRST 为复位信号，BOOT0 为时钟信号，PA4 为数据信号（后续进入所有测试模式都通过 PA4 引脚输入 PassCode），1 个芯片时序周期写 1bit。

芯片进入测试模式后由 PA3 输入 PLL 的参考时钟；PB1 输入 PLL 的 PD 信号；PLL 的其他控制信号由 PA5、PA4 串行输入，一共需要串行输入 37bit 的数据。PA6 输出 PLL 的 lock 信号，PA7 输出 PLL 的时钟。

根据图 9.29 分析，需要在 Pattern 中编辑 NRST、BOOT0、PA4、PA5、PA3、PB1、PA6 引脚的状态。具体步骤如下：

（1）添加芯片引脚列

首先点击 Loops 列，然后选择"编辑"→"编辑列"→"添加列"命令，在弹出的编辑框中输入芯片引脚名，添加芯片的引脚列。

例如，点击 Loops 列后添加 BOOT0 引脚列，然后点击 BOOT0 添加 NRST，以此类推，再添加 PA4、PA5、PA3、PB1、PA6 引脚列。

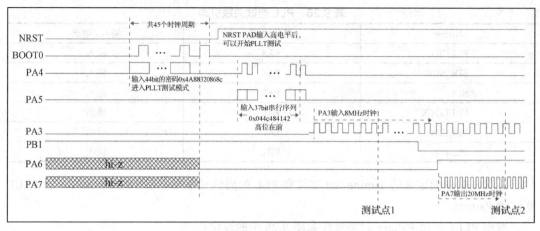

图 9.29　PLLT 测试时序图

添加好的芯片引脚列如图 9.30 所示。

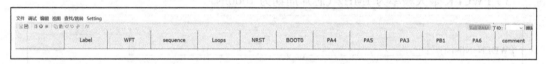

图 9.30　添加芯片引脚列

（2）添加 Vector 行

选择菜单栏中的 Edit → Edit Column → Add Row，在弹出的编辑框中输入添加的行数，点击 OK 按钮。

单击选中第 1 行，在第 1 行后添加新的 Vector 行。

当未选中指定行时，添加的行默认在最前面。选定指定行后会在该行下方添加。

（3）编辑 Vector

❑ Label：双击进行编辑，填写 Vector 的索引。

❑ WFT：双击进行编辑，根据 Timing Set 文件中的 TimingName 列编写。

❑ Sequence：右击进行编辑，插入指令，当前 Vector 不需要变换时，就设置为 nop，否则根据需要设置为 repeat、loop、jump。

（4）编辑芯片引脚初始状态

观察芯片时序图，开始时 BOOT0、NRST、PA4、PA5、PA3 都处于低电平，所以在 Pattern 中这几个引脚起始位置都写 0（对应 Timing Set 文件中各引脚的 D）。PB1 初始状态为高电平，设置为 1（对应 Timing Set 文件中 PB1 引脚的 U）。PA6 是输出引脚，开始时不关注，设置为 X。

如图 9.31所示，将初始状态持续时间设置为 repeat 10，前面循环 10 次保持时序图中的初始状态。在 Sequence 列添加指令后会在 Loops 列生成对应的图形化指令。

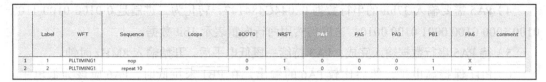

	Label	WFT	Sequence	Loops	BOOT0	NRST	PA4	PA5	PA3	PB1	PA6	comment
1	1	PLLTIMING1	nop		0	1	0	0	0	1	X	
2	2	PLLTIMING1	repeat 10		0	1	0	0	0	1	X	

图 9.31　芯片引脚初始状态

（5）进入测试模式的 Pattern 编辑状态

输入 PassCode 后，进入 PLL 的测试模式。BOOT0 引脚输入芯片的时钟，芯片时钟周期是 1000ns，在 Timing 文件中定义执行一行 Vector 需要 500ns，所以给 BOOT0 引脚写一行 0 和一行 1，代表一个芯片时钟周期。共需要 45 个芯片时钟周期，从图 9.32 中的第二行开始，共添加 45 个 0 和 1。在 45 个周期完成后持续保持低电平，在 Pattern 中持续写 0 即可。

NRST 引脚拉低后开始输入 PassCode，需要持续 45 个时钟周期的低电平，因此在 Pattern 中 NRST 引脚列先写 1 拉高，然后拉低，写 90 行的 0。NRST 在 Pattern 结束时拉高写 1。

PA4 引脚需要输入 44bit 的 PassCode，一个芯片时钟周期写 1bit，就需要 44 个时钟周期，在 Pattern 中，两行 Vector 代表一个芯片时钟周期，所以 PassCode 中的 1bit 就需要两行 Vector，两行的值都相同。例如，0 在 Pattern 中就需要用 00 来表示，1 需要用 11 来表示。

进入 PLLT 测试模式的 44 位 PassCode 是 0x4A88320868C。

将上述十六进制 PassCode 转为二进制就是

0100 1010 1000 1000 0011 0010 0000 1000 0110 1000 1100

44 位 PassCode 按照芯片周期需要在 Pattern 中填入的值为：

00 11 00 00 11 00 11 00 11 00 00 00 11 00 00 00 00 00 11 11 00 00 11 00 00 00
　　00 00 11 00 00 00 00 11 11 00 00 00 11 11 00 00

其中，00 表示两行 Vector 值都为 0，11 表示两行 Vector 值都为 1。

注意　在 PA4 写完 44 位 PassCode 后，根据时序图还需要 1 个周期，就再写 1bit，即填写 2 个 0。

PA5、PA3、PB1 引脚在前 45 个芯片时钟周期内都保持不变，按照时序图写 0 或 1 即可。

（6）开启 PLL 输出 Pattern

待 45 个时钟周期运行完后就进入了 PLL 的测试模式，然后就可以开始测试 PLL 了。此时 PA4 作为参考时钟，待 PA5 输入串行数据结束后，PA3 输入参考时钟，测量 PA7 引脚的输出频率：

1）此时 NRST 引脚需要拉高，持续写 1 即可。

2）BOOT0 引脚开始拉低，持续写 0 即可。

3）PA4 开始输入 37 个周期时钟，最终持续保持低电平。

4）PA5 需要输入 37bit 的串行数据 0x044C484142，转化为二进制是 0 0100 0100 1100 0100 1000 0100 0001 0100 0010。这里仍然用两行向量表示 1bit 数据。

5）待 PA5 串行数据输入完成，PA3 持续一段低电平后，开始输入 8MHz 时钟。

6）PB1 保持高电平，然后比较 PA6 的输出，在 PB1 未拉低时，PA6 应该为低电平，在某个检测点写 L 即可。在 PB1 拉高后，等待 100µs 后比较 PA6 的输出，应该为高电平，在某个检测点写 H 即可。

按照上述描述继续编辑 Pattern 文件。NRST引脚在 PA4 输入 PassCode 期间保持低电平，持续写 0。在 PassCode 输入结束后开始拉高，持续写 1。

PassCode 输入完成后 BOOT0 引脚拉低，保持为低电平，BOOT0 引脚列全写 0。

进入测试模式后，PA5 输入串行数据，PA4 引脚作为时钟，PA4 引脚写一行 0 和一行 1（代表一个周期），直到 37 个周期结束后，按照时序图 PA4 变为拉低状态，保持低电平，持续写 0。PA5 引脚写入二进制的串行数据，输入完成后，按照时序图，PA5 变为低电平，持续写 0。

进行输出比较时，PA3 引脚作为时钟输入，周期为 125ns（8MHz）。写一行 0 和一行 1（代表一个周期）。最后在 Pattern 中最后一行 Vector 中添加 Stop 指令。用 PA6 引脚进行比较时写 L 和 H。

图 9.32 中，标记 1 处 Loop 指令是在等待 100µs。标记 2 处是在比较 PA6 引脚的输出。箭头标记是添加 stop 指令。

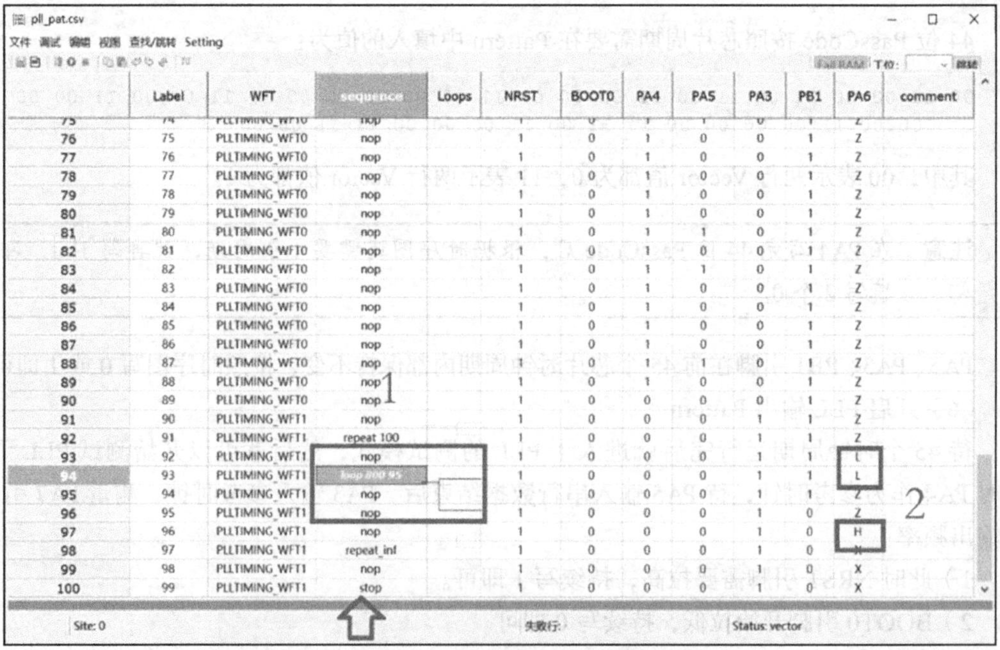

图 9.32　比较 PA6 的输出

（7）保存 Pattern

点击 Pattern Tool 工具中的保存按钮，或者按 Ctrl+S 快捷键将当前新建的 Pattern 保存，默认保存为 csv 文件。图 9.33 所示为是使用波形工具将刚刚编辑的 Pattern 展示为波形的效果。

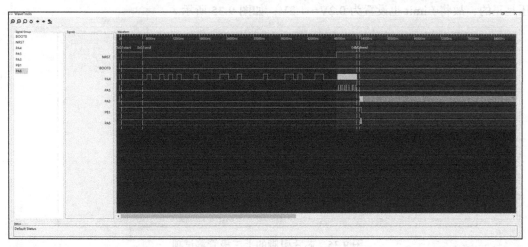

图 9.33　Pattern 显示为波形

9.4.6　建立测试项 tmf

参照 2.5 节中关于 tmf 文件编辑的步骤新建 MCU 所要进行的测试项目。

1. OS 测试——上 / 下二极管测试

按照图 9.34 所示，定义一个 OSN_TEST 测试项，并且定义一系列子项，用于代表芯片的待测引脚。

	Number	Test Function	FuncDesc	Test	Param ID	ParamName	Min	Max	Unit
1	◢ 1	OSN_TEST	Desc	☑	1001	PA0	-1.2	-0.2	V
2					1002	PA1	-1.2	-0.2	V
3					1003	PA2	-1.2	-0.2	V
4					1004	PA3	-1.2	-0.2	V
5					1005	PA4	-1.2	-0.2	V
6					1006	PA5	-1.2	-0.2	V
7					1007	PA6	-1.2	-0.2	V
8					1008	PA7	-1.2	-0.2	V
9					1009	PA9	-1.2	-0.2	V
10					1010	PA10	-1.2	-0.2	V
11					1011	PA13	-1.2	-0.2	V
12					1012	PA14	-1.2	-0.2	V
13					1013	PB1	-1.2	-0.2	V
14					1014	BOOT0	-1.2	-0.2	V
15					1015	PF0	-1.2	-0.2	V
16					1016	PF1	-1.2	-0.2	V
17					1017	NRST	-1.2	-0.2	V

图 9.34　芯片引脚的下二极管测试项

进行芯片 IO 的下二极管测试时，需要测试机设置反向电流（拉电流），所以测试到的电压是负的，故将 Limit 设置为 –1.2V～–0.2V。

进行芯片 IO 的上二极管测试时，需要给芯片设置正向电流（灌电流），所以测试到的电压是正的，故将 Limit 也设置为 0.2V～1.2V，如图 9.35 所示。

2	◢ 2	OSP_TEST	Desc	☑	2001	PA0	0.2	1.2	V
3					2002	PA1	0.2	1.2	V
4					2003	PA2	0.2	1.2	V
5					2004	PA3	0.2	1.2	V
6					2005	PA4	0.2	1.2	V
7					2006	PA5	0.2	1.2	V
8					2007	PA6	0.2	1.2	V
9					2008	PA7	0.2	1.2	V
10					2009	PA9	0.2	1.2	V
11					2010	PA10	0.2	1.2	V
12					2011	PA13	0.2	1.2	V
13					2012	PA14	0.2	1.2	V
14					2013	PB1	0.2	1.2	V
15					2014	BOOT0	0.2	1.2	V
16					2015	PF0	0.2	1.2	V
17					2016	PF1	0.2	1.2	V
18					2017	NRST	0.2	1.2	V

图 9.35　芯片引脚的上二极管测试项

2. VOL/VOH 测试

按照图 9.36 所示，定义一个 VOH_TEST 和 VOH_TEST 测试项。

3	3	VOH_TEST	Desc	☑	3001	VOH	1	1
4	4	VOL_TEST	Desc	☑	4001	VOL	1	1

图 9.36　VOH_TEST/VOH_TEST 测试项

3. VOPU / VOPD 测试

按照图 9.37 和图 9.38 所示，定义 VOPU_TEST 和 VOPD_TEST 测试项，并且定义一系列子项，用于代表芯片的待测引脚。

6	◢ 6	VOPU_TEST	Desc	☑	6001	PA0	-110	-66	uA
7					6002	PA1	-110	-66	uA
8					6003	PA2	-110	-66	uA
9					6004	PA3	-110	-60	uA
10					6005	PA4	-110	-66	uA
11					6006	PA5	-110	-66	uA
12					6007	PA6	-110	-66	uA
13					6008	PA7	-110	-66	uA
14					6009	PA9	-110	-66	uA
15					6010	PA10	-110	-66	uA
16					6011	PA13	-110	-66	uA
17					6012	PA14	-110	-66	uA
18					6013	PB1	-110	-66	uA
19					6014	PF0	-110	-66	uA
20					6015	PF1	-110	-66	uA

图 9.37　VOPU_TEST 测试项

5	◢ 5	VOPD_TEST	Desc	☑	5001	PA0	66	110	uA
6					5002	PA1	66	110	uA
7					5003	PA2	66	110	uA
8					5004	PA3	60	110	uA
9					5005	PA4	66	110	uA
10					5006	PA5	66	110	uA
11					5007	PA6	66	110	uA
12					5008	PA7	66	110	uA
13					5009	PA9	66	110	uA
14					5010	PA10	66	110	uA
15					5011	PA13	66	110	uA
16					5012	PA14	66	110	uA
17					5013	PB1	66	110	uA
18					5014	PF0	66	110	uA
19					5015	PF1	66	110	uA

图 9.38　VOPD_TEST 测试项

将 VOPU_TEST 测试的所有引脚的 Limit 设置为 –110μA～–66μA。

VOPD_TEST 测试中，将所有引脚的 Limit 设置为 66μA～110μA。

4. NFL 测试

按照图 9.39 所示，定义一个 NFL_TEST 测试项。

7	◢ 7	NFL_TEST	Desc	☑	7001	NFL_PA4_HIGH	-0.99	0.99	V
8					7002	NFL_PA4_LOW	-0.99	0.99	V

图 9.39　NFL_TEST 测试项

5. HSE 测试

按照图 9.40 所示，定义一个 HSE_TEST 测试项。

9	8	HSE_TEST	Desc	☑	8001	HSE	-2	2	uA

图 9.40　HSE_TEST 测试项

6. PVD 测试

按照图 9.41 所示，定义一个 PVD_TEST 测试项，并且定义一系列子项，用于代表芯片的待测引脚。

10	◢ 9	PVD_TEST	Desc	☑	9001	PH_PVD_L	-0.5	0.8	V
11					9002	PL_PVD_H	2.2	2.8	V
12					9003	PH_PVD_L1	-0.5	0.8	V

图 9.41　PVD 测试项

7. 其他测试项

按照图 9.42 所示，分别定义 BIST_TEST、HSI_TEST、PLL_TEST、LSI_TEST 测试项。

11	11	BIST_TEST	☑	11000	BIST	1	1		9	5	Fail	▾	Desc
12	12	HSI_TEST	☑	12000	HSI1	7.84	8.16	MHz	11	5	Fail	▾	Desc
13	13	PLL_TEST	☑	13000	PLL	19.6	20.4	MHz	12	5	Fail	▾	Desc
14	14	LSI_TEST	☑	14000	LSI	20	40	KHz	13	5	Fail	▾	Desc
15	15	SetPassBin	☑						1	1	Pass		

图 9.42　其他测试项

最后一个测试项 SetPassBin 用于筛选测试通过 / 失败的芯片，测试时必须勾选。

至此，HK32F031F4P6 芯片需要进行的测试项已经定义完，同时在 Test.cpp 文件中已经生成了所有测试项函数。

9.4.7　测试程序实例

下面将描述 MCU 的一些测试项示例程序，通过这些示例加强读者对芯片测试项的理解。这里根据芯片通过条件介绍两种类型分 Bin 测试：

❑ 根据电压、电流、频率等参数分 Bin，适用于 OS、VOPU/VOPD、PLLT 测试。

❑ 根据 Pattern 运行结果分 Bin，适用于 VOH/VOL、BIST 测试。

因为 MCU 的 DC 测试与功能测试方法基本上与前面介绍过的芯片测试方法类似，这里不重复叙述。我们将重点放在断电检测 PVDT 测试及使用 TMU 测量频率的 PLLT 这两部分。

1. PVDT 测试

测试方法：

给芯片供电，设置参考电平，输入 PVD 的 Pattern，然后测量指定引脚 PA7 的电压。

测量电压有三个点，如下所示：

❑ VDD 为高电平（3.3V）时，PA7 为低电平。

❑ VDD 为高电平（2.5V）时，PA7 为高电平。

❑ VDD 为高电平（3.3V）时，PA7 为低电平。

测试步骤如下：

1）在芯片加 3.3V 电压，并设置输入输出引脚参考电平。

2）执行预置 Pattern，使芯片进入 PVDT 测试模式。

3）测试前需要将 PA3 引脚拉低，使用 PPMU 对 PA3 施加 0V 电压。

4）使用 PPMU 测量 PA7 引脚的电压，记录为数据 1。

5）将 VDD、VDDA 引脚电压设置为 2.5V，然后使用 ppmu 测量 PA7 电压，记录为数据 2。

6）将 VDD、VDDA 引脚电压重新设置为 3.3V，然后使用 ppmu 测量 PA7 电压，记录为数据 3。

7）测试完成后对芯片下电。

8）将 3 次数据与 Limit 比对，判断测试是否通过。

PVDT 测试代码示例如下：

```
TEST Start
Set VDD+VDDA = 3.3V;
Set IO_Pin VIH = 3.3V, VIL = 0V, VOH = 2.8V, VOL = 0.8V;
RunpatternPVDT.pat;
// PA3
PPMU force PA3 = 0V;
// CHECK 1
Measure PA7 PVD_RESULT1;
//CHECK 2
Set VDD+VDDA = 2.5V;
Measure PA7 PVD_RESULT2;
// CHECK 3
Set VDD+VDDA = 3.3V;
Measure PA7 PVD_RESULT2;
// POWER OFF AND ppmu RESET
Power Off All;
Check and Bin PVD_RESULT1;
Check and Bin PVD_RESULT2;
Check and Bin PVD_RESULT3;
TEST_END
```

2. PLLT 测试

测试方法：

给芯片供电，设置参考电平，输入 PLL 的 Pattern，然后测量指定引脚频率。

测试需求：

测试频率为 19.6MHz～20.4MHz，测试通过。

测试步骤：

1）首先给芯片施加 3.3V 电压，并设置输入输出引脚参考电平。

2）设置 TMU 处于测量频率模式。

3）运行 PLL 预置状态 Pattern，并使 Pattern 进入频率持续输出模式。

4）测量 PA7 引脚的频率。

5）测试完成后对芯片下电。

6）确认结果并分 Bin。

PLLT 测试代码示例如下：

```
TESTStart
Set VDD+VDDA = 3.3V;
Set IO_Pin VIH = 3.3V, VIL = 0V, VOH = 2.8V, VOL = 0.8V;
Set TMU mode: Frequency Test
```

```
RunPatternPLLT.pat
TMU measure PA7 MEAS_RESULT
PowerOff All
Check and Bin MEAS_RESULT
TEST_END
```

9.5 程序调试及故障定位

完成上述所有步骤后，需要重新进行编译。首先将加载的测试工程进行卸载操作，然后进行编译，编译通过后再次加载该测试工程。若编译未通过，则根据编译窗口中的日志排查问题。

执行测试之前，需要先加载测试项所需的 Pattern 文件，可通过 PAT 文件编辑器中的"加载"按钮下发或点击工具栏中的 按钮。

按照图 9.43 选中所有 PAT，也可以通过 Load 复选框选择需要下发的 PAT。

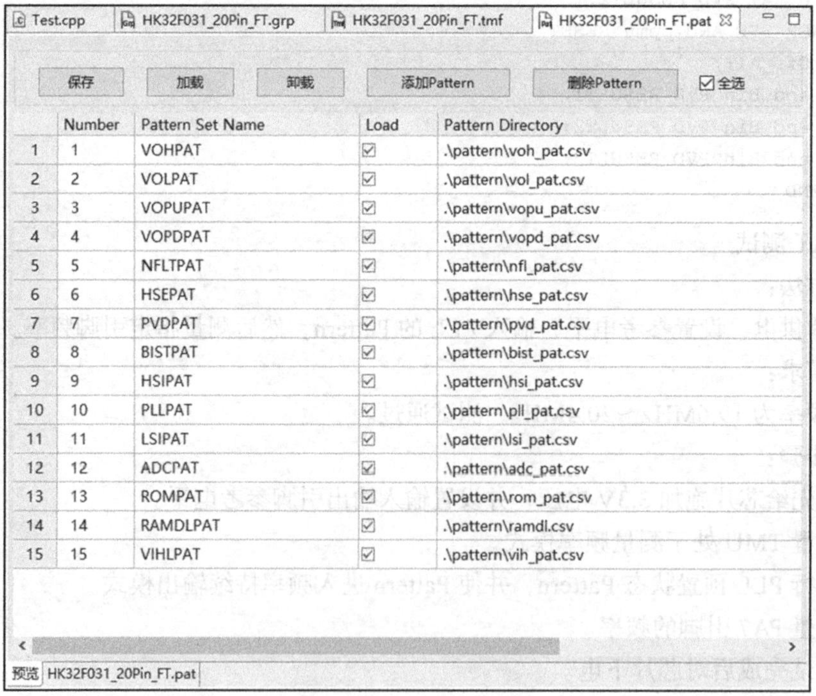

图 9.43 加载 Pattern

在 tmf 文件中勾选需要的测试项的 Test 列复选框，如图 9.44 所示，也可勾选 SelectAllTest 复选框选择所有测试项。选中后的测试项会高亮显示，然后点击工具栏中的 按钮运行测试，开始运行之后会自动弹出测试视图窗口显示测试结果。

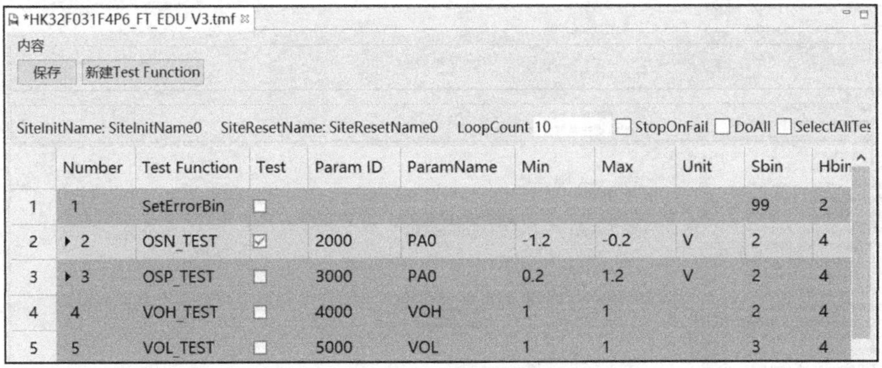

图 9.44　选择测试项

测试视图为测试结果预览界面如图 9.45 所示。此界面中会显示所有的测试项，未加入测试的测试项显示为灰色。当测试不通过时，失败项处的结果会标红处理。

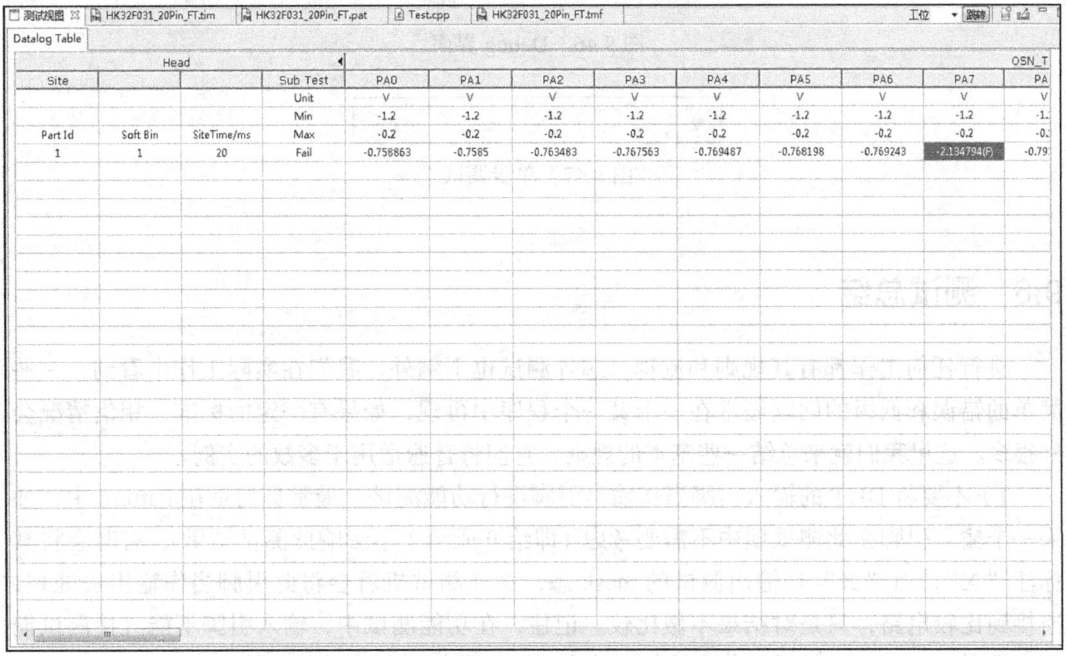

图 9.45　测试视图显示测试结果

测试软件自带集成开发环境，编写测试代码后可直接进行断点调试。在 Test.cpp 中设置断点后，点击工具栏中的 ⚙ 按钮，进入软件调试界面，如图 9.46 所示。

调试时可以使用图 9.47 所示的按钮单步运行测试代码，观察相应的测试变量。

```
正在加载项目: HK32F031F4P6_FT_EDU_V3
文件 编辑 测试 编译 工具栏 Run 窗口 帮助

Debug   Project Explorer              Test.cpp  stl_vector.h  HK32F031F4P6_FT_EDU_V3.tmf            Variables  Breakp... Express... Modules
  0x64942711                          101    TEST_BEGIN                                           Name          Type         Value
  0x12d744c                           102    cout << "SiteResetName0" << endl;
  std::_atomic_futex_unsigned<214748  103
  std::_future_base::_State_baseV2:wait  104    TEST_ERROR
  std::_basic_future<void>::_M_get_res  105    binObj.HandlerException(0);
  <...more frames...>                 106    TEST_END;
  Thread #7 0 (Suspended : Container)  107  }
  Thread #8 0 (Suspended : Container)  108
  Thread #9 0 (Suspended : Container)  109  USER_CODE void OSN_TEST() {
  Thread #10 0 (Suspended : Container)  110    TEST_BEGIN
  Thread #11 0 (Suspended : Container)  111
  Thread #12 0 (Suspended : Container)  112    dps.Signal("POWERPINS_GRP").Connect();
  Thread #13 0 (Suspended : Container)  113    ppmu.Signal("LVLPINS_GRP").Connect();
  Thread #14 0 (Suspended : Container)  114
  Thread #15 0 (Suspended : Container)  115    PowerOnVdd(0.0);
  Thread #16 0 (Suspended : Container)  116    PowerOnVdda(0.0);
  Thread #17 0 (Suspended : Container)  117
  Thread #18 0 (Suspended : Container)  118    ppmu.Signal("OSPINS_GRP").SetMode("FIMV")
  Thread #19 0 (Suspended : Container)  119                         .CurrForce(-100e-6)
  Thread #20 0 (Suspended : Container)  120                         .CurrRange(100e-6)
  Thread #21 0 (Suspended : Container)  121                         .VoltClamp(2, -2)
  Thread #22 0 (Suspended : Container)  122                         .Execute();
  Thread #23 0 (Suspended : Container)  123    sys.DelayUs(1000);
  Thread #24 0 (Suspended : Container)  124    // MEASURE
  Thread #25 0 (Suspended : Container)  125    ppmu.Measure(MEAS_RESULT);
  Thread #26 0 (Suspended : Container)  126
  Thread #27 0 (Suspended : Container)  127    // ppmu POWER OFF
  Thread #28 0 (Suspended : Container)
  Thread #29 0 (Suspended : Container)    控制台  Registers  问题  Executables  Debugger Console  Memory
  Thread #30 0 (Suspended : Breakpoint)  MINI ATE Runner
    OSN_TEST() at Test.cpp:112 0x6a4021  The Site:0x4555b80 of SelectSite:0x4555b80 is not in the ExistSite:0x1
                                         ERROR 0x44010030 : [multisite]param invalid [function:SetSelectSite, file:./src/Csignal.cpp]
                                         ProjectInit
                                         The Site:0x4555b80 of SelectSite:0x4555b80 is not in the ExistSite:0x1
                                         ERROR 0x44010030 : [multisite]param invalid [function:SetSelectSite, file:./src/Csignal.cpp]
                                         SiteInitName0
                                                       Writable    Smart Insert   112 : 1        执行prj命令
```

图 9.46　Debug 界面

图 9.47　单步调试

9.6　测试总结

　　进行任何工作都有其规则和流程，芯片测试也不例外。我们在实际工作中看到，一些简单的错误和低级的问题经常在一个又一个程序中再现，如果有一定的标准，相信情况会好很多。这里我们就来总结一些基本的规则，它们将普遍适用于多数的实例。

　　1）不要将 DUT 的输入引脚当作输出引脚进行功能测试。最常见的是在 Pattern 中，如果一个输入引脚在此测试项中不需要考虑（即给 0 或给 1 不影响此测试结果），有时会将其标注"X"，而"X"是输出测试的 mask 态，这样测试机就会将此引脚当作输出去处理，连接到比较电路，只是对结果不做比较。记住，在功能测试中，输入引脚不能直接测试期望来得到 Pass/Fail 的结果；信号施加到输入引脚，我们需要测试的是输出引脚。

　　2）不要将测试机的驱动单元连接到 DUT 的输出引脚。此举会造成测试机和器件本身在同一时间驱动电压和电流到该引脚，当它们在某一点相遇时，电流小的一方会受到严重损坏。

　　3）不要悬空（float）某个输入引脚，一个有效的逻辑必须施加到输入引脚，为 0 或者 1。对于 CMOS 工艺的器件，悬空输入引脚会造成浪涌（latch-up）现象，导致大电流对器件造成破坏。

4）不要施加大于 VDD 引脚电压或小于 GND 引脚电压的电压到输入或输出引脚，否则也会引起浪涌现象，损害器件。

5）驱动电压信号到 DUT 时，记得设置电流钳制，限制测试机的最大输出电流。

6）驱动电流信号到 DUT 时，记得设置电压钳制，限制测试机的最大输出电压。

7）不要在驱动单元与器件引脚连接时改变驱动信号（电压或电流）的范围，也不要在这个时候改变 PMU 驱动的信号类型（如将电压驱动改为电流驱动）。

8）芯片的插座和测试头之间的电线引起的电感是芯片载体及封装测试中的首要考虑因素，测试前需要保证芯片与测试机连接良好，通信正常。

9）在 IIH/IIL 测试过程中，当测试不通过时，首先要查找非器件的原因：将器件从 Socket 上拿走，运行测试程序，空跑一次，测试结果应该为 0 电流；如果不是，则表明有器件之外的地方消耗了电流，此时就得一步步找出测试硬件上的问题并解决它。

10）在测试机获取芯片测试结果之前，请设置一定的时间延迟。

11）给芯片供电或输入 Pattern 后，请设置一定的时间延迟，等待芯片响应。

12）每项测试完成后一定要断电，并将使用的模块复位。

第五篇

混合集成电路测试与实践

第 10 章　ADC 测试

第 10 章

ADC 测试

10.1　ADC 原理及基本特征

10.1.1　ADC 芯片介绍

1. ADC 芯片定义

ADC 芯片是将模拟信号转换成数字信号的器件，称为模数转换器（Analog To Digital Converter，又称 A/D 转换器），A/D 转换的作用是将时间连续、幅值也连续的模拟信号转换为时间离散、幅值也离散的数字信号。

2. ADC 分类

常用的几种 ADC 类型包括积分型、逐次比较型、并行比较型 / 串并行比较型、Σ-Δ 调制型、电容阵列逐次比较型及压频变换型。

（1）积分型

积分型模数转换器的工作原理是将输入电压转换成时间（脉冲宽度信号）或频率（脉冲频率），然后由定时器 / 计数器获得数字值。其优点是用简单的电路就能获得高分辨率，抗干扰能力强（为何抗干扰性强？原因假设一个对于零点正负的白噪声干扰，显然一积分，则会滤掉该噪声），但缺点是由于转换精度依赖于积分时间，因此转换速率极低。初期的单片模数转换器大多采用积分型，现在逐次比较型转换器已逐步成为主流。

（2）逐次比较型

逐次比较型模数转换器由一个比较器和数模转换器通过逐次比较逻辑构成，从 MSB 开始，顺序地对每一位输入电压与内置数模转换器输出进行比较，经 n 次比较后输出数值。其电路规模属于中等，优点是速度较高、功耗低。在低分辨率（小于 12 位）时价格便宜，但在高精度（大于 12 位）时价格很高。

（3）并行比较型

并行比较型模数转换器采用多个比较器，仅做一次比较就进行转换，又称 Flash（快速）型。由于转换速率极高，n 位的转换需要 $2n-1$ 个比较器，因此电路规模也极大，价格也高，只适用于视频模数转换器等速度特别高的领域。

（4）串并行比较型

串并行比较型模数转换器结构上介于并行比较型和逐次比较型之间，最典型的是由 2 个 $n/2$ 位的并行型 AD 转换器配合 DA 转换器组成，用两次比较实现转换，所以称为 Half flash（半快速）型。分成三步或多步实现 AD 转换的叫作分级（Multistep/Subrangling）型 AD，从转换时序角度又可称为流水线（Pipelined）型 AD。现在的分级型 AD 中还加入了对多次转换结果进行数字运算、修正特性等功能。这类 AD 转换速度比逐次比较型高，电路规模比并行型小。

（5）Σ-Δ（Sigma delta）调制型

Σ-Δ 调制型模数转换器由积分器、比较器、1 位 DA 转换器和数字滤波器等组成，如 AD7705。原理上近似于积分型，将输入电压转换成时间（脉冲宽度）信号，用数字滤波器处理后得到数字值。电路的数字部分基本上容易单片化，因此容易做到高分辨率，主要用于音频和测量。

（6）电容阵列逐次比较型

电容阵列逐次比较型模数转换器在内置 DA 转换器中采用电容矩阵方式，也可称为电荷再分配型。一般的电阻阵列 DA 转换器中，多数电阻的值必须一致，在单芯片上生成高精度的电阻并不容易。如果用电容阵列取代电阻阵列，可以用低廉成本制成高精度单片 AD 转换器。最近的逐次比较型 AD 转换器大多为电容阵列式的。

（7）压频变换型

压频变换型（Voltage-Frequency Converter）模数转换器是通过间接转换方式实现模数转换的，如 AD650。其原理是首先将输入的模拟信号转换成频率，然后用计数器将频率转换成数字量。从理论上讲，这种 AD 的分辨率几乎可以无限增加，只要采样的时间能够满足输出频率分辨率要求的累积脉冲个数的宽度即可。其优点是分辨率高、功耗低、价格低，但是需要外部计数电路共同完成 AD 转换。

3. ADC 芯片功能

随着数字电子技术的迅速发展，各种数字设备，特别是数字电子计算机的应用日益广泛，几乎渗透到国民经济的所有领域之中。数字计算机只能够对数字信号进行处理，处理的结果还是数字量，当它用于生产过程自动控制时，所要处理的变量往往是连续变化的物理量，如温度、压力、速度等都是模拟量，这些非电子信号的模拟量先要经过传感器变成电压或者电流信号，然后再转换成数字量，才能送往计算机进行处理，ADC 可实现这一功能。

10.1.2 ADC 的典型应用

ADC 芯片的速度和精度指标是相互折中，此消彼长的。对应于不同的应用场景，对 ADC 芯片的速度和精度都有着不同的要求。这里总结了 ADC 芯片的各种应用场景：

- 超低的信号带宽：转换频率很低，时间上变化很慢的信号，如应用于高精度的体重计、温度计等测量仪器，ADC 精度需求通常在 20bit 以上。

- 低信号带宽：转换频率低，带宽频率通常为 100Hz 或者更小的信号，如应用于生物信号的测量，精度为 8bit～18bit。

- 音频带宽：转换人耳可以听到的 20Hz～20kHz 的声音信号，如应用于耳机、Hi-Fi 设备上，精度为 8bit～18bit。

- 视频和图像带宽：从早期的有雪花点的模拟电视到现代的高清数字电视，图像越来越清晰，对 ADC 的性能需求也越来越高。模拟电视里面的 ADC 大概需要 20MSPS，8bit 的 ADC，而现代的高清数字电视则需要 80MSPS，12bit～14bit 的 ADC。ADC 在成像中的应用，除了用在电视、相机等消费类电子上，也用在医疗电子领域，如 X 射线、超声波、核磁共振等。

- 通信带宽：无线通信领域可以划分为两个部分，一个是手机终端，一个是基站。从 3G 到 4G，再到目前火热的 5G 通信，对模拟信号的带宽要求越来越大，但转换精度要求基本保持不变，显而易见，这两个部分对于 ADC 芯片的设计要求越来越高。5G 通信下，手机终端需要 160+MSPS，12bit 的 ADC 芯片，基站里面需要 250MSPS～1GSPS，14bit～16bit 的 ADC 芯片。

10.1.3 ADC 芯片工作原理

A/D 转换一般要经过取样、保持、量化及编码 4 个过程。在实际电路中，这些过程有的是合并进行的，例如取样和保持，量化和编码往往都是在转换过程中同时实现的。

在 5.2 节中我们讲述了采样定理，在进行模拟 / 数字信号的转换过程中需要采样，当采样频率 fs.max 大于信号中最高频率 fmax 的 2 倍时（fs.max≥2fmax），采样之后的数字信号完整地保留了原始信号中的信息。这个结论称为"采样定理"，又叫"奈奎斯特定理"。

ADC 的特征参数包括如下几项：

- 分辨率（Resolution）

  分辨率指数字量变化一个最小量时模拟信号的变化量，定义为满刻度与 $2n$ 的比值。分辨率又称精度，通常以数字信号的位数来表示。

- 转换速率（Conversion Rate）

  转换速率指完成一次从模拟信号转换到数字信号所需的时间的倒数。积分型模数转换器的转换时间为毫秒级，属于低速模数转换器；逐次比较型模数转换器的转换时间是微秒级，属于中速模数转换器；全并行 / 串并行型模数转换器可达到纳秒级。有人习惯将转换速率在数值上等同于采样速率（Sample Rate），而实际上采样速率则是另外一个概念，是指两次转换的间隔。为了保证转换正确完成，采样速率必须小于或等于转换速率。因此这种说法也是可以接受的。

❑ 量化误差（Quantizing Error）

量化误差是由 AD 的有限分辨率而引起的误差，即有限分辨率 AD 的阶梯状转移特性曲线与无限分辨率 AD（理想 AD）的转移特性曲线（直线）之间的最大偏差，通常是 1 个或半个最小数字量的模拟变化量，表示为 1LSB、1/2LSB。

❑ 偏移误差（Offset Error）

偏移误差指 ADC 理想输出与实际输出之差。

❑ 满幅值误差（Full Scale Error）

满幅值误差是满度输出时对应的输入信号与理想输入信号值之差。

❑ 线性度（Linearity）

线性度指实际转换器的转移函数与理想直线的最大偏移，不包括以上三种误差。线性度通常用积分非线性度（Integral Nonlinearity, INL）和差分非线性度（Differential Nonlinearity, DNL）来表示。

在介绍 INL 和 DNL 的区别前，先介绍一下分辨率。分辨率不等同于精度，比如一块精度为 0.2%（或常说的准确度 0.2 级）的四位半万用表，测得 A 点电压为 1.000 0V，B 点电压为 1.000 5V，可以分辨出 B 点比 A 点高 0.000 5V，但 A 点电压的真实值可能在 0.998 0V～1.002 0V 之间。既然数字万用表存在着精度和分辨率两个指标，那么对于 ADC 和 DAC，除了分辨率以外，也存在精度的指标。模数器件的精度指标是用 INL 值来表示。有的器件手册用线性误差来表示。INL 表示了 ADC 器件在所有的数值点上对应的模拟值与真实值之间误差最大的那一点的误差值，也就是输出数值偏离线性最大的距离。单位是 LSB（即最低位所表示的量）。模数器件相邻量各数据之间，模拟量的差值都是一样的，就像一把疏密均匀的尺子。但实际情况并非如此。一把间距为 1mm 的尺子，相邻两刻度之间也不可能都是 1mm 整。那么，ADC 相邻两刻度之间最大的差异就叫 DNL 值，单位也是 LSB。

由于 ADC0832 的分辨率是 8bit，返回的数值在 0～255 之间，对应的模拟数值为 0～5V，因此每一档对应的电压值约为 $5 \times 1/256 = 0.019\ 5V$。

10.1.4　实例芯片 ADC0832CCN/NOPB

1. ADC0832CCN/NOPB 芯片的基本介绍

ADC0832CCN/NOPB 是一款典型的 8bit 分辨率双通道 A/D 转换芯片，产自德州仪器（TI），该芯片输出范围为 $2^8 = 256$（0～255），可以满足一般的转换要求。其内部电源输入电压 V_{CC} 与参考电压 V_{ref} 复用，使得芯片模拟输入电压在 0～5V 之间。芯片转换时间为 $32\mu s$，DO 具有双数据输出，可用作数据校验，以减少数据误差。独立的芯片使能输入，使多器件挂接与处理器控制更加方便。通过 DI 数据输入端，可以简单地实现通道功能的选择。其特点如下：

- ❑ 8 位分辨率。
- ❑ 双通道 A/D 转换。
- ❑ 输入输出电平与 TTL/CMOS 相兼容。
- ❑ 5V 电源供电时输入电压 0～5V。
- ❑ 工作频率为 250kHz，转换时间为 32μs。
- ❑ 功耗约 15mW。
- ❑ 8P、14P 双列直插、PICC 多种封装。
- ❑ 商用级芯片工作温度为 0℃～70℃，工业级芯片工作温度为 –40℃～85℃。

ADC0832CCN/NOPB 工作原理与时序特征：

从图 10.1 所示的时序图以及表 10.1 可以看到，当 ADC0832（CN/NOPB）未工作时，其 CS/ 输入端应为高电平，此时芯片禁用，CLK、DI 和 DO 的电平可任意选择。当要进行 AD 转换时，须先将 CS/ 使能端置于低电平并且保持，直到转换完全结束。此时芯片开始转换工作，向芯片时钟输入端 CLK 输入时钟脉冲信号，数据输入端 DI 输入通道功能选择信号。在第 1 个时钟脉冲下降沿之前 DI 必须是高电平，表示起始信号。在第 2、3 个脉冲下降沿之前 DI 端应输入 2 位数据（SGL/DIF，ODD/EVEN）用于选择通道功能。如表 10.1 所示，当此 2 位数据为 "1" "0" 时，只对 CH0 进行单通道转换。当 2 位数据为 "1" "1" 时，只对 CH1 进行单通道转换。当 2 位数据为 "0" "0" 时，将 CH0 作为正输入端 IN+，CH1 作为负输入端 IN– 进行输入。当 2 位数据为 "0" "1" 时，将 CH0 作为负输入端 IN–，CH1 作为正输入端 IN+ 进行输入。

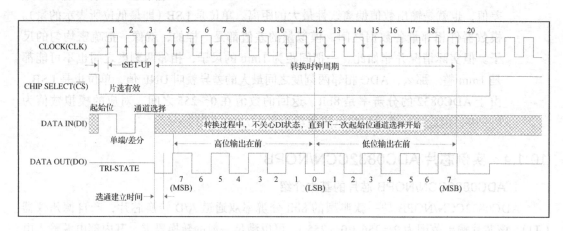

图 10.1 ADC0832（CN/NOPB）时序图

在完成输入起始位、通道选择之后，就可以从 DO 端开始读出数据，转换得到的数据 D0[7:0] 会被发送两次，一次高位在前传送，一次低位在前传送，连续发送。在读取两个数据后，可以加上检验来看数据是否被正确读取。

表 10.1　ADC0832CCN/NOPB 多路选择控制真值表

多路复用地址		模拟输入通道	
SGL/DIF	ODD/EVEN	CH0	CH1
0	0	+	−
0	1	−	+
1	0	+	—
1	1	—	+

ADC0832CCN/NOPB 有 8 位，输出编码有 256 种可能，LSB 即每一档对应的电压值约为 0.019 5V。为了简化，我们用一个 3bit ADC 来进行说明，如图 10.2 所示，有 8 种可能的输出编码，在本例中，如果模拟输入电压为 5.5V，参考电压为 8V，则输出对应的转换数字信号为 101。根据 LSB 公式（10.1）计算得到每一档电压是 1V，其中 n 代表 ADC 的位数。

$$LSB = \frac{V_{ref}}{2^n}$$　　　　（10.1）

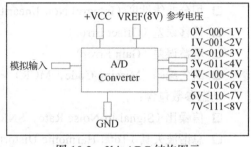

图 10.2　3bit ADC 结构图示

2. ADC0832CCN/NOPB 封装及引脚定义

ADC0832CCN/NOPB 的封装形式有 PDIP 8 引脚和 SOIC 16 引脚两种，其封装和引脚分布如图 10.3 所示。

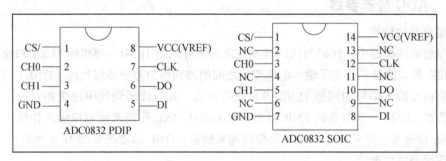

图 10.3　ADC0832CCN/NOPB 引脚图

本实验采用的 ADC0832CCN/NOPB 的封装形式为 PDIP 封装，其引脚说明及功能如下：
- CS/：片选使能，低电平有效。
- CH0：模拟输入通道 0，或 IN±。
- CH1：模拟输入通道 1，或 IN±。
- GND：芯片参考 0 电位（地）。
- DI：数据信号输入，选择通道控制。

- □ DO：数据信号输出，转换数据输出。
- □ CLK：芯片时钟输入。
- □ VCC/VREF：电源输入及参考电压输入（复用）。

10.2   ADC 芯片特征参数及测试方法

ADC 需要测试的特征参数分为静态参数和动态参数。

静态参数包含：

- □ 差分非线性度（Differential Non-linearity，DNL）
- □ 积分非线性度（Integral Non-linearity，INL）
- □ 偏移误差（Offset Error）
- □ 增益误差（Gain Error）
- □ 缺失编码（Missing Code，MCR）

动态参数包含：

- □ 信噪比（Signal-to-Noise Rate，SNR）
- □ 总谐波失真（Total Harmonic Distortion，THD）
- □ 信号与噪声加失真比（Signal to Noise and Distortion ratio，SINAD）
- □ 有效位数（Effective Number of Bit，ENOB）
- □ 无杂散动态范围（Dynamic Range and Spuirous Free Dynamic Range，SFDR）

10.2.1   ADC 静态参数

1. 差分非线性度

在理想的转换器中，代码与代码转变点之间刚好相差 1LSB。理想的 1LSB 和输出代码转变之间在最差情形下，实际输入电压变化之间的差别称为差分非线性度（DNL）。DNL 表明了距离模拟输入信号的理想 1LSB 步长值的偏差，其与代码到代码增量相对应。作为一种静态参数，DNL 与动态参数 SNR 相关。但无法从 DNL 性能来预测抗噪声性能，只能说随着 DNL 偏离零点越来越远，SNR 会变得越来越差。DNL 示意图如图 10.4 所示。

2. 积分非线性度

积分非线性度（INL）误差也称为积分线性误差（ILE）和线性误差（LE），其描述了与理想 ADC 的线性传输曲线的偏离，指实际转换曲线与理想特性曲线间的最大偏差。它是对传输函数直线度的测量，且会大于差分非线性度。INL 不包含量化误差、失调误差或者增益误差。INL 误差的大小和分布将决定转换器的积分线性度。INL 是静态参数，并且与总谐波失真（动态参数）相关。然而，失真性能并不能从 INL 性能中预测到，除非当 INL 偏离零点时 THD 趋向变得更差。INL 误差示意图如图 10.5 所示。

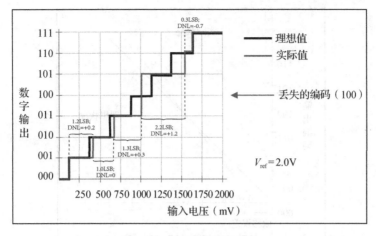

图 10.4　DNL 误差示意图

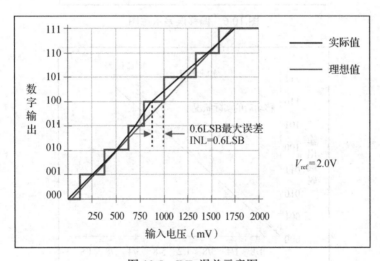

图 10.5　INL 误差示意图

3. 偏移误差

偏移误差又称零点误差，或者输入失调，是实际模数转换曲线中数字 0 的代码中点与理想模数转换曲线中数字 0 的代码中点的最大误差，示意图如图 10.6 所示。

4. 增益误差

增益误差是指转换特性曲线的实际斜率与理想斜率之间的偏差，等于满度误差减去偏移误差。如果我们转移实际的传输曲线使得零度失调误差变为零，实际值和理想值之间转换的差别对满刻度信号来说就是增益误差，可以用 LSB 数来度量，或者用理想满刻度电压的百分比来表示。示意图如图 10.7 所示。

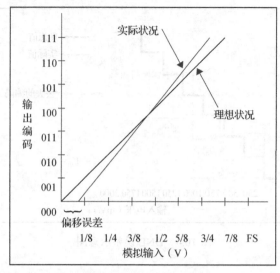

图 10.6　偏移误差示意图

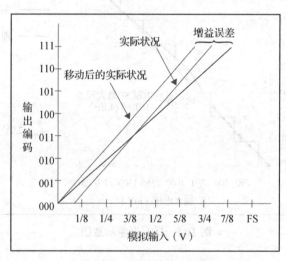

图 10.7　增益误差示意图

5. 缺失编码

当有价值的输入电压产生了一个给定的输出编码，此时讨论的编码不会在输出中出现，编码在传输函数中消失了，就被认为是缺失编码，可用误码率表示。测试方法为，模拟输入斜波，步进小于 1LSB 电压，采集输出，确认是否有缺失编码。示意图如图 10.8 所示。

10.2.2　ADC 动态参数

进行 ADC 动态项测试，需要 AWG 输入正弦波，在 DO 上收集一个周期以上的数字数据，对采集到的数据进行处理，过程如图 10.9 所示，经傅里叶变换后再计算出各动态项的

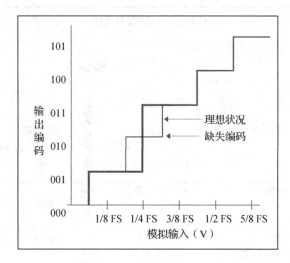

图 10.8　缺失编码示意图

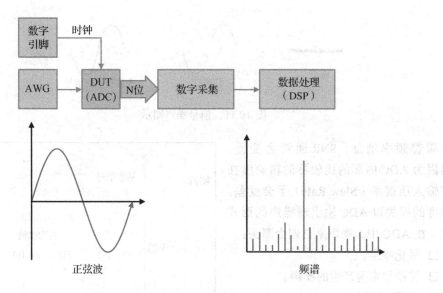

图 10.9　ADC 动态参数测试数据转换图示

值，过程如图 10.10 所示。

1. 信噪比

信噪比（SNR）是输出信号幅度与输出噪声的比值，不包括谐波或直流分量。由于自然空间的信号衰减呈指数倍，所以通常所遇到的功率也都是通过相对比值进行表示的，因此信噪比也通常通过分贝（dB）来表示。图 10.11 中给出了信号噪声图示。

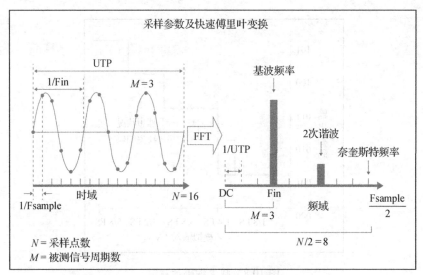

图 10.10   ADC 输入信号和采集数据 FFT 变换

图 10.11   信号噪声图示

随着频率增加，SNR 通常会变差，这是因为 ADC 内部的比较器的精确度在较高输入压摆率（Slew Rate）下会变差。精确度的损失以 ADC 输出端噪声的形式出现。在 ADC 中，噪声来自四个源头：

❑ 量化噪声。
❑ 转换器本身产生的噪声。
❑ 应用电路噪声。
❑ 抖动。

假设经 FFT 变换后得到图 10.12 所示频谱。

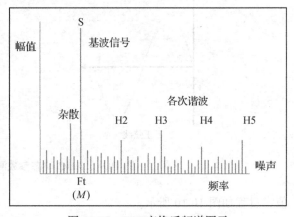

图 10.12   FFT 变换后频谱图示

SNR 计算公式可参见式（5.22）。

2. 总谐波失真

总谐波失真（THD）是指所有谐波分量的和，计算公式参见式（5.23），图示如图 10.13 所示。

图 10.13 谐波失真图示

3. 信号与噪声加失真比

信号与噪声加失真比（Signal To Noise And Distortion Ratio，SINAD）把所有不需要的分量与输入频率做比较，因此它是 ADC 动态性能的一个总体衡量标准。

SINAD 的计算公式参见式（5.24）。

4. 有效位数

有效位数（Effective Number of Bit，ENOB）的意义在于它表明了 ADC 的 SINAD 值等同于其有效位数，单位 Bit 或称有效比特数量，理想（完美）的 ADC 绝对不失真，并且它表现出的唯一噪声是量化噪声，因此 SNR 等于 SINAD。由于我们知道理想 ADC 的 SINAD 是（$6.02n+1.76$）dB，因此可以用 ENOB 来替换 n 并计算，计算公式如下：

$$ENOB = \frac{SINAD[dB] - 1.76}{6.02} \qquad (10.2)$$

由式（10.2）我们可以反推出 8 位 ADC 的理想 SINAD=6.02×8+1.76=49.92dB。所以当测试结果超过 40dB 时，一定是哪里出了问题。

5. 无杂散动态范围

无杂散动态范围（SFDR）是输出信号的期望值与输入中不存在的最高振幅输出频率分量幅值之间的差额，单位是 dB，如图 10.14 所示。

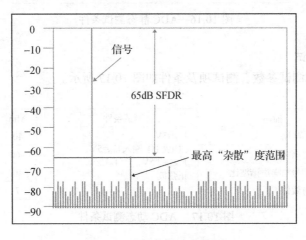

图 10.14 无杂散动态范围

SFDR 的计算公式如下：

$$SFDR= 信号电平 - 最大杂散电平 \qquad (10.3)$$

10.3　ADC 芯片测试计划及硬件资源

10.3.1　ADC0832CCN/NOPB 测试计划

ADC0832CCN/NOPB 测试项内容包括 OSN 测试、ADC 静态测试、ADC 动态测试等，下面介绍各个测试项的测试条件。

1. OSN 测试

测试所有 PIN 对地二极管的电压（GND PIN 除外），测试条件如图 10.15 所示。

参数	描述	测试条件	Min	Max	Unit
OSN_TEST	所有引脚对GND保护二极管电压	V_{CC}=0V，I/O PIN=−100μA	−1.5	−0.2	V

图 10.15　OSN 测试条件

2. ADC 静态测试

测试 ADC 静态测试参数，测试项及条件如图 10.16 所示。

参数	描述	测试条件	Min	Max	Unit
DNL	差分非线性度	V_{CC}=5V	−1.0	1.0	LSB
INL	积分非线性度	模拟通道输入0~5V谐波	−1.0	1.0	LSB
Offset	零点偏移误差	数字引脚 V_{IH}=5V，V_{IL}=0V	−1.0	1.0	LSB
Cerror	增益误差	DO输出 V_{OH}=V_{OL}=2.5V	−1.0	1.0	LSB
Missing Code	缺失编码			0	

图 10.16　ADC 静态测试条件

3. ADC 动态测试

测试 ADC 动态测试参数，测试项及条件如图 10.17 所示。

参数	描述	测试条件	Min	Max	Unit
SNR	信噪比	V_{CC}=5V	40	50	dB
THD	总谐波失真	CH0/CH1 输入 V_{PP}=5V，V_{offset}=2.5V，f= 1kHz	−60	−40	dB
SINAD	信号与噪声谐波比	正弦波	40	50	dB
ENOB	有效位		7	8	bit

图 10.17　ADC 动态测试条件

10.3.2　ADC0832CCN/NOPB 测试资源及 Load Board

1. ADC0832CCN/NOPB 测试资源需求和原理

使用 ST2516 测试机对 ADC0832CCN/NOPB 进行测试，测试机中需要配置 1 块 SCB 和 1 块 DFB32，其中 DFB32 应插在 SLOT1 上。

ADC0832CCN/NOPB 是 8 位 ADC 转换器。现需要根据 DC 测试原理测试各个引脚保护二极管功能是否正常，测试原理参见 3.1 节。

需要测量 ADC 静态和动态各参数来确认器件功能是否正常，ADC 测试项原理参见 5.4 节和 5.5 节。

2. ADC0832CCN/NOPB 使用的资源

（1）OSN_TEST

使用 DFB32 DIO PPMU 有 7 个 PIN 需要测量，需要分配 7 个 DIO 通道，采用 PPMU FIMV 方式测量。

（2）ADC 静态测试

❑ 使用 DFB32 DPS 给 VCC 供电 5V，需要 1 个 DPS 通道。

❑ 使用 DFB32 DIO Drive 给 CS/、CLK、DI 提供 VIH/VIL。

❑ 使用 DFB32 DIO Drive 给 DO 提供 VOH/VOL。

❑ 使用 DFB32 AWG 的 1 个通道给 CH0 或者 CH1 提供模拟斜波。

❑ 使用 DIO 数字采集功能读取数字输出。

（3）ADC 动态测试

❑ 使用 DFB32 DPS 给 VCC 供电 5V，需要 1 个 DPS 通道。

❑ 使用 DFB32 DIO Drive 给 CS/、CLK、DI 提供 VIH/VIL。

❑ 使用 DFB32 DIO Drive 给 DO 提供 VOH/VOL。

❑ 使用 DFB32 AWG 的 1 个通道给 CH0 或者 CH1 提供模拟正弦波形。

❑ 使用 DIO 数字采集功能读取数字输出。

（4）3 个 CBIT 控制 Relay 切换通道

❑ 1 个 DFB32 CBIT 通道用来切换 CH0 或者 CH1 接 AWG。

❑ 1 个 DFB32 CBIT 通道用来切换 VCC PIN 接 DIO 或者 DPS 通道。

❑ 1 个 DFB32 CBIT 通道用来切换 CH0/CH1 接 DIO 或者 AWG 通道。

ADC0832CCN/NOPB 使用的测试机接口如图 10.18 所示。

3. ADC0832CCN/NOPB 引脚定义

ADC0832CCN/NOPB 使用的测试机接口引脚定义如图 10.19 所示。

PIN	芯片引脚	ATE资源分配		设计注意	外围器件
1	CS	DIO			
2	CH0	DIO	CBITx1控制 二选一继电器 切换DIO和AWG	CH0与CH1共用一路AWG， 需要使用继电器切换	二选一继电器切换 DIO到AWG 一路继电器切换AWG 接CH0和CH1
		AWG			
3	CH1	DIO			
		AWG			
4	GND	GND		默认接地	
5	DI	DIO			
6	DO	DIO			
7	CLK	DIO			
8	VCC	DPSx1	CBITx1		一路继电器
		DIO			

图 10.18　ADC0832CCN/NOPB 使用的测试机接口

引脚	名称	测试机资源
1	CS	L1_DIO1
2	CH0	L1_DIO2\L1_AWG
3	CH1	L1_DIO3\L1_AWG
4	GND	L1_GND
5	DI	L1_DIO5
6	DO	L1_DIO6
7	CLK	L1_DIO7
8	VCC	L1_DPS0\L1_DIO8

图 10.19　ADC0832CCN/NOPB 引脚资源定义

根据 ADC0832CCN/NOPB 需使用测试机接口和引脚资源定义，设计制作 ADC0832CCN/NOPB 测试使用的 Load Board（包含测试机 DFB32 连 LB 的 DUT CABLE 接口，以及手测 DUT），如图 10.20 所示。

10.4　测试程序开发

10.4.1　新建测试工程

参考 2.5 节中建立测试工程的步骤新建 ADC 测试工程。

如图 10.21 所示，工程结构已经生成。

图 10.20　ADC0832CCN/NOPB 的 Load Board

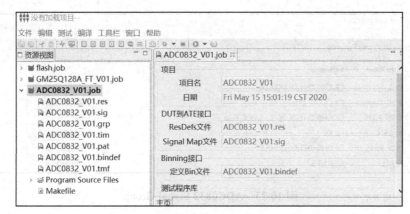

图 10.21　新建工程 ADC0832_V01 结构

10.4.2　编辑 Signal Map

在完成工程创建后，首要做的是编辑 Signal Map。根据图 10.19 所示的 ADC0832CCN/NOPB 引脚资源定义分配测试机资源，把对应的资源分配定义编辑到 Signal Map，即 ADC0832_V01.sig 文件。完整的 sig 定义如图 10.22 所示。

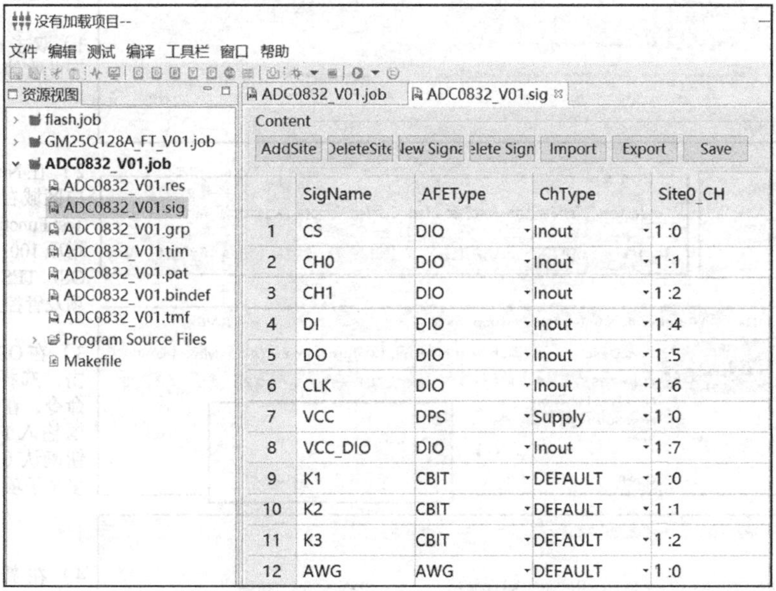

图 10.22　ADC0832_V01 Signal Map

10.4.3　编辑 Signal Group

为便于编写后续测试程序中的代码，我们把相同类型、测试过程中施加测试条件相同的引脚编组，建立信号 grp。完整的信号编组如图 10.23 所示。

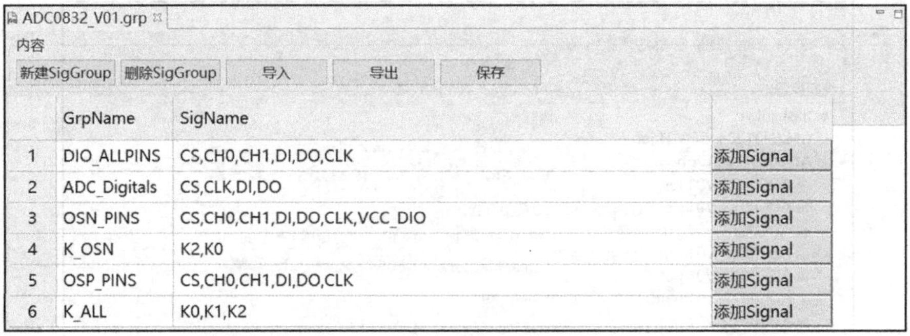

图 10.23　ADC0832 Signal Group

10.4.4　编辑 tmf 文件

根据 test plan 编辑 tmf 文件，建立相关的测试项目，如图 10.24 所示。

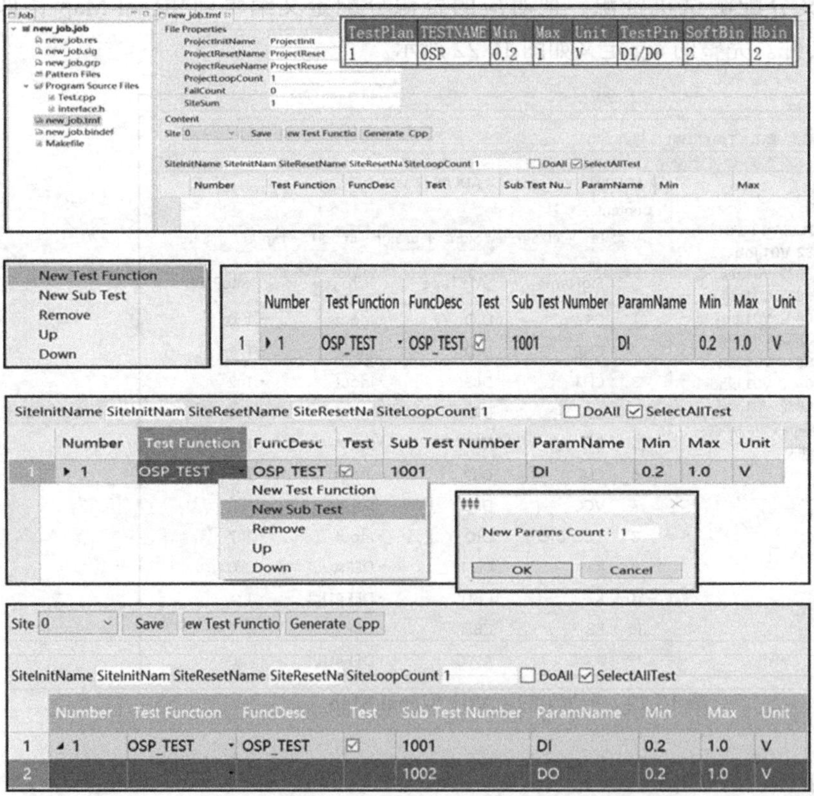

用 new_job.tmf 建立 OSP_TEST DI/DO 测试项及管控设置的步骤：

1）双击 new_job.tmf 打开此文件

2）在 Number 下方空白区域右击，选择 New Test Function 命令，在新增项 1001 对应栏输入 OSP_TEST DI PIN 测试项及管控上下限信息

3）在 OSP_TEST 上右击，选择 New Sub Test 命令，在弹出的子对话框输入 1，点击 OK 按钮确认（支持同时新增多个子项）

4）在新增项 1002 对应栏位输入 OSP_TEST DO PIN 测试项及管控上下限信息，并点击 Save 按钮保存，完成设置

图 10.24　新建 tmf 测试项

建立完 ADC0832_V01 后，OS 测试如图 10.25 所示。

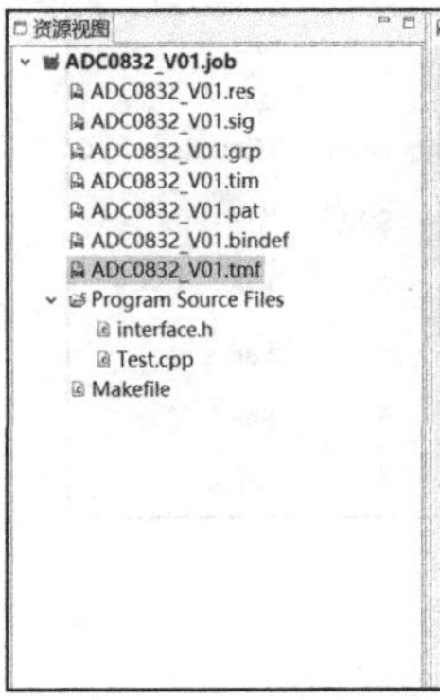

	Number	Test Function	FuncDesc	Test	Param ID	ParamName	Min	Max	Unit
1	1	OS_TEST	OS_TEST	☑	1001	OSN_CS	-1.1	-0.2	V
2					1002	OSN_CH0	-1.1	-0.2	V
3					1003	OSN_CH1	-1.1	-0.2	V
4					1004	OSN_DI	-1.1	-0.2	V
5					1005	OSN_DO	-1.1	-0.2	V
6					1006	OSN_CLK	-1.1	-0.2	V
7					1007	OSN_VCC_D...	-1.1	-0.2	V

图 10.25　ADC0832_V01 .tmf OS 测试

建立完成的 ADC 静态测试如图 10.26 所示。

	Number	Test Function	Test	Param ID	ParamName	Min	Max	Unit	Sbin	Hbin	Results
1	1	SetErrorBin	☑						999	999	
2	2	OS_TEST	☑	2000	OSN_CS	-1.1	-0.2	V	2	2	Fail
3	3	ADC_Static_...	☑	3000	Offset	-1	1	LSB	3	3	Fail
4				3001	Gain_Error	-1	1	LSB			
5				3002	Miss_Code	0	0				
6				3003	DNL	-1	1	LSB			
7				3004	INL	-1	1	LSB			

图 10.26　ADC0832_V01 .tmf ADC 静态测试

建立完成的 ADC 动态测试如图 10.27 所示。

SiteInitName: site_init　SiteResetName: site_reset　LoopCount 10　☐ StopOnFail ☐ DoAll ☑ SelectAllTest

	Number	Test Function	Test	Param ID	ParamName	Min	Max	Unit	Sbin	Hbin	Results
1	1	SetErrorBin	☑						999	999	
2	2	OS_TEST	☑	2000	OSN_CS	-1.1	-0.2	V	2	2	Fail
3	3	ADC_Static_...	☑	3000	Offset	-1	1	LSB	3	3	Fail
4	4	ADC_Dyna...	☑	4000	SNR	40	50	dB	5	5	Fail
5				4001	SINAD	40	50	dB			
6				4002	THD	-60	-40	dB			
7				4003	ENOB	7	8				
8	5	SetPassBin	☑						1	1	Pass

图 10.27　ADC0832_V01.tmf ADC 动态测试

编辑 LAST_TEST_ITEM 用于前面所有项测试 pass，分 Bin1，如图 10.28 所示，编辑完成后保存文件。

SiteInitName: site_init SiteResetName: site_reset LoopCount 10 ☐StopOnFail ☐DoAll ☑SelectAllTest

	Number	Test Function	Test	Param ID	ParamName	Min	Max	Unit	Sbin	Hbin	Results	C
1	1	SetErrorBin	☑						999	999		
2	▸ 2	OS_TEST	☑	2000	OSN_CS	-1.1	-0.2	V	2	2	Fail	
3	▸ 3	ADC_Static_...	☑	3000	Offset	-1	1	LSB	3	3	Fail	
4	▸ 4	ADC_Dyna...	☑	4000	SNR	40	50	dB	5	5	Fail	
5	5	SetPassBin	☑						1	1	Pass	

图 10.28 ADC0832_V01.tmf

10.4.5 编辑 tim 文件

建立 tim 文件，将 fclk 设置为 250kHz，周期设置为 4000ns，CLK 上升沿设置为 1600ns，下降沿设置为 3600ns，clk duty Cycle 占比 50%。按图 10.29 所示编辑 tim 文件，用于 ADC 测试。

资源视图
- ADC0832_V01.job
  - ADC0832_V01.res
  - ADC0832_V01.sig
  - ADC0832_V01.grp
  - ADC0832_V01.tim
  - ADC0832_V01.pat
  - ADC0832_V01.bindef
  - ADC0832_V01.tmf
  - Program Source Files
    - interface.h
    - Test.cpp
  - Makefile

ADC0832_V01.tim

Save 加载 卸载 添加Timing

	TimingName	Period	Signal	WFC	Evt0 Event	Evt0 Expr	Evt1 Event	Evt1 Expr	Evt2 Event	Evt2 Expr
1	WFT1	4000ns	CS	0	D	0ns				
2				1	U	0ns				
3				X	X	0ns				
4				H	H	3600ns				
5				L	L	3600ns				
6				Z	Z	0ns				
7			CLK	0	D	0ns				
8				1	D	0ns	U	1600ns	D	3600ns
9				X	X	0ns				
10				H	H	3600ns				
11				L	L	3600ns				
12				Z	Z	0ns				
13			DI	0	D	0ns				
14				1	U	0ns				
15				X	X	0ns				
16				H	H	3600ns				
17				L	L	3600ns				
18				Z	Z	0ns				
19			DO	0	D	0ns				
20				1	U	0ns				
21				X	X	0ns				
22				H	H	3600ns				
23				L	L	3600ns				
24				Z	Z	0ns				

图 10.29 编辑 tim 文件

10.4.6　编辑 Pattern 文件

根据图 10.1 建立 Pattern 并编辑 pat 文件，如图 10.30 所示。

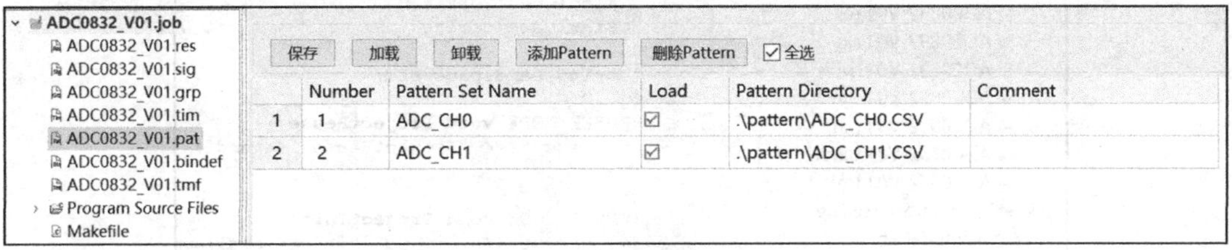

图 10.30　编辑 pat 文件

根据图 10.1 所示的 ADC 时序图，建立用于 ADC 参数测试的向量，如图 10.31 所示为通道 CHO 测试用到的测试向量。

	Label	WFT	sequence	Loops	CS	CLK	DI	DO	comment
1	0	TS1	nop		1	1	X	X	
2	1	TS1	nop		1	0	X	X	
3	2	TS1	loop 4096 adc		1	0	X	X	
4	3	TS1	nop		1	0	X	X	
5	4	TS1	nop		1	0	X	X	
6	5	TS1	nop		0	1	1	X	
7	6	TS1	nop		0	1	1	X	
8	7	TS1	nop		0	1	1	X	
9	8	TS1	nop		0	1	X	X	
10	9	TS1	STV		0	1	X	H	
11	10	TS1	STV		0	1	X	H	
12	11	TS1	STV		0	1	X	H	
13	12	TS1	STV		0	1	X	H	
14	13	TS1	STV		0	1	X	H	
15	14	TS1	STV		0	1	X	H	
16	15	TS1	STV		0	1	X	H	
17	16	TS1	STV		0	1	X	H	
18	17	TS1	nop		0	1	X	X	
19	18	TS1	nop		0	1	X	X	
20	19	TS1	nop		0	1	X	X	
21	20	TS1	nop		0	1	X	X	
22	21	TS1	nop		0	1	X	X	
23	22	TS1	nop		0	1	X	X	
24	23	TS1	nop		0	1	X	X	
25	24	TS1	nop		0	1	X	X	
26	25	TS1	nop		1	1	X	X	
27	26	TS1	nop		1	1	X	X	
28	adc	TS1	nop		1	1	X	X	
29	28	TS1	nop		1	1	X	X	
30	29	TS1	nop		1	1	X	X	
31	30	TS1	stop		1	1	X	X	

图 10.31　ADC_CH0 Pattern

10.4.7　ADC0832CCN/NOPB 测试编程详解

接下来我们看一看具体的测试流程以及测试程序。

双击 Job 列的 cpp 文件，打开编程窗口，如图 10.32 和图 10.33 所示。可以看到在 tmf 中创建完 Function 后，对应的 cpp 文件中会生成与其对应的测试函数。

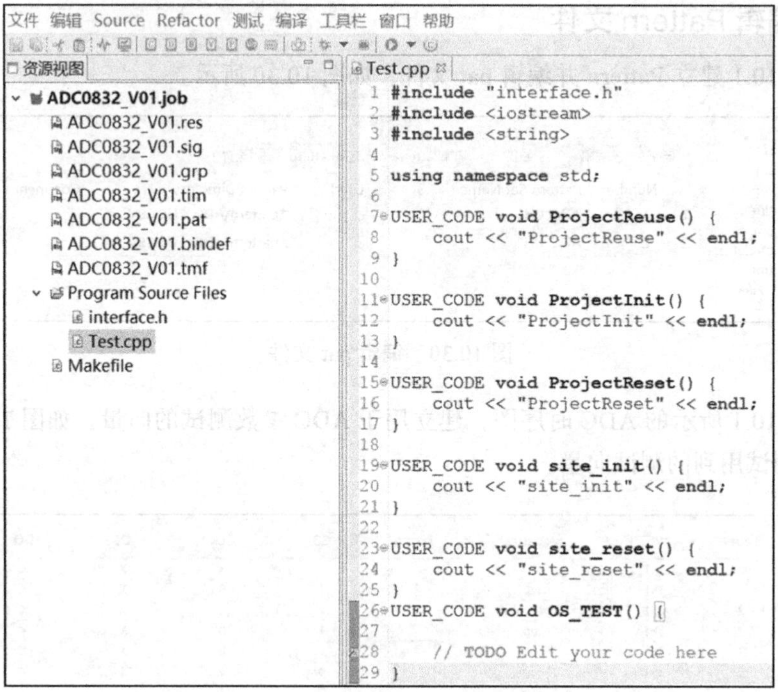

```
文件 编辑 Source Refactor 测试 编译 工具栏 窗口 帮助

□ 资源视图                        □ □    □ Test.cpp ⊠
v ■ ADC0832_V01.job                  1 #include "interface.h"
    ▣ ADC0832_V01.res               2 #include <iostream>
    ▣ ADC0832_V01.sig               3 #include <string>
    ▣ ADC0832_V01.grp               4
    ▣ ADC0832_V01.tim               5 using namespace std;
    ▣ ADC0832_V01.pat               6
    ▣ ADC0832_V01.bindef            7⊖USER_CODE void ProjectReuse() {
    ▣ ADC0832_V01.tmf               8     cout << "ProjectReuse" << endl;
  v ⌂ Program Source Files          9 }
      ▣ interface.h                 10
      ▣ Test.cpp                    11⊖USER_CODE void ProjectInit() {
    ▣ Makefile                      12     cout << "ProjectInit" << endl;
                                    13 }
                                    14
                                    15⊖USER_CODE void ProjectReset() {
                                    16     cout << "ProjectReset" << endl;
                                    17 }
                                    18
                                    19⊖USER_CODE void site_init() {
                                    20     cout << "site_init" << endl;
                                    21 }
                                    22
                                    23⊖USER_CODE void site_reset() {
                                    24     cout << "site_reset" << endl;
                                    25 }
                                    26⊖USER_CODE void OS_TEST() {
                                    27
                                    28     // TODO Edit your code here
                                    29 }
```

图 10.32　Test.cpp 初始代码 1

```
□ 资源视图                        □ □    □ Test.cpp ⊠
v ■ ADC0832_V01.job                  14
    ▣ ADC0832_V01.res               15⊖USER_CODE void ProjectReset() {
    ▣ ADC0832_V01.sig               16     cout << "ProjectReset" << endl;
    ▣ ADC0832_V01.grp               17 }
    ▣ ADC0832_V01.tim               18
    ▣ ADC0832_V01.pat               19⊖USER_CODE void site_init() {
    ▣ ADC0832_V01.bindef            20     cout << "site_init" << endl;
    ▣ ADC0832_V01.tmf               21 }
  v ⌂ Program Source Files          22
      ▣ interface.h                 23⊖USER_CODE void site_reset() {
      ▣ Test.cpp                    24     cout << "site_reset" << endl;
    ▣ Makefile                      25 }
                                    26⊖USER_CODE void OS_TEST() {
                                    27
                                    28     // TODO Edit your code here
                                    29 }
                                    30
                                    31⊖USER_CODE void ADC_STATIC_TEST() {
                                    32
                                    33     // TODO Edit your code here
                                    34 }
                                    35
                                    36⊖USER_CODE void ADC_DYNAMIC_TEST() {
                                    37
                                    38     // TODO Edit your code here
                                    39 }
                                    40
                                    41⊖USER_CODE void LAST_TEST_ITEM() {
                                    42
                                    43     // TODO Edit your code here
                                    44 }
```

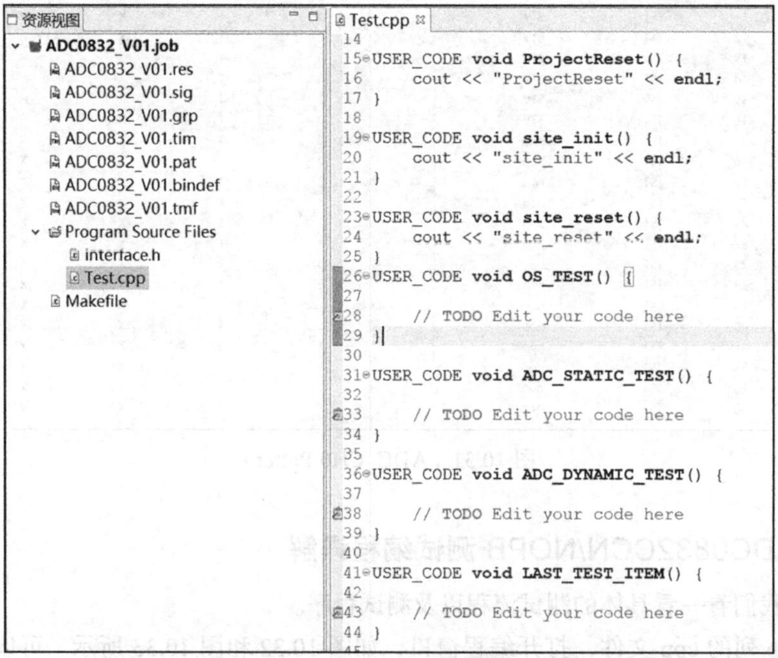

图 10.33　Test.cpp 初始代码 2

1. OS 测试

OS 测试用来测试芯片与 ATE 测试机资源的连通性是否完好，可参考 7.3.1 节，这里不再赘述。

2. ADC 静态参数测试

ADC 静态参数测试通过模拟输入端输入斜波（Ramp），在数据输出端采集转换后的数据，然后通过采集数据的后处理计算得到相应的具体静态参数值。

ADC 静态测试的测试步骤及代码如下：

1）CH0 通过关闭 K2 切换到 AWG：

```
Close cbit K2
```

2）电源 VCC 由测试机 DPS 供电，电压为 5V：

```
Set DPS = 5V
```

3）设置 CS/、CLK、DI 等数字输入端的输入高电平 VIH=5V，输入低电平 VIL=0V；数据输出端 DO 采样电平 VOL=VOH=2.5V（注意，这里采用了一般 ADC 量产测试常用的测试条件——单阈值设定，即当输出电平高于 2.5V 时，采集数据为 H；当输出电平低于 2.5V 时，采集数据为 L，动态测试中也是如此）：

```
Set IO VIH = 5V, VIL = 0V, VOH = 2.5V, VOL = 2.5V
```

4）为测试机任意波形发生器（AWG）设定 0V～5V 的斜波：

```
Set AWG mode = RAMP
Set Vstart = 0V, Vstop = 5V
```

5）运行数字向量，通过测试机向被测器件施加激励，使得 CS/ 信号使能，CLK 持续输入时钟脉冲，DI 配置选通 CH0 输入模拟信号，触发 AWG，按设定步长开始发送斜波信号，同时通过测试机数字通道采集 DO 端的输出信号，直至 AWG 0V～5V 斜波信号发送及转换后数字信号采集完成，加载程序及 Timing 和 Pattern 文件，这一步程序只需要执行 Pattern 文件。执行 Pattern 文件 ADC_CH0 及设置采集数据的代码如下：

```
Set DSIO capture Enable
CaptureSample = 4096
Run Pattern CH0.pat and trig AWG
DSIO capture to Digital_output
SNR, THD, SINAD, ENOBcalculation
```

3. ADC0832CCN/NOPB 芯片动态参数测试

ADC 动态参数测试通过模拟输入端输入正弦波，在数据输出端采集转换后的数据，然后通过采集数据的快速傅里叶变换，处理计算得到相应的具体动态参数值。

ADC0832CCN/NOPB 芯片动态参数测试条件及要求见图 10.17，测试步骤及代码如下：

1）开关 K2 闭合，使 CH0 与 AWG 连通：

```
Close cbit K2
```

2）电源 VCC 由测试机 DPS 供电，电压为 5V：

```
Set VCC = 5V
```

3）为 CS/、CLK、DI 等数字输入端设定输入高电平 VIH 为 5V，输入低电平 VIL 为 0V；数据输出端 DO 采样电平 VOL 和 VOH 均为 2.5V：

```
Set IO VIH = 5V, VIL = 0V, VOH = 2.5V, VOL = 2.5V
```

4）为测试机任意波形发生器（AWG）设定峰峰值（V_{p-p}）为 5V，偏置（Offset）为 2.5V，频率为 1kHz 的正弦波：

```
Set AWG mode SIN
Set AWG WAVE Amplitude = 2.5V
Set AWG WAVE Offset = 2.5V
SetAWGWAVEFrequency = 10KHz
AWG Send
```

5）使用 ATE DIO 给 CS、CLK、DI、DO 按时序图设置输入 CH0 对应的 Pattern，触发 AWG 输入，按设置输入正弦波，同时采集输出端 DO 的数据，加载程序及 Timing、Pattern 文件后，执行 Pattern 和数据采集程序样例：

```
Set DSIO Capture sample = 4096
Run Pattern CH0_Dynamic.pat
DSIO capture dataDynamicArray
```

依据采集到的数据，通过快速傅里叶变换和频谱函数处理，获取 ADC 动态测试各参数的值，代码样例如下：

```
Run DynamicArray FFT()
Run DynamicArray & Spectrum()
Set SNR = double CalcSNR()
Set THD = double CalcTHD()
Set SINAD = double CalcSINAD()
Set ENOB = (SINAD -1.76)/6.02
```

10.5 程序调试及故障定位

用 Dut Cable 将 SLOT1 业务板与教学实验 ADC0832 LB 接口连接，测试机开机后将待测料放入 ADC0832 Socket 并压好，开启 ATE 软件，接下来开始 Load 程序调试。

测试过程如下：

1）按图 10.34 所示对写好的程序进行编译。

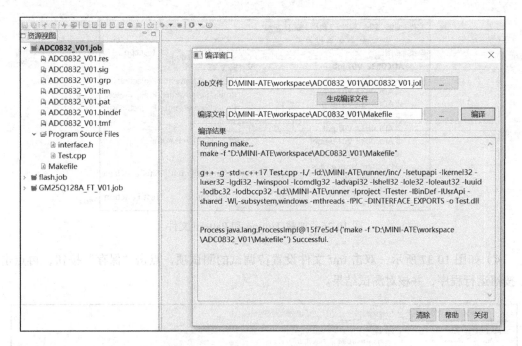

图 10.34　编译程序 ADC0832_V01

2）编译通过后加载程序，如图 10.35 所示。

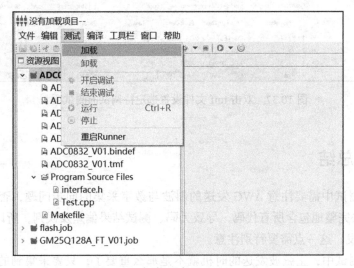

图 10.35　加载程序 ADC0832_V01

3）如图 10.36 所示，点击 Load Pattern And Timing 按钮加载 Timing 和 Pattern 文件。

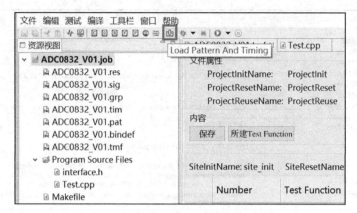

图 10.36　加载 Timing 和 Pattern 文件

4）如图 10.37 所示，双击 tmf 文件设置待调试的测试项，点击"保存"按钮，再点击
◉ 按钮运行程序，并核对测试结果。

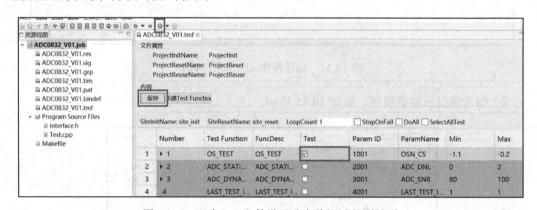

图 10.37　双击 tmf 文件设置选定待调试的测试项

10.6　测试总结

静态参数测试中需要注意 AWG 发送的斜波与数字采集的同步问题，否则采集到的数
字输出可能无法完整地包含所有代码，导致丢码、测试结果偏差及误判，所以 AWG 发送斜
波由 Pattern 触发，这一点需要特别注意。

动态参数测试中，正弦波发送的时机就不是那么重要了，只要采集到的数据为完整的
周期即可，不需要考虑相位。但特别要注意相干采样的设置，否则会导致后续数据处理复
杂及测试结果失真。

ADC0832 芯片已经是很成熟的产品，其静态与动态参数接近理论值，图 10.38 中给出
了一些测试结果。

Number	Site	Result	ParamName	Low	Measured	High
<OS_TEST>						
1	0	Pass	OSN_CS	-1.100000V	-0.678976V	-0.200000V
2	0	Pass	OSN_CH0	-1.100000V	-0.586126V	-0.200000V
3	0	Pass	OSN_CH1	-1.100000V	-0.586970V	-0.200000V
4	0	Pass	OSN_DI	-1.100000V	-0.673018V	-0.200000V
5	0	Pass	OSN_DO	-1.100000V	-0.604717V	-0.200000V
6	0	Pass	OSN_CLK	-1.100000V	-0.676212V	-0.200000V
7	0	Pass	OSN_VCC_DIO	-1.100000V	-0.538474V	-0.100000V
8	0	Pass	OSP_CS	0.200000V	0.716681V	1.200000V
9	0	Pass	OSP_CH0	0.200000V	0.640370V	1.200000V
10	0	Pass	OSP_CH1	0.200000V	0.642655V	1.200000V
11	0	Pass	OSP_DI	0.200000V	0.718659V	1.200000V
12	0	Pass	OSP_DO	0.200000V	0.685927V	1.200000V
13	0	Pass	OSP_CLK	0.200000V	0.714538V	1.200000V
<ADC_Static_AWG>						
14	0	Pass	Offset	-1.000000LSB	-0.020151LSB	1.000000LSB
15	0	Pass	Gain_Error	-1.000000LSB	-0.860276LSB	1.000000LSB
16	0	Pass	Miss_Code	0.000000	0.000000	0.000000
17	0	Pass	DNL	-1.000000LSB	-0.005766LSB	1.000000LSB
18	0	Pass	INL	-1.000000LSB	0.008027LSB	1.000000LSB
<ADC_Dynamic_DSIO>						
19	0	Pass	SNR	40.000000dB	48.818718dB	50.000000dB
20	0	Pass	SINAD	40.000000dB	46.817524dB	50.000000dB
21	0	Pass	THD	-60.000000dB	-51.144718dB	-40.000000dB

图 10.38　ADC0832 测试结果

推荐阅读

- The Fundamentals Of Digital Semiconductor Testing
- An Introduction to Mixed-Signal IC Test and Measurement
- Simple Op Amp Measurements
- 《实用电子元器件与电路基础（第 4 版）》
- Understanding Low Drop Out (LDO)
- 《单片机技术及应用》

附录 技术术语中英文对照表

英文及缩写（按字母排序）	缩略语	中文描述
Active Load		动态负载
Analog Front End	AFE	模拟前端
Alternating Current	AC	交流
Analog to Digital	AD	模数
Analog to Digital converter	ADC	模数转换器
Automatic Test Equipment	ATE	自动化测试设备
Arbitrary Waveform Generator	AWG	任意波形发生器
Automatic Test Pattern Generation	ATPG	自动测试向量生成
Binning（Bin）		测试筛选分类
Built-In Self Test	BIST	内建自测试
Board Precision Measurement Unit	BPMU	板级精确测量单元
Burn-in Test		老化测试
Characterization		特性化分析
Chip Probing	CP	芯片探针测试
Chuck		晶圆卡盘
Clamp		钳制
Clock Calibration Circuits		时钟校验电路
Coherent Sampling		相干采样
Control Bit	CBIT	控制位
Cross-Point Matrix		矩阵开关
Current of VDD	IDD	电源电流
Current Output High	IOH	从测试系统到待测器件的正向电流
Current Output Low	IOL	从待测器件到测试系统的负向电流
Cycle		周期
Datalog		测试数据

（续）

英文及缩写（按字母排序）	缩略语	中文描述
Datasheet		产品手册
Digital to Analog	DA	数模
Digital to Analog Converter	DAC	数模转换器
Direct Current	DC	直流
Design For Test	DFT	可测试性设计
Device Interface Board	DIB	器件接口板
Device Power Supplies	DPS	器件供电单元
Die	Die	晶粒
Device Under Test	DUT	被测器件
Differential Nonlinearity	DNL	差分非线性
Docking Plate		连接板
Digital Signal Process	DSP	数字信号处理
Edge		沿
Elevator		升降装置
End Of Test	EOT	测试结束
Extended VCD	EVCD	扩展变值存储
External Instrument Interface		外部仪器接口
Feeding Track		进料轨道
Format		格式
Force Current Measure Voltage	FIMV	加流测压模式
Force Voltage Measure Current	FVMI	加压测流模式
Force Null	FN	无施加模式
Final Test	FT	最终测试
Frequency BIN		频率窗口
Gang Mode		并联模式
General Purpose InterfaceBus	GPIB	通用接口总线
General Purpose Input Output	GPIO	通用输入输出端口
Handler		分选机
High Fidelity Tester Access Fixture	HiFIX	高精度测试机连接治具
High-Level Input Voltage	VIH	高电平输入驱动
Integrated Circuit	IC	集成电路
Incoming Quality Assurance	IQA	来料检验

（续）

英文及缩写（按字母排序）	缩略语	中文描述
Input Shuttle		进料梭车
Integral Nonlinearity	INL	积分非线性度
Kit		模具
Least Significant Bit	LSB	最小有效位
Limit		门限
Load Board		测试负载板
Low-Level Input Voltage	VIL	低电平输入驱动
Mounting Base		安装底座
Nest		吸料头
None Returnto Zero	NRZ	非归0
Operational Amplifier	OPA	运算放大器
Operation Interface	OI	操作界面
Output Shuttle		出料梭车
Pad		焊盘
Pattern		测试图形
Per Pin PMU	PPMU	每引脚精密测量单元
Pin Electronics	PE	引脚电路
Pin Electronics Card	PEC	引脚电路卡
PinLevel		引脚电平
PogoPin		弹簧针
Pogo Tower		针塔
Precision Measurement Unit	PMU	精密测量单元
Probe Card		探针卡
Probe Chuck		探针卡盘
Prober		探针台
Probe Interface Board	PIB	针测接口板
Product Specification		产品技术规范
Quality Assurance	QA	质检
Reference Voltage Supplies	RVS	参考电压源
Return to One	RO	归1
Return to Zero	RZ	归0
Sampling		采样

（续）

英文及缩写（按字母排序）	缩略语	中文描述
Signal to Noise Ratio	SNR	信噪比
Signal Source		信号源
Signal to Noise and Harmonic Distortion	SINAD	信号与噪声谐波比
Site		测试工位
Soak Plate		预热盘
Socket		芯片插座
Special Tester Options		特殊选件
Standard Test Data File	STDF	标准测试数据格式文件
Standard Test Interface Language	STIL	标准测试接口语言
Start Of Test	SOT	测试开始
Summary		测试结果统计
Surrounded by Complement	SBC	补码环绕
Synchronization		同步
System in Package	SiP	系统级封装
System Power Supplies	SPS	系统供电单元
Tape & Reel		卷带
Test Head		测试机头
Test Management Flow	TMF	测试管理流程
Time Measurement Unit	TMU	时间测量单元
Timing		时序
Test Plan		测试计划
Test Program		测试程序
Test Specification		测试规范
Test System Clock		系统时钟
Test Tray		测试料盘
Tester		测试机
Timing Unit		时序单元
Total Harmonic Distortion	THD	全谐波失真
Trade-Off		折中
Tray		料盘
Tube		料管
Unit Test Period	UTP	单位测试频率

（续）

英文及缩写（按字母排序）	缩略语	中文描述
Value Changed Dump	VCD	变值存储
Vector		向量
Vector Depth		向量深度
Wafer		晶圆
Wafermap		晶圆测试结果
Wave Table		波形表
Waveform Digitizer	DGT	波形采集器
Waveform Generation Language	WGL	波形生成语言
White Box		白盒
Workstation		工作站
Yield		良品率

推荐阅读

FPGA Verilog开发实战指南：基于Intel Cyclone IV（基础篇）

作者：刘火良 杨森 张硕 编著 ISBN：978-7-111-67416 定价：199.00元

配套《FPGA Verilog开发实战指南：基于Intel Cyclone IV（基础篇）》以Verilog HDL语言为基础，循序渐进详解FPGA逻辑开发实战。

理论与实战案例结合，学习如何以硬件思维进行FPGA逻辑开发，并结合野火征途系列FPGA开发板和完整代码，极具可操作性。

Verilog HDL与FPGA数字系统设计

作者：罗杰 编著 ISBN：978-7-111-48951 定价：69.00元

本书不仅注重基础知识的介绍，而且力求向读者系统地讲解Verilog HDL在数字系统设计方面的实际应用。

FPGA基础、高级功能与工业电子应用

作者：[西] 胡安·何塞·罗德里格斯·安蒂纳 等 ISBN：978-7-111-66420 定价：89.00元

阐述FPGA基本原理和高级功能，结合不同工业应用实例解析现场可编程片上系统（FPSoC）的设计方法。

适合非硬件设计专家理解FPGA技术和基础知识，帮助读者利用嵌入式FPGA系统的新功能来满足工业设计需求。